Heiko Schmid / Karsten Gäbler (Hg.)
Perspektiven sozialwissenschaftlicher Konsumforschung

Sozialgeographische Bibliothek

Herausgegeben von
Benno Werlen

Wissenschaftlicher Beirat:
Matthew Hannah
Peter Meusburger
Peter Weichhart

Band 16

Heiko Schmid / Karsten Gäbler (Hg.)

Perspektiven sozialwissenschaftlicher Konsumforschung

Franz Steiner Verlag

Umschlagabbildung: © shutterstock.com

Bibliografische Information der Deutschen Nationalbibliothek:
Die Deutsche Nationalbibliothek verzeichnet diese
Publikation in der Deutschen Nationalbibliografie;
detaillierte bibliografische Daten sind im Internet über
<http://dnb.d-nb.de> abrufbar.

ISBN 978-3-515-10223-0

Dieses Werk einschließlich aller seiner Teile ist
urheberrechtlich geschützt. Jede Verwertung außerhalb
der engen Grenzen des Urheberrechtsgesetzes
ist unzulässig und strafbar.
© Franz Steiner Verlag, Stuttgart 2013
Druck: Offsetdruck Bokor, Bad Tölz
Gedruckt auf säurefreiem, alterungsbeständigem Papier.
Printed in Germany.

Inhalt

Vorwort   7

Einleitung. Perspektiven sozialwissenschaftlicher Konsumforschung
Heiko Schmid & Karsten Gäbler   9

Konsumkultur

Kulturträger Konsum. Über den Wandel des Verhältnisses
von Kultur und Kommerz
Georg Franck   31

Vergesellschaftung durch Konsum
Dominik Schrage   45

Was ist an der Konsumforschung wirtschaftssoziologisch relevant?
Zur Spezifik des Konsums im engeren Sinne
Kai-Uwe Hellmann   61

Gutes Einverleiben. Slow Food als Beispiel für
ethisch-verantwortlichen Konsum
Julia Rösch   75

Konsumalltag

Konsum als „Erfindung des Alltags". Arten des Sehens
und die Ethnographie der Warenform
Hans Peter Hahn   93

Vernünftige und unvernünftige Konsumentscheidungen
und ihre psychologischen Ursachen
Georg Felser   117

Zum Verhältnis musikalischer Konsumtion und Produktion
Christoph Mager   141

Konsumgesellschaft als Selbstbeschreibung: eine Kritik
Jonathan Everts   157

Konsumwelten

Geographien der Vermarktung und des Konsums
Ulrich Ermann   173

Orte des Konsums. Konsumarchitekturen im städtischen Raum
Katharina Fleischmann   195

Einkaufsatmosphären. Eine alltagsästhetische Konzeption
Rainer Kazig   217

Autorinnen und Autoren   233

Vorwort

Der vorliegende Band versammelt Überlegungen zum Konsum, die ganz unterschiedlichen disziplinären Kontexten, theoretischen Grundpositionen und empirischen Interessensfeldern entstammen. Während die Konsumforschung und die Konsumkritik in manchen Disziplinen auf eine weit ausgreifende Tradition zurückblicken können und es dementsprechend häufig mit einem gut etablierten Set an Begriffen und Fragestellungen zu tun haben, wenden sich andere wissenschaftliche Felder erst in jüngerer Zeit verstärkt dem Phänomen Konsum zu. Für alle Ansätze gilt dabei: Wer sich auf den Konsumbegriff einlässt, hat es mit Ambiguitäten und Dynamiken zu tun, die sich nur schwerlich in einheitliche Definitionen auflösen lassen.

Das Interesse für die Konfliktlinien und Konvergenzen einer sozialwissenschaftlich orientierten Konsumforschung ist der Ausgangspunkt des vorliegenden Sammelbandes, die konkrete Idee zu diesem Buchprojekt reicht bis in den Herbst 2010 zurück. Auf Initiative von Heiko Schmid fand am Jenaer Institut für Geographie die interdisziplinäre Tagung „Konsum.2010" statt. Unter dem Leitmotiv „Vergnügen – Verwenden – Verbrauchen – Verschwenden" beteiligten sich Forschende aus der Humangeographie, der Soziologie, der Ethnologie, den Wirtschaftswissenschaften, der Psychologie, den Architekturwissenschaften sowie der Marktforschung am intensiven wissenschaftlichen Austausch. Bereits die Tagung verdeutlichte die große Vielfalt an konsumbezogenen Themen und disziplinären Zugängen und dokumentierte überdies ein großes gesellschaftliches Interesse am Thema. Zugleich allerdings offenbarte die Veranstaltung auch die Notwendigkeit eines interdisziplinären Austausches, der vor allem die in jüngster Zeit entstandenen Arbeiten im Bereich der Konsumgeographie stärker sichtbar macht. Entsprechend „überfällig" war aus unserer Sicht ein Sammelband, der einen Querschnitt der differenzierten Konsumforschung präsentiert und zugleich das Feld der geographischen Behandlungen des Konsums zugänglich macht.

Als uns von den Herausgebern der „Sozialgeographischen Bibliothek" die Möglichkeit eröffnet wurde, die begonnenen Überlegungen im Rahmen eines Publikationsprojektes weiterzuführen, war Heiko Schmid sofort vom Potenzial eines solchen Unterfangens überzeugt. In zugleich profunder wie leidenschaftlicher Weise hat er die Entstehung des Bandes vorangetrieben, war den Autorinnen und Autoren ein stets sorgfältiger und umsichtiger Partner. Er hat dieses

Buchprojekt leider nicht mehr bis zum Ende begleiten können. Heiko Schmid starb im März 2013 im Alter von nur 41 Jahren nach schwerer Krankheit.

Der vorliegende Sammelband sollte der Auftakt zu weiteren Forschungsprojekten sein – er trägt die Signatur von Heiko Schmids wissenschaftlichem Interesse am Konsum. Nicht nur die gemeinsam getroffene Auswahl der Beiträge, sondern auch die Gründlichkeit seiner Kommentare und Kritiken zeugen dabei von seiner besonderen Fähigkeit zur Vermittlung zwischen den Wissenschaftsbereichen und einem in den akademischen Kreisen der Gegenwart selten gewordenen kooperativen Geist.

Der Dank der Herausgeber gilt an erster Stelle den Autorinnen und Autoren dieses Bandes, die sich auf das Wagnis der zum Teil neuen, ungewohnten „Nachbarschaft" eingelassen und die lange Phase der Fertigstellung des Buches stets geduldig unterstützt haben! Es bedarf wohl kaum der Erläuterung, dass sich im Verlauf eines solchen Projektes ein ganzer Kreis von Personen versammelt, ohne deren Hilfe an eine Verwirklichung nicht zu denken gewesen wäre. David Scheuing hat die Entstehung der Textsammlung mit vielfältigen Anregungen und präziser Kritik – weit über formale Fragen hinaus – begleitet. Veronika Schröter und Johanna Sáenz haben das Manuskript kritisch durchgesehen, Rosemarie Mendler hat wie immer mustergültig die Erstellung der Graphiken übernommen. Tilo Felgenhauer und Katharina Fleischmann haben die Fertigstellung durch steten Zuspruch und hilfreiche Textkritik begleitet, ebenso wie Josef Rademann und Dorothee Quade. Verlagsseitig wurde der Band hervorragend von Susanne Henkel und Harald Schmitt betreut. Ihnen allen sei herzlich gedankt!

Ganz besonders allerdings möchte ich mich bei Heiko Schmid bedanken, ohne dessen unermüdliches Engagement unser Buchprojekt nicht hätte realisiert werden können! Es ist schmerzlich, dass er das Erscheinen des Bandes, der ihm eine Herzensangelegenheit war, nicht mehr erleben kann.

Karsten Gäbler

Jena, im Juli 2013

Einleitung

Perspektiven sozialwissenschaftlicher Konsumforschung

Heiko Schmid & Karsten Gäbler[1]

Was tun wir, wenn wir konsumieren? Selten ist die Antwort auf diese Frage kürzer, eleganter und zugleich provokativer formuliert worden, als bei der US-amerikanischen Konzeptkünstlerin Barbara KRUGER: „I shop, therefore I am" – konsumierend *sind* wir (KRUGER 1987). Auch wenn „shopping" gewiss nur eine Spielart dessen ist, was wir in einem umfassenderen Sinne „Konsum" nennen, herrscht gegenwärtig ein erstaunlich breiter Konsens darüber, dass die Massendemokratien westlichen Zuschnitts eine Ära des Konsumismus erleben. Nicht nur, dass dem *Homo consumens* die meisten Dinge der Alltagswelt als Waren begegnen und immer mehr Lebensbereiche der Logik des Konsums folgen – sondern stärker noch, die Omnipräsenz des Konsums reicht bis hinein in das Selbstverständnis der Subjekte, das zunehmend von der Rolle als Konsumentin[2] geprägt zu sein scheint. Es ist deshalb nicht überraschend, dass der Konsumbegriff und die damit bezeichneten Phänomene längst Gegenstand multidisziplinärer akademischer Debatten geworden sind und vor allem in denjenigen Wissenschaftsbereichen Spuren hinterlassen haben, die mit dem Sozialen befasst sind.

Konsumforschung *revisited*

Als KRUGER 1987 ihre These des shoppenden Ich als archimedischer Punkt moderner Gesellschaften formulierte, erschien mit Colin CAMPBELLs *The romantic ethic and the spirit of modern consumerism* zeitgleich eines der Schlüsselwerke der jüngeren sozialwissenschaftlichen Konsumforschung. CAMPBELLs historiographisch angelegte Studie versuchte in kritischer Anknüpfung an Max Weber zu zeigen, wie die im Protestantismus eingelagerte romantische Grundhaltung zur

---

1 Die folgende Einleitung basiert auf unseren ersten Überlegungen zur Zusammenstellung des vorliegenden Sammelbandes. Heiko SCHMID († 2013) war an der Grundarchitektur des Textes beteiligt und konnte noch einige Passagen verfassen. Karsten GÄBLER verantwortet die endgültige Form der Einleitung.
2 Gemeint sind unabhängig der Formulierung stets beide Geschlechter.

Herausbildung einer hedonistischen Konsumentinnenfigur – und damit zur Genese eines vom Konsum dominierten Gesellschaftstypus – beigetragen hat. Ein Jahr zuvor, 1986, wurde mit dem von Arjun APPADURAI herausgegebenen Sammelband *The social life of things: Commodities in cultural perspective* eine Studie veröffentlicht, die zwar nicht das Stichwort des Konsums im Titel trägt, aber mit der Kommodifizierung der Dinge, den damit verbundenen Praktiken des Tauschens sowie der sozio-kulturellen Kontextualität so genannter „Bedürfnisse" konstitutive Elemente des modernen Konsums in den Blick nimmt. Und bereits 1979 erschien Mary DOUGLAS' und Baron ISHERWOODs Arbeit *The world of goods: Towards an anthropology of shopping*, in der ebenfalls wie bei APPADURAI aus anthropologischer Perspektive die sinn- und gemeinschaftsstiftende Rolle von Waren im Prozess des Konsumierens betont wurde. „[T]he essential function of consumption", so bringen es DOUGLAS und ISHERWOOD (1996[1979]:40) ökonomiekritisch auf den Punkt, „is its capacity to make sense".

Die Liste konsumtheoretischer Klassiker ließe sich mühelos fortsetzen, müsste auf Namen wie Pierre BOURDIEU für die Analyse konsumvermittelter gesellschaftlicher Differenzierung eingehen[3], auf Sidney W. MINTZ für den semantischen Wandel von Waren bzw. die Transformation alltäglicher Konsumwünsche[4], oder etwa auf die Historiker Neil MCKENDRICK, John BREWER und John H. PLUMB, die mit ihrer Studie zur Entstehung der englischen Konsumgesellschaft die Konsumgeschichte als ernst zu nehmende historische Subdisziplin etablierten[5]. Und es dürfte natürlich nicht unerwähnt bleiben, dass die Autorinnen der konsumwissenschaftlich so fruchtbaren 1970er und 1980er Jahre theoriegeschichtlich auf die Arbeiten Thorstein VEBLENs zum ostentativen Konsum zurückgreifen konnten[6], auf Georg SIMMELs Studien zur integrierenden bzw. differenzierenden Funktion des Modekonsums[7], oder auf John Kenneth GALBRAITHs *The Affluent Society*[8], worin die Logik der Erzeugung von Konsumbedürfnissen in Überflussgesellschaften kritisch analysiert wird.[9]

Bei aller Vielgestaltigkeit der (jüngeren) konsumtheoretischen Arbeiten kann man eine gemeinsame Argumentationsbasis entdecken, die sich mit den folgenden vier Thesen zusammenfassen lässt:

(1) Konsum lässt sich nicht auf den ökonomischen Moment des Kaufens von Waren und die damit verbundenen wirtschaftlichen, d. h. in der Regel monetären, Transaktionen reduzieren. Das Ziel der mit dieser Annahme verbundenen Kritik ist klar: Es ist der dominante wirtschaftswissenschaftliche Standpunkt, der im Konsum nahezu ausschließlich ein Phänomen des marktvermittelten „Endverbrauchs" von Gütern sieht und sich nicht dafür interessiert, was Konsum außer-

---

3   Vgl. BOURDIEU (1987[1979]).
4   Vgl. MINTZ (1985).
5   Vgl. MCKENDRICK et al. (1982).
6   Vgl. VEBLEN (1958[1899]).
7   Vgl. SIMMEL (1895, 1995[1905]).
8   Vgl. GALBRAITH (1958).
9   Für einen ausführlicheren Überblick zur Geschichte sozialwissenschaftlicher Konsumforschung vgl. HELLMANN (2010a), SCHRAGE (2009), LENZ (2011:53ff.).

halb von Märkten und losgelöst von der Umwandlung von Haushaltseinkommen umfasst. Die Kritik bezieht sich dabei nicht etwa auf das disziplinspezifische Erkenntnisinteresse der Ökonomik – wer wollte ernsthaft bestreiten, dass Konsum auch ein wirtschaftliches Phänomen ist?[10] Woran die Kritik vielmehr Anstoß nimmt, sind die stillschweigend mitgeführten Annahmen der ökonomischen Konsumtheorie: vom inzwischen häufig beanstandeten Modell des Homo oeconomicus über die Vorstellung einer durch Marketing steuerbaren Konsumentin bis hin zur scheinbaren Gleichsetzung von Kauf und tatsächlichem Gebrauch der Waren[11]. Dem setzt die jüngere Forschung ein Konzept von Konsum entgegen, das die ökonomischen Engführungen durch eine Interpretation des Konsums als symbolische Praxis des Tausches und der Aneignung von Alltagsobjekten umgeht, Konsum hinsichtlich seiner kommunikativen Funktionen in den Blick nimmt und – wenn überhaupt – den Kaufakt nur als Zwischenetappe eines umfassenden Konsumprozesses thematisiert.

(2) Die Konsumentin als Subjekt des Konsums ist in mehrfacher Hinsicht keine ahistorische, voraussetzungslos gegebene Figur. Zwar muss das Konsumieren unter der z. B. von DOUGLAS und ISHERWOOD vertretenen kulturtheoretischen Position wohl zu den anthropologischen Konstanten gezählt werden[12], jedoch sind sowohl die alltägliche Selbstbeschreibung als „Konsumentin" als auch die wissenschaftliche Modellierung der „Verbraucherin" in Ökonomie, Marktforschung oder Konsumkritik auf eine bestimmte gesellschaftliche Formation angewiesen, in der dem Konsum eine nicht mit seiner Ubiquität identische Eigenständigkeit zugesprochen wird. Den klassischen konsumtheoretischen Narrativen zufolge ist Konsum als gesellschaftlich relevantes Phänomen untrennbar mit Industrialisierung und Modernisierung verbunden. Die Kurzform dieser Argumentation lautet: Im Zuge der Ausweitung der Warenproduktion entstanden im 19. Jahrhundert überhaupt erst die Möglichkeiten zur Genese einer Sphäre, in der Konsum als eigenständige, sinnhafte Tätigkeit von anderen Tätigkeiten abgegrenzt werden konnte.[13] Erst die funktionale Differenzierung frühmoderner Gesellschaften führte zu einer Ablösung wesentlich auf Subsistenz gründender Wirtschafts- und Gesellschaftsformen durch eine Warenökonomie, in der immer mehr Entscheidungen von Subjekten als „Konsumentscheidung" gefasst werden und diese Subjekte sich zunehmend als „Konsumentinnen" begreifen können – bis hin zur Entstehung des Massenkonsums und einer (westlichen) Konsumgesellschaft.[14] Zygmunt BAUMAN beschreibt diese Entwicklung treffend als die Entstehung eines „dehnbare[n] Raum[es] zwischen dem Akt des Produzierens und dem des Konsumierens", bei der „beide Akte eine zunehmende Autonomie und Unabhängigkeit voneinander [erlangten] – sodass sie von unabhängigen Gruppen von Institutionen reguliert, strukturiert und betrieben werden konnten" (BAUMAN 2009:38).

---

10 Vgl. dazu auch den Beitrag von HELLMANN in diesem Band.
11 Vgl. ROSA (2011).
12 Vgl. dazu auch KÖNIG (2008:14f.).
13 Vgl. LENZ (2011:13).
14 Vgl. den kritischen Beitrag von EVERTS in diesem Band.

Mit BAUMANs Argument ist die Spur gelegt, die zu einer stärker symmetrischen, nicht nur an der Sphäre der Produktion orientierten Genealogie der Konsumentin führt. Neben den bereits erwähnten Studien von Colin CAMPBELL und MCKENDRICK et al. tauchten in jüngerer Zeit zunehmend weitere Stimmen auf, die auf die Wechselbeziehung des Konsums und der Produktion verweisen und die Einstellungen bzw. Praktiken der Konsumentinnen stärker ins Blickfeld rücken. So etwa macht der Historiker Jan DE VRIES darauf aufmerksam, dass die nordwesteuropäische Industrielle Revolution nur angemessen als Teil einer „Industrious Revolution", d. h. als Revolution der privaten Haushaltsführung, verstanden werden kann. DE VRIES (2008:6f., 1994:254) argumentiert, die Fokussierung der Angebotsseite des Marktes durch den Blick auf neue Technologien der Produktion und Verteilung von Waren verenge den Blick für die dieser Entwicklung vorausgehenden Veränderungen auf der Nachfrageseite: „Consumer demand grew, [...] and the productive achievements of industry and agriculture in the century before the Industrial Revolution could occur because of reallocations of the productive resources of households" (DE VRIES 1994:255). Die Industrielle Revolution ist demgemäß nicht vornehmlich als Auslöser einer Angebotserweiterung zu begreifen, sondern als Nebenprodukt einer seit der Mitte des 17. Jahrhunderts beginnenden Nachfragesteigerung (DE VRIES 1994:256f.).

Parallel zu diesen sozioökonomischen Entwicklungen lässt sich auch die zunehmende wissenschaftliche Reflexion der Konsumentinnentätigkeit beobachten. Vom Auftauchen des Modells des Homo oeconomicus in der neoklassischen Nationalökonomie bis hin zur Entstehung einer auf die Förderung des Absatzes gerichteten Marktforschung oder der soziologischen Konsumkritik – an all diesen Orten werden verschiedene Semantiken der Konsumentin etabliert, die nicht ohne Rückwirkung auf die Selbstverständnisse der Konsumierenden bleiben.[15] Anders gesagt: Es macht auch jenseits der akademischen Sphäre einen Unterschied, ob Konsumentinnen als ökonomisch optimierende Abnehmerinnen von „Endprodukten" bzw. als Verbraucherin gefasst werden, wie in der betriebs- und volkswirtschaftlichen Theoriebildung, als durch Manipulation gefährdete, potenziell unlogisch oder irrational handelnde Subjekte, wie in Teilen der Marketingliteratur und vor allem ihrer Kritik[16], oder – um nur eines von vielen weiteren Beispielen zu nennen – als hedonistische Bürgerinnen einer verfallenden liberalen Gesellschaft, die nur noch in der Wahl der Waren Freiheit erleben, wie in kulturkritischen Zeitdiagnosen[17]. Die wissenschaftliche Konsumforschung hat es demzufolge nicht nur mit einem alles andere als einheitlichen Subjekttyps „Konsumentin" zu tun, sondern sie hat, indem sie „Realität" nicht einfach abbildet, sondern an deren alltäglicher (Re-) Produktion beteiligt ist, auch Aspekte der Performativität zu berücksichtigen.[18]

---

15 Vgl. zur Sozialfigur des Konsumenten HELLMANN (2010b) und ferner GASTEIGER (2010).
16 Vgl. z. B. BERNAYS (2005[1928]:83ff.) sowie PACKARD (1977[1957]).
17 Vgl. KONDYLIS (1991:188ff.).
18 Vgl. die Beiträge von ERMANN und EVERTS in diesem Band.

(3) Die Konsumforschung hat es bei ihrem Gegenstand mit einer theoretisch und methodologisch zu integrierenden „material culture" (MILLER 1987) zu tun. Die materielle Dimension des Konsumierens gilt jedoch aus mehrerlei Gründen als widerständig: Zum einen darf eine Betonung des Objekthaften nicht mit einer ökonomischen Perspektive verwechselt werden, in der es nur um einen physisch-funktional gedachten Gebrauchswert geht. Die Gegenstände des Konsums sind in einer erweiterten konsumtheoretischen Sichtweise eben nicht nur hinsichtlich ihrer – ohnehin mehr als schwierig zu bestimmenden – Subsistenzfunktion von Belang, sondern als Träger von Bedeutungen, mithin als „nonverbal medium for the human creative faculty" (DOUGLAS/ISHERWOOD 1996[1979]:41). Zum Anderen jedoch darf auch eine solche Betonung der kommunikativen Leistungen des Konsums nicht darüber hinwegtäuschen, dass die Dinge über eine physische Gestalt, über sinnlich wahrnehmbare Qualitäten verfügen, die sich nicht zu Gunsten eines „nur" symbolischen Konsumgeschehens wegkürzen lassen. Dabei scheint es vom Standpunkt der Ästhetik aus völlig unerheblich zu sein, ob es sich um Alltagsobjekte aus massenhafter Produktion handelt, oder aber um handgearbeitete Waren exklusiver Herkunft (DRÜGH 2011:23, MILLER 1987, LIESSMANN 2010). Entscheidend für die theoretischen und method(olog)ischen Perspektiven der Konsumforschung ist, dass sich sowohl die Form und Funktion der Konsumgüter als auch deren Präsentation bzw. Inszenierung im Tauschzusammenhang zu einem ästhetischen Erleben verdichten können, das sich weder allein mit Bezug auf die materielle Qualität noch allein unter Rückgriff auf die symbolische Dimension erschließen lässt.[19, 20]

(4) Die insbesondere im Alltagsverstand verankerte Idee einer mehr oder minder scharfen Abgrenzung zwischen den Sphären der Produktion und des Konsums muss spätestens unter den Bedingungen nachindustrieller Gesellschaften durch Konzeptionen ersetzt werden, welche die konstitutiven Wechselbeziehungen zwischen beiden Bereichen stärker hervorheben. Dass Konsum und Produktion nicht ohne einander gedacht werden können, betonten mit Adam SMITH und Karl MARX bereits zwei Klassiker ökonomischen Denkens. SMITHs berühmtes Diktum „Consumption is the sole end and purpose of all production" (SMITH 1904[1776/1784]:159) weist darauf hin, dass die Bereitstellung von Gütern und Dienstleistungen stets auf eine antizipierte Nachfrage der Konsumentinnen hin ausgerichtet ist. Und in seiner Politischen Ökonomie spricht MARX sogar von einer *Einheit* von Produktion und Konsumtion, die über Zirkulation und Distribution hergestellt wird:

---

19 Am deutlichsten sind diese Zusammenhänge im Übrigen von der Konsumkritik herausgearbeitet worden, die gegen eine warenästhetische Überhöhung profaner Alltagsobjekte argumentierte. Bereits zu Beginn der 1970er Jahre etwa formulierte Wolfgang Fritz HAUG (2009: 72) in seiner fundamentalen Abrechnung mit der Warenwelt, dass die kapitalistische „Technokratie der Sinnlichkeit" letztlich auf eine „Herrschaft über Menschen" ziele, „ausgeübt auf dem Wege ihrer Faszination durch technisch produzierte Erscheinungen". Vgl. zur warenästhetischen Kritik ferner ULLRICH (2013).
20 Zu einer Variante ästhetischen Denkens in der Konsumforschung vgl. den Beitrag von KAZIG in diesem Band.

> „Die Konsumtion vollzieht erst den Akt der Produktion, indem sie das Produkt als Produkt vollendet, indem sie es auflöst [...]; sie ist also nicht nur der abschließende Akt, wodurch das Produkt Produkt, sondern auch, wodurch der Produzent Produzent wird. Andrerseits produziert die Produktion die Konsumtion, indem sie die bestimmte Weise der Konsumtion schafft, und dann, indem sie den Reiz der Konsumtion, die Konsumtionsfähigkeit selbst schafft als Bedürfnis" (MARX 1961[1857]:625).

MARX beschreibt Konsumtion und Produktion hier als aufeinander verwiesen, und das nicht nur in dem vergleichsweise trivialen Sinne, dass zur Herstellung von Waren gleichzeitig Waren konsumiert werden müssen. Vielmehr wird an dieser Stelle betont, dass bereits in begrifflicher – d. h. die Unterscheidung zweier Sphären erst ermöglichender – Hinsicht der Verbrauch in der Herstellung mit angelegt ist. Überraschend ist dabei aus gegenwärtiger Sicht nicht etwa die hier zur Sprache kommende dialektische Sichtweise auf Produktion und Konsumtion; überraschend ist, dass es dann wiederum der Autor des *Kapitals* selbst ist, der durch seine späteren Schriften vornehmlich den Aspekt der Produktion ins Zentrum rückt und dadurch zur nationalökonomischen Fokussierung des herstellenden Bereichs beiträgt (KÖNIG 2000:16).

Die Idee, dass Konsumentinnen ebenso an der (fortführenden) Produktion und Wertschöpfung beteiligt sind, und das in einem ganz und gar „praktischen" Sinn, wird erst von der Konsumforschung der 1970er und 1980er Jahre wieder prominent aufgegriffen. Dies lässt sich einerseits auf empirisch beobachtbare Veränderungen innerhalb der Felder des Konsums und der Produktion zurückführen, andererseits auf eine neue kritische Auseinandersetzung mit den Positionen der etablierten Konsumkritik.

Die lebensweltlichen Verschiebungen im Verhältnis von Produktion und Konsumtion können als Aufkommen eines Zwischenbereiches der „Prosumtion" charakterisiert werden.[21] Der Begriff geht auf den US-amerikanischen Futurologen Alvin TOFFLER zurück, der in seiner Studie *The third wave* von 1980 den zunehmenden Einbezug der Verbraucherinnen in die Fertigstellung, Entwicklung und Wartung der Konsumgüter konstatierte (TOFFLER 1980:265ff.). Während die Konsumentinnen spätestens mit dem Aufkommen der breit angelegten Marktforschung bereits (teils aktiv) in die Prozesse der Produktion involviert werden, identifiziert TOFFLER einen noch stärker konkreten, objektbezogenen Trend der Verschränkung von Produktion und Konsumtion. So etwa sei das Aufkommen eines „self-help-movement" oder der „do-it-yourselfers" ein eindeutiges Anzeichen einer Verschiebung der Arbeitsprozesse in den Bereich der Konsumentinnen hinein, die sich zunehmend an der materiellen Gestaltung und Transformation der Konsumgüter beteiligen (TOFFLER 1980:268ff.).[22]

Der zweite genannte Punkt lässt sich am Beispiel der Argumentation des Soziologen Michel DE CERTEAU verdeutlichen. In seinem 1980 zuerst veröffentlichten Essay *Kunst des Handelns* macht DE CERTEAU auf die aktive, kreative Di-

---

21 Zur genaueren Beschreibung des Phänomens vgl. BLÄTTEL-MINK/HELLMANN (2010) sowie in Bezug auf gegenwärtige Prosumtionsprozesse jüngst auch LAMLA (2013:297ff.).
22 Ganz ähnlich, wenngleich unter dem Schlagwort der „Selbstbedienungsgesellschaft", argumentiert bereits GERSHUNY (1978).

mension des Konsumierens aufmerksam. Bezeichnenderweise spricht DE CERTEAU dabei von einer „Fabrikation", der die Konsumentinnen nachgehen und im Rahmen derer aus der Konsumtion eine „zweite Produktion" wird: „Das Gegenstück zur rationalisierten, expansiven, aber auch zentralisierten, lautstarken und spektakulären Produktion ist eine *andere* Produktion, die als ‚Konsum' bezeichnet wird" (DE CERTEAU 1988[1980]:13). Diese Aneignung und kreative Umgestaltung im Konsum ist dabei gar nicht so sehr in Bezug auf die postindustrielle Phase der (zumindest tendenziellen und sektoralen) Aufwertung individualisierter Güter des Alltagskonsums von Interesse, sondern vor allem mit Bezug auf die Effekte der klassischen Industrialisierung. Gerade die massenhafte Verfügbarkeit identischer materieller Güter gibt demzufolge Anlass zu der Frage, wie die subjektseitige Auseinandersetzung mit den Gegenständen erfolgt, d. h. wie Konsumentinnen sich Objekte anzueignen vermögen. Während von der Kulturkritik immer wieder angeführt worden ist, dass die massenhafte Verteilung identischer Güter zu einer passiven „Assimilation" dieser seitens der Konsumentinnen führe (KRÖNERT 2009: 49), eröffnet DE CERTEAUs Argumentation einen Weg, die Kritik der Warenästhetik zu durchbrechen: Nicht die *ex ante* zu kritisierende Strukturierungsleistung der Güter des Massenkonsums oder – wie bei HAUG formuliert – deren leere Versprechen sind dann Gegenstand der Auseinandersetzung, sondern die zunächst einmal offenere Frage der Aneignung der Güter im Gebrauch.[23]

In methodologischer Hinsicht eröffnen vor allem die in dem oben genannten Band von APPADURAI versammelten Beiträge einen Zugang zur konsumtiven Aneignung der Dinge. Sowohl Appadurais Einleitungsaufsatz als auch Igor KOPYTOFFs Beitrag *The cultural biography of things: Commoditization as process* (KOPYTOFF 1986) können als Plädoyer für eine stärkere Berücksichtigung der mit dem Konsum der Dinge einhergehenden Transformationen gelesen werden. Ähnlich wie in aktuell diskutierten ethnographischen „follow-the-thing" Ansätzen[24] geht es bei KOPYTOFF und APPADURAI aber um noch mehr: Im Sinne einer prozessorientierten Rekonstruktion der „Biographie" von Alltagsobjekten sollen die verschiedenen materiellen wie symbolischen „Aggregatzustände", die die Dinge der Lebenswelt im Verlauf ihrer Existenz annehmen, zum Gegenstand werden (APPADURAI 1986b:5, KOPYTOFF 1986:66f.). APPADURAI (1986b:5, 13) spricht hier prägnant von „things-in-motion", deren Laufbahn („trajectory") jenseits der eingeübten Zuschreibungen zur Produktions- oder Konsumtionssphäre buchstäblich zu folgen sei. Die beiden Autoren stehen damit exemplarisch für eine weitere zentrale Annahme der neueren Konsumforschung: Die Warenförmigkeit der Dinge ist alles andere als eine Naturtatsache, sondern muss durch potenziell reversible Kommodifizierungsprozesse alltäglich erzeugt und reproduziert werden.

---

23 Vgl. den Beitrag von MAGER in diesem Band.
24 Vgl. COOK et al. (2004), aber auch bereits den Aufsatz von MARCUS (1995).

Blickwechsel der Konsumforschung

Anschließend an die hier nur kursorisch nachgezeichneten Annahmen und Argumentationsgänge hat sich die sozial- und kulturwissenschaftlich ausgerichtete Konsumforschung seit den späten 1970er und 1980er Jahren zu einem enorm heterogenen Forschungsfeld weiterentwickelt. Dabei ist nicht nur eine quantitative Erweiterung beobachtbar, sondern auch eine Verschiebung bzw. Erweiterung der Diskurskontexte. Neben der dominanten angelsächsischen Literatur hat sich z. B. – wenn zum Teil auch erst nach der Jahrtausendwende – eine engagierte deutschsprachige wissenschaftliche Debatte um den Konsum entwickelt. Als prominente Beispiele können hier die Herausbildung und institutionelle Verfestigung einer gesellschaftstheoretisch orientierten Konsumsoziologie[25], oder aber auch die vom *cultural turn* in der Humangeographie beeinflusste Forschungsperspektive der Geographien des Konsums gelten[26]. Gleichzeitig kann jedoch beobachtet werden, dass sich das Interesse an Konsum offenbar nur schwerlich disziplinär kanalisieren lässt. Zwar nehmen Einzelarbeiten disziplinspezifische Perspektivierungen vor, mit denen unterschiedliche Dimensionen des Konsums akzentuiert werden können, allerdings scheint das diagnostische Niveau disziplinärer Engführungen dem komplexen Phänomen des Konsums immer weniger gerecht werden zu können. Kurz gesagt: Konsum als Querschnittserscheinung fordert geradezu zur Irritation etablierter disziplinärer Abgrenzungen heraus.

Ein möglicher Grund für das weiter angestiegene Interesse am Konsum sowie die damit einhergehende Pluralisierung der Konsumforschung dürfte in den zum Teil tief greifenden lebensweltlichen Veränderungen liegen, die seit dem letzten Jahrzehnt des 20. Jahrhunderts stattgefunden haben. Insbesondere die folgenden fünf – hier nur knapp skizzierbaren und nicht völlig überschneidungsfreien – Tendenzen fallen dabei hinsichtlich der Konsumthematik ins Auge:

(1) Zunächst einmal wären diejenigen Transformationen der Konsumsphäre zu nennen, die sich aus der weiter fortschreitenden bzw. sich modifizierenden Globalisierung sowie der Digitalisierung des Alltagslebens ergeben. Die „gesellschaftlichen Raumverhältnisse" der „digitalen Revolution" (WERLEN 2010) haben in Bezug auf den Konsum ambivalenten Charakter. Während mittels neuer Medien auf der einen Seite Möglichkeiten einer breiten Aufhebung der Informationsasymmetrie zwischen den am Konsum beteiligten Akteurinnen eröffnet werden und im partizipativen Web 2.0 zumindest grundsätzlich das Entstehen einer kritischen Konsumöffentlichkeit angelegt ist, stellen sich andererseits nicht nur Fragen nach der Verteilung der Zugangschancen zum *world wide web* oder der als „Partizipation" häufig nur mühsam getarnten kommerziellen Abschöpfung des Kreativpotenzials der Prosumentinnen.[27] Vielmehr ist – begreift man das Internet selbst als Konsumgut – nach ganz neuen Modi der Aneignung im Konsum zu fragen.

---

25   Vgl. SCHRAGE (2009:22).
26   Vgl. stellvertretend z. B. ERMANN (2007, 2013).
27   Vgl. dazu beispielsweise die kritischen Auseinandersetzungen bei BLÄTTEL-MINK/HELLMANN (2010) sowie LAMLA (2013).

Welche neuen Informations- und Aufmerksamkeitsökonomien[28] werden im digital vermittelten Konsum mobilisiert? Mit welchen in der Digitalisierung begründeten Brüchen sind die konsumtiven Alltagspraktiken konfrontiert? Welche Praktiken der Vermittlung zwischen Autonomie und auf Dauer gestellter Überforderung kreieren die Konsumsubjekte? Und in einem weiteren Horizont: Welche Konsequenzen haben Globalisierung und Digitalisierung für die institutionelle Rahmung marktvermittelter und nicht-marktvermittelter Konsumprozesse?[29]

(2) Ein in bestimmter Hinsicht daran anschließendes Bündel an jüngeren Entwicklungen, die auch für die Perspektivierungen des Konsums relevant sind, kann unter dem Stichwort der sozialen Beschleunigung gefasst werden. Die gegenwärtigen Beschleunigungstendenzen umfassen nach Hartmut ROSA (2005:124ff.) drei Dimensionen: technische Beschleunigung, Beschleunigung sozialen Wandels und Beschleunigung des Lebenstempos. Insbesondere die dritte Facette erscheint dabei für die Konsumforschung von Interesse. Sie bezeichnet die „Steigerung der Handlungs- und/oder Erlebnisepisoden pro Zeiteinheit" in der späten Moderne (verändert nach ROSA 2005:135). Von dieser Logik der Akzeleration ist das Konsumieren nun nicht nur im Sinne einer quantitativen Ausweitung betroffen, sondern damit scheint auch ein qualitativer Wandel verbunden zu sein: Nicht nur, dass wir mehr und ggf. andere Dinge konsumieren, sondern das Konsumieren selbst scheint sich – zum Teil grundlegend – zu ändern. So diagnostiziert ROSA (2011:127) für beschleunigte Gesellschaften zwar einerseits eine Zunahme an Kaufakten, andererseits jedoch eine Abnahme der „(Real-) Konsumtion", d. h. des tatsächlichen Gebrauchs der gekauften Dinge. Um sich in einer zunehmend unberechenbarer werdenden Welt Handlungsoptionen offen zu halten (ROSA 2005:221) umgeben sich die Konsumentinnen dementsprechend mit immer mehr Dingen, für deren tatsächliche Aneignung weder Zeit noch Interesse zu bestehen scheint – „das Kaufen [wird] immer attraktiver, das Konsumieren aber immer unattraktiver" (ROSA 2011:129). Für die Konsumforschung ergeben sich aus diesen Tendenzen eine ganze Reihe an Fragen und Aufgaben. Zunächst wäre empirisch weiter zu prüfen, inwieweit der These eines „Optionen-, jedoch nicht Verwirklichungskonsums" zuzustimmen ist. Sodann wäre zu thematisieren, welche konsumtiven Strategien der *Ent*schleunigung die Subjekte entwerfen um der potenziellen Überforderung durch einen Überfluss an Wahlmöglichkeiten zu entgehen.[30] Und schließlich wäre auch kritisch zu evaluieren, inwiefern im Konsum Widerstandspotenziale gegen die Akzeleration spätmoderner Gesellschaften liegen können, d. h. in welchem Maße ausgerechnet von konsumbezogenen Praktiken eine Brechung der kapitalistischen Steigerungslogik zu erwarten ist.

28 Vgl. dazu FRANCK (1998) sowie den Beitrag von FRANCK in diesem Band.
29 So etwa gerät der für die Spätmoderne häufig konstatierte Verlust staatlicher Steuerungskapazitäten spätestens dann in das Blickfeld der Konsumforschung, wenn damit im Alltagsdiskurs die Übernahme von Gestaltungsverantwortung durch die Konsumentinnen legitimiert wird (z. B. als die vieldiskutierte „Politik mit dem Einkaufswagen").
30 Vgl. dazu etwa die Auseinandersetzung mit der Slow Food Bewegung im Beitrag von RÖSCH in diesem Band.

(3) Spezifischer den Bereich des Konsums betrifft der in jüngerer Zeit verstärkt zu beobachtende Einzug moralischer Kategorien in die Konsumsphäre. Dies wird in ganz verschiedenen diskursiven Kontexten diagnostiziert: Als affirmative Anleitung zum *Shopping for a better world* bei TEPPER-MARLIN et al. (1992), als Kritik der Alltagsmoral bei PRIDDAT (1998), oder als kulturwissenschaftliche Zeitdiagnose und Theoriearbeit im Sammelband von HEIDBRINK et al. (2011). In einem sehr umfassenden, nicht nur die Konsumpraxis fokussierenden Sinne hat Nico STEHR (2007) das Phänomen als eine *Moralisierung der Märkte* beschrieben. Dieser Trend umfasst dabei sowohl den Bereich der Herstellung von Konsumgütern als auch denjenigen ihrer Aneignung. „Die Moralisierung der Märkte", so STEHR (2007:70), „manifestiert sich [...] *insbesondere* in den an Märkten gehandelten Produkten und Dienstleistungen".[31] Mit dem Attribut „moralisch" lässt sich dabei im allgemeinsten Sinne ein Arrangement des Konsums charakterisieren, in dem die externen Folgen, d. h. die raum-zeitlich oder sozial häufig ausgelagerten Konsequenzen eigener Handlungen für das Gelingen menschlicher (und nicht-menschlicher) Ko-Existenz, in den Konsumentscheidungen berücksichtigt werden. Konkret bedeutet dies etwa eine Forderung nach vernunftgeleiteter Selbstbeschränkung der Konsumentinnen, die mit ihren Kaufentscheidungen ökologische oder soziale Verantwortung übernehmen sollen. Damit einher geht in vielen Bereichen des Konsums die Tendenz zu einem größeren Interesse an den Herstellungsumständen – auch: den Geographien – von Konsumgütern[32] sowie die Neigung zu einer individuell wie kollektiv stärkeren Reflexion der Lebensführung.

Diese scheinbar umfassende Transformation des Konsumgeschehens dürfte unumstritten für alle Strömungen der sozialwissenschaftlichen Konsumforschung neue Fragestellungen und den Bedarf an neuartigen Perspektivierungen liefern: Welche gesellschaftlichen oder politischen Konsequenzen sind mit der gegenwärtigen Delegierung von Verantwortung verbunden? Über welche bewussten und unbewussten Strategien verfügen die Subjekte, um die Widersprüche verantwortlichen Konsums im Alltag zu integrieren? Wie lassen sich Entwürfe von Alternativen zur gegenwärtig kritisierten Verfassung des Konsums normativ begründen? Aber auch: Welche geographischen Weltsichten werden von den Akteurinnen verantwortlichen Konsums mobilisiert, mit welchen Implikationen?[33] Wie werden neue Märkte für Güter verantwortlichen Konsums kreiert, mit welchen habitualisierten Praktiken sind deren Akteurinnen konfrontiert? Auf welche Weise wird der Nexus des Lokalen und des Globalen im verantwortlichen Konsum sichtbar gemacht?

---

31 Die entscheidende Verschiebung besteht hier darin, dass nicht mehr ausschließlich die Handlungen der Konsumentinnen Gegenstand moralischer Bewertung sind, sondern Produkte und Dienstleistungen selbst (STEHR 2007:70).

32 Dies ließe sich in gewisser Weise als eine Form der Re-Traditionalisierung lesen: Sind arbeitsteilige, differenzierte Gesellschaften gerade durch die Auslagerung von Wissen und Kompetenzen an Expertinnen gekennzeichnet, erfahren im moralischen Konsum – wenngleich nicht mehr aus unmittelbar existenziellen Gründen – die Ideen der Einfachheit, Transparenz und praktischer Nachvollziehbarkeit eine Renaissance.

33 Vgl. den Beitrag von RÖSCH in diesem Band.

(4) Eine weitere bemerkenswerte Entwicklungstendenz betrifft die geographische Dimension konsumbezogener Praktiken. Besonders in urbanen Kontexten lässt sich hier eine interessante Doppelbewegung beobachten: Einerseits werden die mit der Präsentation und dem Verkauf der Waren assoziierten Orte zunehmend inszeniert bzw. ästhetisch überformt, andererseits entwickeln sich Orte immer stärker selbst zu einem Gegenstand des Konsums (GERHARD/SCHMID 2009: 312). Dass Einkaufsorte eigenlogische Arrangements darstellen können, die über eine nüchtern-funktionale Distribution der Waren hinausgehen, dürfte seit Entstehung der Passage im 19. Jahrhundert nicht mehr überraschen.[34] Und auch die thematische Inszenierung von Orten ist – man denke etwa an die Tradition von Spielen – alles andere als ein spätmodernes Phänomen. Allein, beides sind Fälle einer räumlich oder zeitlich eng begrenzten „Überzuckerung [...] mit ästhetischem Flair" (WELSCH 1996:11). Die historische Diskontinuität besteht indessen in dem Ausmaß der gegenwärtigen Ästhetisierungsprozesse: kaum eine Stadt, die sich nicht in irgendeiner Form durch Festivalisierung, Historisierung, Kulturalisierung oder Globalisierung (bzw. Kosmopolitisierung) im weltweiten Standortwettbewerb zu positionieren versucht (GERHARD/SCHMID 2009:315ff.). In dieser mit oberster Priorität versehenen Beförderung des „Eventwertes" lässt sich das Aufkommen neuer Ökonomien beobachten. Zwar dienen die innerstädtische Aufwertung sowie die Attraktivitätssteigerung der Orte des Konsums letztlich kommerziellen Zwecken, doch ist sie in neuartige, zunächst einmal nicht-monetäre Ökonomien der Aufmerksamkeit (FRANCK 1998) bzw. der Faszination (SCHMID 2009) eingebunden. Nicht um den unmittelbaren Verkauf geht es dementsprechend, sondern um die Generierung dauerhafter Beachtung.[35]

Durch die urbanen Ästhetisierungstendenzen werden Fragen aufgeworfen, die den Horizont der Konsumforschung deutlich übersteigen, sich gleichwohl nicht von ihr loslösen lassen. Um nur einige zu nennen: Welche Strategien der Generierung von Aufmerksamkeit verfolgen lokale Akteurinnen angesichts einer zunehmenden Homogenisierung städtischer Gestalt durch nahezu identische Programme der „Aufhübschung"? Welche gesellschaftlichen Konsequenzen sind mit der Kommerzialisierung und Privatisierung öffentlichen Raums verbunden? Wie können partizipative Prozesse im Sinne einer *urban governance* initiiert und gestaltet werden und was bedeutet Urbanität, wenn Bürgerinnen der Stadt hauptsächlich als Konsumentinnen angesprochen werden? Welche Folgen hat die Konzentration von Kapital für die städtische und ländliche Peripherie?

(5) Ein fünftes und letztes Themenfeld schließlich, das neue Blickwinkel der sozialwissenschaftlichen Konsumforschung erfordert, ist die gegenwärtige Krise des Kapitalismus. Insbesondere der Aspekt des kapitalistischen Wachstumsdogmas und seine Herausforderung durch Entwürfe einer Postwachstumsökonomie bzw. einer Postwachstumsgesellschaft werfen Fragen theoretischer sowie lebenspraktischer Natur in Bezug auf den Konsum auf.[36] In einem allgemeinen Sinne

---

34 Vgl. dazu den Beitrag von FLEISCHMANN in diesem Band.
35 Vgl. dazu auch den Beitrag von FRANCK in diesem Band.
36 Vgl. etwa JACKSON (2009) und SEIDL/ZAHRNT (2010).

kann die Postwachstumsidee dabei folgendermaßen umrissen werden: „degrowth challenges the hegemony of growth and calls for a democratically led redistributive downscaling of production and consumption in industrialised countries as a means to achieve environmental sustainability, social justice and well-being" (DEMARIA et al. 2010:209). Dem Konsum kommt dabei eine besondere Prominenz zu, denn er wird als „Kern" oder „Hauptantrieb" der „Wachstumswirtschaft" begriffen (RØPKE 2010:103). Die als Konsumkritik gekleidete Wachstumsskepsis speist sich dabei aus zwei Hauptquellen: Die *ökologisch* motivierte Kritik betont den an globale Grenzen stoßenden Verbrauch materieller Güter, die *ethisch* motivierte Kritik indessen hebt die Frage des guten Lebens auf kollektiver Ebene (globale Gerechtigkeit) sowie individueller Ebene (subjektives Wohlbefinden) hervor. Im Unterschied zu vielen anderen Konzeptionen alternativer Entwicklungspfade setzt die Postwachstumskritik dabei im Grundsätzlichen an: Sie geht von einer *prinzipiellen* Unvereinbarkeit des gegenwärtigen, auf Massenkonsum basierenden *modus vivendi* mit einer dauerhaften Haltbarkeit gesellschaftlicher Formationen in einer Welt begrenzter Ressourcen aus.[37]

Die Fragen, die sich aus diesen Krisentendenzen sowie den sich darum gruppierenden gesellschaftlichen Verhandlungen à la „Postwachstum" ergeben, dürften ausnahmslos alle Bereiche der sozialwissenschaftlichen Konsumforschung betreffen. Unter anderem wäre hier zu thematisieren: Welche Folgen hat der Trend zu größer werdenden sozialen bzw. ökonomischen Disparitäten für die konsumvermittelte gesellschaftliche Integration?[38] Welchen psychischen Logiken folgen Konsumieren und Marktverhalten in wachstumsorientierten und nicht-wachstumsorientierten Konstellationen, welchen Modellen eines „anderen" Konsumalltags könnte eine postkonsumistische Entwicklung folgen?[39] Und schließlich: Welche Erfolgsaussichten hat die im Postwachstumsdiskurs häufig proponierte Aufwertung traditioneller gesellschaftlicher Raumverhältnisse („regionaler Konsum"), welche problematischen Implikationen sind damit verbunden?

Zu den Beiträgen

Angesichts der hier nur angedeuteten Vielgestaltigkeit und Vielschichtigkeit aktueller konsumbezogener Fragestellungen dürfte es sich von selbst verstehen, dass die im vorliegenden Band versammelten Beiträge keine umfassenden oder ausreichenden Antworten liefern können. Gleichwohl nehmen sie verschiedene Aspekte der dargestellten Problematiken auf und perspektivieren diese entsprechend ihres jeweiligen Forschungsfeldes in theoretisch-konzeptioneller sowie – in einigen Fällen – empirischer Hinsicht. Die Textsammlung versteht sich als Überblick zum aktuellen Erkenntnisstand sozialwissenschaftlicher Konsumforschung, der zu Kritik, interdisziplinärer Vernetzung und argumentativer Weiterentwicklung anre-

---

37 Vgl. DEMARIA et al. (2010:198).
38 Vgl. den Beitrag von SCHRAGE in diesem Band sowie ferner BOSCH (2010).
39 Vgl. die Beiträge von FELSER und HAHN in diesem Band.

gen möchte. Das als Klammer gewählte Etikett „sozialwissenschaftlich" soll dabei anzeigen, dass Konsum hier als ein gesellschaftliches Phänomen begriffen wird, das zur Etablierung und Stabilisierung, aber auch zur Herausforderung und möglicherweise zum Zerfall sozialer Beziehungen beizutragen vermag. Eingeschlossen sind in einem solchen Blickwinkel natürlich auch Positionen, die eher kulturtheoretisch argumentieren und die Dimensionen des Sinns und der Bedeutung bei der Erzeugung gesellschaftlicher Wirklichkeiten hervorheben.

Die Beiträge des vorliegenden Bandes operieren mit zum Teil sehr unterschiedlichen Vorverständnissen und Fragestellungen. Als heuristische Kategorisierung der verschiedenen Perspektiven auf den Konsum schlagen wir daher eine Dreiteilung des Buches vor. Die unter dem Stichwort *Konsumkultur* versammelten Texte beschäftigen sich mit gesellschaftlichen Makrotrends des Konsums sowie, auf konzeptioneller Ebene, mit grundsätzlichen Erklärungsansätzen der Verhältnisse von Konsum und Gesellschaft. Um das, was Konsumentinnen konkret tun, wenn sie konsumieren, geht es in der zweiten Sektion zum *Konsumalltag*. Die Beiträge thematisieren einerseits die Spezifika des spätmodernen konsumtorischen Weltverhältnisses, andererseits die Brüche, Irrationalitäten und Irritationen des alltäglichen Konsums. Die Beiträge des dritten Abschnitts *Konsumwelten* schließlich befassen sich mit der Konstruktion, Inszenierung und Verortung von Märkten und konkreten Schauplätzen des Konsums.

Die *erste Sektion* eröffnet der Philosoph, Architektur- und Medientheoretiker Georg FRANCK mit einem Beitrag zum Verhältnis von Kultur und Kommerz. Im Lichte einer nahezu grenzenlos erscheinenden Ausweitung kapitalistischer Vermarktungsprozesse auf den Bereich der Kulturgüter identifiziert FRANCK einen tief liegenden Wandel des modernen Konsums: Galt dieser in althergebrachter wirtschaftswissenschaftlicher Sicht als Ende von Wertschöpfungsketten, so steht er in der von einer symbolischen Ökonomie des Marketing geprägten nachindustriellen Gesellschaft zunehmend an deren Anfang. Eine monetäre Profitorientierung der Anbieter von Gütern und Dienstleistungen ist auch hier nicht suspendiert, doch sind die in Geld messbaren Gewinne in der massenmedialen, digitalisierten Spätmoderne nicht ohne Erfolge im Bereich der Aufmerksamkeitsökonomie zu haben. Konsumpraktiken sind dementsprechend – insbesondere, wenn es sich um den Konsum von Informationsgütern handelt – als Moment der Generierung und Abschöpfung von Aufmerksamkeit aufzufassen. Die Instrumente in diesem Kampf um die knappe Ressource Aufmerksamkeit sind Werbung und Marketing. Als Erfolgskriterium gelten inhaltsneutrale Quoten und Reichweiten. Die Folgen, so konstatiert FRANCK, sind die Durchkommerzialisierung des Alltags und die beschleunigende Aufreizung immer neuer Bedürfnisse der Aufmerksamkeit. Eingelagert in diese Konsum- und letztlich Gegenwartskritik sind nicht nur Fragen nach den psychischen Folgen der Omnipräsenz von Werbung und Marketing, sondern auch Fragen nach der Bedeutung von Öffentlichkeit innerhalb dieser Konsumkultur.

Eine konsumtheoretische Perspektive soziologischen Zuschnitts entwickelt Dominik SCHRAGE in seinem Beitrag. Konträr zur Argumentation klassischer soziologischer Konsumkritik fragt SCHRAGE nicht nach den desintegrierenden

Wirkungen der modernen Konsumsphäre, sondern nimmt Konsum als Ermöglicher, Modifizierer, Stabilisator usw. von Vergesellschaftungsprozessen in den Blick. Auf der Grundlage des Simmel'schen Formenbegriffs wird in dem Beitrag SCHRAGEs dafür argumentiert, Warenkonsum nicht als ein Medium zu fassen, das durch Erwartungsentgrenzung zur Destabilisierung von Gesellschaft beiträgt, sondern vielmehr als eine Form des Umgangs mit dem Verlust strukturierender Normen und Traditionen, die die Konsumentinnen auf die Pluralität spätmoderner Gesellschaften einstellt. Der Beitrag schärft den Blick nicht nur für jene Formen der sozialen Wechselwirkung zwischen Anbieterinnen und Konsumentinnen, die sich im konkreten Tauschakt vollziehen, sondern vor allem für die vielfältigen Formen *indirekter* Beziehungen, die durch die Entstehung einer marktvermittelten Sphäre des Massenkonsums in der Moderne etabliert werden. Konsum kann damit, so SCHRAGE, als ein „genuin moderner Erfahrungsraum" gedeutet werden, der durch die großflächige Teilhabe an der Aneignung von Waren neue Formen der Integration und Subjektivierung ermöglicht.

In welchem Sinne Konsum begründetermaßen Gegenstand der Wirtschaftssoziologie sein kann ist Gegenstand des Beitrages von Kai-Uwe HELLMANN. Auf Basis der Unterscheidung von Konsum im engeren Sinne (als Kaufakt) und Konsum im weiteren Sinne (als Ge- und Verbrauch der erworbenen Waren) kann HELLMANN zeigen, dass Konsumakte beständig über die Grenze des Einzugsgebiets einer auf die Grundoperation Zahlen/Nicht-Zahlen fokussierten Wirtschaftssoziologie hinweg wandern. Konsum, so hebt der Beitrag disziplintheoretisch hervor, ist eine konstitutiv gesellschaftliche – und damit zwar auch, aber eben nicht nur wirtschaftliche – Praxis. Was dementsprechend über die Eindeutigkeit einer an Luhmann geschulten Wirtschaftssoziologie gewonnen wird – nämlich eine mehr oder minder deutliche soziologische Abgrenzung des Wirtschaftssystems –, geht durch den Mangel an theoretischer bzw. empirischer Sensibilität für die dem Kaufakt vor- und nachgelagerten Prozesse (HELLMANN spricht pointiert von „Ereigniswolken") wieder verloren. Konsumbezogene Imaginationen oder etwa Überlegungen zum Konsumverzicht sind demnach gleichermaßen mit einer auf die Herbeiführung von Kaufakten gerichteten Produktions- und Distributionssphäre assoziiert, ohne jedoch wirtschaftssoziologisch angemessen ins Blickfeld zu rücken. HELLMANNs Beitrag verdeutlicht mit diesem Verweis einerseits die Schwierigkeiten einer soziologischen Behandlung des Konsums und weist andererseits auf die „Ausweitung der Konsumzone" hin, die zu neuen Abgrenzungen und Selbstbeschreibungen der mit Konsum befassten soziologischen Subdisziplinen führt.

Ein exemplarisches Beispiel für einen vieldimensionalen Zugang zu gegenwärtigen Konsumphänomenen liefert Julia RÖSCH. In ihrer Auseinandersetzung mit der Slow Food Bewegung demonstriert RÖSCH, wie im Bereich des Lebensmittelkonsums ein neuer Markt für Güter eines ethisch verantwortlichen Konsums entsteht – und welche konzeptionellen Herausforderungen damit für die Konsumforschung verbunden sind. So lässt sich Slow Food weder ausschließlich als neue Symbolisierung traditioneller Konsumpraktiken einholen, noch auf alternative Produktionsprozesse oder seine konsumismuskritischen Gehalte reduzieren.

Stattdessen müsse, so ließe sich RÖSCHs Argumentation zusammenfassen, Lebensmittelkonsum und speziell die von Slow Food beförderte Form dessen als multisensorische, sozial und ökonomisch eingebettete und materiell involvierte Praxis aufgefasst werden. Mit den Kernkonzepten der Ent-fernung, Einverleibung und Echtheitsgenerierung offeriert die Autorin ein Kategorienset, mit dem einerseits der materiellen und symbolischen Verknüpfung der Produzierenden- und Konsumierendensphäre nachzukommen ist, gleichermaßen aber auch die leibliche Vermittlung im Lebensmittelkonsum sowie die vielfältigen Prozesse der sozialen und geographischen Verortung berücksichtigt werden.

Hans Peter HAHN eröffnet mit einem Beitrag zur „Erfindung des Alltags" im Konsum den *zweiten Abschnitt* des Buches. HAHNs ethnologisch fundiertes Plädoyer für eine kulturwissenschaftliche Konsumforschung basiert auf der These, dass die eigentümliche Qualität des Konsums in so genannten Konsumgesellschaften letztlich in einer spezifischen „Art des Sehens" liegt, in einem imaginativen, „traumvergessenen" Zugriff auf den Alltag. Ausgehend davon entfaltet HAHN eine Kritik traditioneller Konsumforschung und Konsumkritik, die in ihrer Nachordnung des Konsums – Konsum als bloßer Ausdruck gesellschaftlicher Prozesse – bzw. einer konstitutiven Verlusterzählung – moderner Massenkonsum als Entfremdung – ihren eigentlichen Gegenstand merkwürdig unbestimmt lassen: Was das Konsumieren, die konkreten Praktiken des Konsums ausmacht, so HAHN, wird in beiden Strängen empirisch und theoretisch-konzeptionell vernachlässigt. Der damit häufig einhergehenden „systematischen Unterschätzung" des Konsums setzt HAHN schließlich ein Konzept der Konsumforschung als „Ethnographie des Alltags" entgegen. Worin die konsumistische Art des Sehens besteht, so das Fazit des Beitrages, lässt sich am besten in vergleichender Perspektive von den Rändern der Konsumgesellschaft her bestimmen.

An einen der zentralen Orte des Konsums – die Situation der Kaufentscheidung – führt der Beitrag des Konsumpsychologen Georg FELSER. In seiner Auseinandersetzung mit jüngeren neurowissenschaftlichen Studien zum Konsumentinnenverhalten demonstriert er den zunehmenden Anspruch hirnphysiologisch orientierter Forschung, Kaufentscheidungen umfassend erklären zu können. Der *ad hoc* Plausibilität der neurowissenschaftlichen These einer vorrangig emotionalen (statt rationalen) Konsumentin setzt FELSER jedoch eine dezidiert psychologische, auf Prozesse der bewussten und unbewussten Informationsverarbeitung gerichtete Perspektive entgegen. Psychologisch hat ein Konsumverhalten, das nicht dem ökonomischen Modell der rationalen Wahl entspricht, nicht notwendigerweise etwas mit Emotionen zu tun. Ganz im Gegenteil, so führt FELSER vor, handelt es sich um eine falsche Dichotomie von Vernunft und Emotion. Statt vorschneller Zuschreibungen in den Bereich des Emotionalen interessiert sich der Beitrag für die psychologischen Regeln und Routinen, die das Konsumieren organisieren. So werden beispielhaft einige psychologische Heuristiken diskutiert, von der Orientierung an Produktnamen, über numerische Schätzungen, die gesetzten Ankern folgen, bis hin zur Rolle der Chronologie der Verfügbarkeit von Informationen. FELSER steckt damit einerseits den Erklärungshorizont eines psychologischen Zugangs zum Konsum ab, macht zugleich jedoch auch darauf aufmerksam, dass eine am naturwissenschaftlichen Ideal geschulte, experimentelle und individualistische Konsumforschung in letzter Instanz inhaltsleer bleibt, wenn sie ihre Fragen und Antworten nicht in einem sozial-, kultur- und geisteswissenschaftlichen Kontext zu platzieren vermag.

Das dynamische, wechselseitige Verhältnis von Produktion und Konsumtion untersucht Christoph MAGERs kulturgeographischer Beitrag am Beispiel der alltäglichen Aneignung von Musik. Mit der Thematisierung kultureller Güter nimmt MAGER zwar *prima facie* einen besonderen Bereich der Warenproduktion und -konsumtion in den Blick, führt aber gleichwohl eine Debatte weiter, die für alle Bereiche der Konsumforschung von Relevanz ist: die Frage nach den Formen der Aneignung, dem tatsächlichen Gebrauch der erworbenen Dinge. Während die in den Konsum eingelagerte und – Stichwort: Distinktion – teils bewusst eingesetzte symbolische Verortung im sozialen Raum inzwischen als konsumwissenschaftlicher Gemeinplatz gelten darf, werden die produktive Nutzung von Konsumgütern, deren materielle und symbolische Veränderung und Anpassung, das Neukreieren und die damit gestifteten Überlappungsbereiche der Produktions- und Konsumsphäre noch recht wenig thematisiert. Am Fall der Musik lässt sich besonders gut zeigen, dass die produzentenseitige Vorstrukturierung der konsumtorischen Aneignung von Produkten nicht nur von findigen Konsumentinnen permanent unterlaufen wird, sondern dass bereits die grundsätzliche Annahme einer Homologie zwischen Produzenten- und Konsumentensphäre als unterkomplex gelten muss. Musik, so ließe sich MAGERs Argument knapp zusammenfassen, repräsentiert nicht einfach einen Entstehungskontext, und lässt sich dementsprechend weder sozial noch geographisch umstandslos verorten, sondern wird stets kontextspezifisch artikuliert, rezipiert, umgearbeitet und angeeignet.

Der performativen Dimension sozialwissenschaftlicher Konzepte im Konsumalltag geht Jonathan EVERTS in seinem Text zur „Konsumgesellschaft als Selbstbeschreibung" nach. Wie die Subjekte ihre Konsumpraxis organisieren, mit welchen Bedeutungen sie Einkaufs- und Aneignungsaktivitäten sowie die dafür vorgesehenen Orte versehen und nicht zuletzt auch, wie sie sich überhaupt erst als Konsumentinnen zu verstehen lernen, ist EVERTS zufolge nur schwer nachzuvollziehen, blendet man die miteinander verzahnten sozialwissenschaftlichen Erzählungen der Modernisierung und der Konsumgesellschaft aus. Zunächst zeigt der Beitrag, wie die klassischen Thematisierungen „der" Konsumgesellschaft als Stufentheorien formuliert sind, in denen vormoderne Gesellschaftsformen mit einer sich allmählich entfaltenden Konsumgesellschaft kontrastiert werden. Die an diesen einfachen Modellen geäußerte Kritik einer Vernachlässigung der Subjektkulturen – der Fremd- und Selbstdeutungsmuster als Konsumentinnen – lässt EVERTS jedoch nicht in eine innerwissenschaftliche Diskussion der historischen Angemessenheit sozialwissenschaftlicher Diagnosen münden, sondern nimmt die Formel der gesellschaftlichen Selbstbeschreibung ernst: Statt der teleologisierenden Frage nach der Abgrenzung gesellschaftlicher Entwicklungsstadien steht dann nämlich im Zentrum, wie die Gegenüberstellung von Tradition und Moderne im Konsumalltag mobilisiert und als plausibel erfahren wird. Am Beispiel der alltäglichen Gegenüberstellung des Supermarkts als Einkaufsort der Moderne und dem

Kleingeschäft als vermeintlich „aus der Zeit gefallenem" Schauplatz konsumbezogener Praxis verdeutlicht EVERTS schließlich die von sozialwissenschaftlichen Erzählungen inspirierten Zuordnungen.

Der Wirtschafts- und Sozialgeograph Ulrich ERMANN befragt in seinem die *dritte Sektion* eröffnenden Beitrag aus der Perspektive der Akteur-Netzwerk-Theorie die in Wissenschaft und Alltag vielerorts fest etablierte Grenzziehung zwischen Produktions- und Konsumtionssphäre. Obwohl mit den Prozessen der Moralisierung der Märkte, der Co-Kreation von Gütern und Werten sowie der zunehmenden Bedeutung einer Ökonomie der Zeichen eine kaum mehr zu ignorierende Reihe an Indizien für eine Verschmelzung beider Bereiche spricht, zeigt sich ein großer Teil der mit ökonomischen Zusammenhängen befassten geographischen Forschung entweder produktionsorientiert (wie etwa Arbeiten aus der Wirtschaftsgeographie) oder konsumorientiert (wie sozial- und kulturgeographische Studien). Mit Hilfe einer dynamisierten Sichtweise auf Waren, Werte und Märkte indessen zeigt ERMANN, wie in stetigen Aushandlungen von menschlichen und nicht-menschlichen Akteurinnen Praktiken des Tauschens und der Bewertung – bzw. die Entstehung eines Marktes – überhaupt erst ermöglicht werden und wie an dieser Hervorbringung ökonomischer Realitäten Akteurinnen beteiligt sind, die sich keiner der beiden Seiten „Produktion" und „Konsumtion" eindeutig zuschlagen lassen. Anhand der Vermarkt(lich)ung von regionaler Milch und Mode aus Bulgarien schließlich analysiert der Beitrag zwei Fälle der neuen Interaktion zwischen Konsum- und Produktionssphäre, die zwar auf den ersten Blick konträr erscheinen, in denen sich jedoch dieselben Grundprinzipien der Kommodifizierung und Evaluation geographischer Herkunft beobachten lassen.

Katharina FLEISCHMANN entwickelt in ihrem Beitrag eine gleichermaßen aus Architekturtheorie wie Stadtgeographie gespeiste Perspektive auf die symbolträchtigen Zentren der urbanen Konsumkultur: Passagen, Warenhäuser, Shopping- und Outlet-Center – kurz, auf die historisch und gegenwärtig vielfältigen Spielarten der architektonischen Inszenierung des Warenkonsums. Eine enge Kopplung von architekturtheoretischen und stadtgeographischen Zugängen erweist sich FLEISCHMANN zufolge als notwendig, da weder allein die Mikroperspektive der baulich-materiellen bzw. semiotischen Dimension des Einzelbaus (oder Ensembles) noch dessen Verortung innerhalb größerer Maßstäbe der Stadtentwicklung die Beziehungen zwischen Handel, Konsum, Architektur und dem Städtischen erschließen können. Wie der Beitrag zeigt, gehört bereits seit der Entstehungszeit der Einkaufspassage im 19. Jahrhundert das Spiel mit Assoziationen des Städtischen (etwa die Simulation des öffentlichen Straßenraums) und seines vermeintlichen Gegenparts (beispielsweise der Einsatz einer Ästhetik der Ländlichkeit in den Food Courts von Shopping-Centern) zum festen Inventar der Herstellungspraxis von Konsumorten. Aber auch der konkrete städtebauliche Kontext von Konsumarchitekturen, d. h. ihre mit Kontinuitäten oder Brüchen versehene Einpassung in eine urbane Struktur, geben als narrativ eingebettete materielle Manifestation Aufschluss über die gesellschaftliche Stellung des Konsumierens. FLEISCHMANNs Ausführungen richten sich demzufolge auf die komplexen Wechselbeziehungen zwischen Innen- und Außengestaltung von Konsumarchitekturen, die aus der hier entfalteten Sichtweise weit mehr sind als die bedeutungslose Kulisse eines optimierten Warentausches.

Die Entgrenzungen der Ästhetik im Bereich der Konsumforschung sind Gegenstand des abschließenden Beitrages von Rainer KAZIG. Während die philosophische Disziplin der Ästhetik traditionellerweise mit der Frage des Schönen im Umfeld der Kunst befasst ist, geht es der von KAZIG vertretenen *Alltags*ästhetik um etwas anderes: die in aktiver Auseinandersetzung gestifteten Beziehungen zwischen leiblich-spürenden Subjekten und ihrer Umgebung. Übertragen auf die Konsumforschung lautet eine der zentralen Fragen dann, in welchen alltäglichen Einkaufssituationen sich diese mit ästhetischen Qualitäten ausgestatteten Weltbeziehungen konstituieren, d. h. wann bzw. aufgrund welcher subjektiver Dispositionen und Qualitäten der Einkaufsumgebung Konsumentinnen auf das Setting der Einkaufspraxis aufmerken. Mit dem Begriff der Einkaufs- oder Shopping-Atmosphären diskutiert KAZIG ein Konzept, das es erlaubt die Verkaufsarrangements (etwa die materielle Präsentation der Waren und die sozialen Interaktionen im Kontext des Einkaufens) sowie die habituellen Momente der Konsumentscheidungen (wie etwa die kulturelle Korrespondenz von Verkaufsort und Lebenswelt der Konsumentinnen) integriert zu analysieren. Dass es dabei nicht nur (im Sinne einer Alltagsauffassung von Ästhetik) um eine zunehmende „Aufhübschung" und animierende Gestaltung von Geschäften und Shopping-Centern geht, sondern dass auch als unangenehm empfundene Situationen mit den Konzepten der Alltagsästhetik eingefangen werden können, illustriert der Beitrag schließlich anhand einer explorativen Studie zu Einkaufsatmosphären.

Bibliographie

APPADURAI, A. (1986a) (Hrsg.): The social life of things. Commodities in cultural perspective. Cambridge.

APPADURAI, A. (1986b): Introduction: commodities and the politics of value. In: APPADURAI, A. (Hrsg.): The social life of things. Commodities in cultural perspective. Cambridge, 3–63.

BAUMAN, Z. (2009): Leben als Konsum. Hamburg.

BERNAYS, E. (2005[1928]): Propaganda. New York.

BLÄTTEL-MINK, B./HELLMANN, K.-U. (2010): Prosumer revisited. Zur Aktualität einer Debatte. Wiesbaden.

BOSCH, A. (2010): Konsum und Exklusion. Eine Kultursoziologie der Dinge. Bielefeld.

BOURDIEU, P. (1987[1979]): Die feinen Unterschiede. Kritik der gesellschaftlichen Urteilskraft. Frankfurt a. M.

CAMPBELL, C. (^{3}2005[1987]): The romantic ethic and the spirit of modern consumerism. York.

COOK, I. et al. (2004): Follow the thing: papaya. In: Antipode 36, 4, 642–664.

DE CERTEAU, M. (1988[1980]): Kunst des Handelns. Berlin.

DEMARIA, F./SCHNEIDER, F./SEKULOVA, F./MARTINEZ-ALIER, J. (2010): What is degrowth? From an activist slogan to a social movement. In: Environmental Values 22, 2, 191–215.

DE VRIES, J. (1994): The Industrial Revolution and the Industrious Revolution. In: The Journal of Economic History 54, 2, 249–270.

DE VRIES, J. (2008): The Industrious Revolution. Consumer behavior and the household economy 1650 to the present. Cambridge.

DOUGLAS, M./ISHERWOOD, B. (1996[1979]): The world of goods. Towards an anthropology of consumption. London/New York.
DRÜGH, H. (2011): Einleitung: Warenästhetik. Neue Perspektiven auf Konsum, Kultur und Kunst. In: DRÜGH, H./METZ, H./WEYAND, B. (Hrsg.): Warenästhetik. Neue Perspektiven auf Konsum, Kultur und Kunst. Berlin, 9–44.
ERMANN, U. (2007): Magische Marken – eine Fusion von Ökonomie und Kultur im globalen Konsumkapitalismus. In: BERNDT, C./PÜTZ, R. (Hrsg.): Kulturelle Geographien. Zur Beschäftigung mit Raum und Ort nach dem Cultural Turn. Bielefeld, 317–347.
ERMANN, U. (2013): Konsumieren. In: LOSSAU, J./LIPPUNER, R./FREYTAG, T. (Hrsg.): Schlüsselbegriffe der Kultur- und Sozialgeographie. Stuttgart (im Erscheinen).
FRANCK, G. (1998): Ökonomie der Aufmerksamkeit. Ein Entwurf. München.
GALBRAITH, J. K. (1958): The affluent society. New York.
GASTEIGER, N. (2010): Der Konsument. Verbraucherbilder in Werbung, Konsumkritik und Verbraucherschutz 1948–1989. Frankfurt a. M.
GERHARD, U./SCHMID, H. (2009): Die Stadt als Themenpark. Stadtentwicklung zwischen alltagsweltlicher Inszenierung und ökonomischer Inwertsetzung. In: Berichte zur deutschen Landeskunde 83, 4, 311–330.
GERHSUNY, J. (1978): After industrial society? The emerging self-service economy. London.
HAUG, W. F. (2009): Kritik der Warenästhetik. Gefolgt von Warenästhetik im High-Tech-Kapitalismus. Frankfurt a. M.
HEIDBRINK, L./SCHMIDT, I./AHAUS, B. (2011) (Hrsg.): Die Verantwortung des Konsumenten. Über das Verhältnis von Markt, Moral und Konsum. Frankfurt/New York.
HELLMANN, K.-U. (2010a): Konsumsoziologie. In: KNEER, G./SCHROER, M. (Hrsg.): Handbuch Spezielle Soziologien. Wiesbaden, 179–195.
HELLMANN, K.-U. (2010b): Der Konsument. In: MOEBIUS, S./SCHROER, M. (Hrsg.): Diven, Hacker, Spekulanten. Sozialfiguren der Gegenwart. Berlin, 235–247.
JACKSON, T. (2009): Prosperity without growth. Economics for a finite planet. London.
KONDYLIS, P. (1991): Der Niedergang der bürgerlichen Denk- und Lebensform. Die liberale Moderne und die massendemokratische Postmoderne. Weinheim.
KÖNIG, W. (2000): Geschichte der Konsumgesellschaft. Vierteljahresschrift für Sozial- und Wirtschaftsgeschichte (Beihefte) 154. Stuttgart.
KÖNIG, W. (2008): Kleine Geschichte der Konsumgesellschaft. Konsum als Lebensform der Moderne. Stuttgart.
KOPYTOFF, I. (1986): The cultural biography of things: commoditization as process. In: APPADURAI, A. (Hrsg.): The social life of things. Commodities in cultural perspective. Cambridge, 64–91.
KRÖNERT, V. (2009): Michel de Certeau: Alltagsleben, Aneignung und Widerstand. In: HEPP, A./KROTZ, F./THOMAS, T. (Hrsg.): Schlüsselwerke der Cultural Studies. Wiesbaden, 47–57.
KRUGER, B. (1987): Untitled (I shop, therefore I am). Photographic silkscreen on vinyl. New York (Mary Boone Gallery).
LAMLA, J. (2013): Verbraucherdemokratie. Politische Soziologie der Konsumgesellschaft. Berlin.
LENZ, T. (2011): Konsum und Modernisierung. Die Debatte um das Warenhaus als Diskurs um die Moderne. Bielefeld.
LIESSMANN, K. P. (2010): Das Universum der Dinge. Zur Ästhetik des Alltäglichen. Wien.
MARCUS, G. E. (1995): Ethnography in/of the world system: The emergence of multi-sited ethnography. In: Annual Review of Anthropology 24, 95–117.
MARX, K. (1961[1857]): Einleitung zur Kritik der Politischen Ökonomie. MEW 13. Berlin, 615-642.
MCKENDRICK, N./BREWER, J./PLUMB, J. H. (1982): The birth of a consumer society: the commercialization of eighteenth-century England. London.
MILLER, D. (1987): Material culture and mass consumption. Oxford.
MINTZ, S. (1985): Sweetness and power: The place of sugar in modern history. New York.

PACKARD, V. (1977[1957]): The hidden persuaders. Harmondsworth.
PRIDDAT, B. P. (1998): Moralischer Konsum. 13 Lektionen über die Käuflichkeit. Stuttgart.
RØPKE, I. (2010): Konsum: Der Kern des Wachstumsmotors. In: SEIDL, I./ZAHRNT, A. (Hrsg.): Postwachstumsgesellschaft. Konzepte für die Zukunft. Marburg, 103–115.
ROSA, H. (2005): Beschleunigung. Die Veränderung der Zeitstrukturen in der Moderne. Frankfurt a. M.
ROSA, H. (2011): Über die Verwechslung von Kauf und Konsum: Paradoxien der spätmodernen Konsumkultur. In: HEIDBRINK, L./SCHMIDT, I./AHAUS, B. (Hrsg.): Die Verantwortung des Konsumenten. Über das Verhältnis von Markt, Moral und Konsum. Frankfurt/New York, 115–132.
SCHMID, H. (2009): Economy of fascination. Dubai and Las Vegas as themed urban landscapes. Berlin/Stuttgart.
SCHRAGE, D. (2009): Die Verfügbarkeit der Dinge. Eine historische Soziologie des Konsums. Frankfurt a. M.
SEIDL, I./ZAHRNT, A. (2010) (Hrsg.): Postwachstumsgesellschaft. Konzepte für die Zukunft. Marburg.
SIMMEL, G. (1895): Zur Psychologie der Mode. Sociologische Studie. In: Die Zeit. Wiener Wochenschrift für Politik, Volkswirtschaft, Wissenschaft und Kunst 5, 54, 22–24.
SIMMEL, G. (1995[1905]): Philosophie der Mode. In: SIMMEL, G.: Gesamtausgabe (hrsg. v. RAMMSTEDT, O.) 10. Frankfurt a. M., 7–37.
SMITH, A. (1904[1776/1784]): An inquiry into the nature and causes of the wealth of nations. Edited, with an introduction, notes, marginal summary and an enlarged index by Edwin Cannan. Volume II. London.
STEHR, N. (2007): Die Moralisierung der Märkte. Eine Gesellschaftstheorie. Frankfurt a. M.
TEPPER-MARLIN, A./SCHORSCH, J./SWAAB, E./WILL, R. (1992): Shopping for a better world. A quick and easy guide to socially responsible supermarket shopping. New York.
TOFFLER, A. (1980): The third wave. New York.
ULLRICH, W. (2013): Alles nur Konsum. Kritik der warenästhetischen Erziehung. Berlin.
VEBLEN, T. (1958[1899]): Theorie der feinen Leute (übers. HEINTZ, S./HASELBERG, P. VON). Köln.
WELSCH, W. (1996): Grenzgänge der Ästhetik. Stuttgart.
WERLEN, B. (2010): Epilog. Neue geographische Verhältnisse und die Zukunft der Gesellschaftlichkeit In: WERLEN, B.: Gesellschaftliche Räumlichkeit 2. Konstruktion Geographischer Wirklichkeiten. Stuttgart, 321–338.

Konsumkultur

Kulturträger Konsum

Über den Wandel des Verhältnisses von Kultur und Kommerz

Georg Franck

Kultur und Kommerz, das ist ein Gegensatz, der einmal in die Definition einer jeden der beiden Seiten einging. Kultur ist die von der Zweckdienlichkeit entbundene Sphäre der menschlichen – und insbesondere geistigen – Tätigkeit, Kommerz das Feld der um immer anderer Zwecke als ihrer selbst willen geschehenden Aktivitäten. Kultur ist Selbstzweck, Kommerz getrieben vom Streben nach Profit. Die kulturelle Produktion ist zwar nicht ganz so frei, wie ihr Anspruch auf Autonomie es sich wünschen mag, denn auch sie braucht ein Publikum, um Wirkung zu entfalten. Allerdings soll die kulturelle Produktion nun nicht einfach liefern, was das Publikum – qua Zahlungsbereitschaft – nachfragt. Sie soll das Publikum vielmehr fordern, erziehen und, wenn nötig, verstören, um es aus seiner bequemen Konsumentenhaltung herauszuholen. Bequem ist die Konsumentenhaltung, weil der Kommerz es an sich hat, die zahlungsbereite Nachfrage so willfährig zu bedienen. Weil es dem Kommerz nicht um die Sache geht, sondern nur um den Profit, hat er auch nur die Zahlungsbereitschaft im Blick. Der Konsum wird zum lethargischen Endverbrauch, indem er sich ganz unter die Obhut kommerzieller Fürsorge begibt.

Dieses einst so klare Bild ist schon seit längerem am Verschwimmen. Maschinelle Medien der Reproduktion und Verbreitung von Information brachten es mit sich, dass weite Sektoren der populären Kultur zur Produktion marktgängiger Ware übergingen. Rotationsdruck, Film und Musikkonserven ließen eine Kulturindustrie entstehen, deren kommerzielle Ausrichtung sich in nichts von der anderer Industrien unterschied. Folgerichtig wurde die Bezeichnung Kulturindustrie denn auch zur kritischen Kategorie eben derjenigen Kulturkritik, die den Anspruch der Autonomie des Kulturellen aufrecht hielt. Charakteristisch für den Kulturbetrieb insgesamt wurde ein steiles Gefälle zwischen der hohen, auf Autonomie haltenden, und der populären, auf Marktgängigkeit achtenden Kultur. Die hohe Kultur musste sich zunehmend den Vorwurf elitärer Abgehobenheit gefallen lassen, während sich die populäre Kultur blühender Geschäfte und wachsender Dominanz in der Alltagskultur erfreuen durfte. Von dieser Entwicklung blieb nicht einmal der materielle Konsum unberührt. Die industrielle Produktion von

Konsumgütern hörte auf, die Wünsche und Abneigungen, die hinter der zahlungsbereiten Nachfrage der Kundschaft stecken, nur einfach so hinzunehmen und willfährig zu bedienen. Der Geschäftssinn machte sich ein popularkulturelles Erziehungsprogramm zu Eigen, das den Konsumenten in die Umsetzung der Potentiale industrieller Produktionsweise einbezieht. Von diesem Erziehungsprogramm war in der Kulturkritik, wie sie in der Frankfurter Schule exemplarisch wurde, noch nicht die Rede. Es ist Gegenstand der Verhandlungen hier.

Konsum und Industrie

Industrielle Fertigung bedeutet Kostendegression durch Massenfertigung. Je größer der Maßstab der Produktion, umso tiefer sinken die Stückkosten. Damit steigt die Produktivität und können die Einkommen steigen, die sich in Kaufkraft niederschlagen. Je höher die Gewinne aus dem Maßstab der Produktion, umso lohnender wird es dann auch, den Absatz zu stimulieren. Es lohnt sich, die Kundschaft in Sachen der Sinngebung des Konsums zu erziehen. Warum denn nur an das leibliche Wohl und den physischen Komfort denken, wenn man auch konsumieren kann, um vor anderen – und damit letzten Endes vor sich selbst – besser dazustehen? Dieses Erziehungsprogramm trägt den schlichten Namen Verkaufsförderung, ist aber zu einem ansehnlichen Geschäftszweig der Verbrauchsgüterindustrie herangewachsen. Seitdem Skalenerträge in der Güterproduktion eine signifikante Rolle spielen, spielt auch die Werbung die Rolle einer regulären Zulieferindustrie.

Mit dem Niedergang der klassischen Industrie haben die Erträge aus dem Maßstab der Produktion, statt an Bedeutung zu verlieren, noch einmal gewonnen. Wo die Herstellung von Informationsgütern und Kommunikationsdiensten die klassische Fließbandproduktion verdrängen, versiegt zwar die „fordistische" Quelle der Skalenerträge, werden dafür aber zwei neue Quellen erschlossen. Für die Produktion von Informationsgütern sind hohe Gesamtkosten und verschwindende variable Kosten typisch. Eine Musikaufnahme, eine DVD, eine Applikationssoftware sind insgesamt sehr teuer zu erstellen, kosten aber, was die Herstellung der zusätzlichen Kopie betrifft, die über den Ladentisch geht oder im Internet bestellt wird, fast nichts. Die gegen null gehenden Kosten der weiteren Kopie stellen eine kaum mehr zu überbietende Form der Kostendegression aus Massenfertigung dar. Eine andere, aber ebenfalls schlagende Art zunehmender Skalenerträge wird bei der Produktion individualisierter Kommunikationsdienste möglich. Netze, die individuelle Teilnehmer verbinden, arbeiten erstens technisch umso effizienter und werden zweitens für Kunden umso attraktiver, je mehr Teilnehmer sie verbinden. Die schiere Größe des Netzes ist somit ein zentrales Argument der Produktionsfunktion. Beeinflussbar wird dieser Faktor wiederum durch Verkaufsförderung. Kurz, die technischen Gründe, die bereits in der industriellen Produktion nach dem Einsatz von Werbung riefen, gewinnen bei der Produktion von Informations- und Kommunikationsgütern noch einmal kräftig an Gewicht.

Inzwischen ist die Werbung zu einem omnipräsenten und omnipenetranten Phänomen geworden. Unsere Umwelt ist geschwängert mit Werbung. Wohin wir blicken, immer ist da schon ein Markenzeichen. Nicht nur in den Massenmedien ist die Werbung allgegenwärtig, es gibt auch keine Ausstellung ohne Display von Sponsoren, kein Konzert und keinen Kongress mehr ohne Logos auf dem Programmheft. Wir erleben eine Invasion von Lockmitteln, die alles besetzen, worauf der Blick im öffentlichen Raum fällt. Die Städte und zusehends die Landschaften mutieren zu Medien für die Werbung. Werbung legt sich wie ein Tau auf alles, was eine öffentliche Schauseite hat (FRANCK 2005).

Das heißt nun aber gerade nicht, dass wir von allen Seiten über die Güter informiert würden, die wir konsumieren sollen. Ganz im Gegenteil: Über die handfesten Eigenschaften der Produkte erfahren wir fast nichts. Die Werbeindustrie hat vielmehr herausgefunden, dass Verkaufsförderung etwas ganz anderes ist als Produktinformation. Die besten Argumente für die Verkaufsförderung liefert die Symbolisierung von sozialem Status und Szenenzugehörigkeit. Als besonders effektiv in Sachen Symbolisierung und Selbstdarstellung hat sich das Konzept der Marke, des *Branding*, herausgestellt. Durchgesetzte *Brands* sind Symbole, die jeder kennt und versteht. Man kann auch sagen, durchgesetzte Marken sind Logos und Zeichen, die es zum Status der Prominenz gebracht haben. Diesen Status an Beachtlichkeit erlangen die Zeichen nur, wenn sie mit kultureller Bedeutung aufgeladen werden. Branding ist das Geschäft dieser Aufladung. Es nimmt durch Suggestivität, gnadenlose Wiederholung und beharrliches Bedienen von Wunschdenken Einfluss auf die Assoziation der Gemüter. Zu diesem Zweck erzählt das Branding Geschichten und lässt Bilder entstehen. Um die Produktion von Markenprodukten zu charakterisieren, hat der Kulturökonom Birger PRIDDAT (2004: 343) folgende Formel aufgestellt: Produktion = G + L, K. Produktion ist die Parallelproduktion von Gut (G) plus Literatur (L) und Kunst (K). Oder anders gesagt, wo der Konsum im Konsum von Marken besteht, wird die Einbettung der Güterproduktion in die kulturelle Produktion zur Voraussetzung für den kommerziellen Erfolg.

Mit der Symbolisierung von sozialem Status und Szenenzugehörigkeit nimmt der Konsum die Züge des von Thorstein VEBLEN bereits im späten 19. Jahrhundert diagnostizierten Phänomens des ostentativen Konsums, der *conspicuous consumption*[1], an. Man konsumiert nicht zunächst zu Zwecken des leiblichen Wohls und physischen Komforts, sondern um des Eindrucks willen, den man auf andere zu machen wünscht. Der Konsum dient dem Aufbau und der Pflege des Bildes der eigenen Person im anderen Bewusstsein. Konsumiert wird, um die Aufmerksamkeit derer einzunehmen, auf die man selber achtet. Der durch die Werbung vermittelte Konsum wird zu einer Sache des gesellschaftlichen Ehrgeizes.

---

1 Vgl. VEBLEN (1958[1899]).

Auf dem Vormarsch: die Bedürfnisse der Aufmerksamkeit

Was sich hier abzeichnet, ist, dass wir bei den Bedürfnissen, die der Konsum bedient, zwischen grundlegend verschiedenen Arten zu differenzieren haben. Die übliche Gleichsetzung von Konsumismus mit einer krud materialistischen Werthaltung ist voreilig, wenn nicht überhaupt falsch. Materieller Natur sind die Bedürfnisse des physischen Lebens. Womit wir nun aber zu tun haben, wenn sich der Wunsch nach Beachtung und der gesellschaftliche Ehrgeiz Geltung verschaffen, sind Bedürfnisse des psychischen Erlebens. Der Leib will ernährt, gekleidet, gepflegt, geschützt und gesund erhalten werden. Das bewusste Erleben hat andere, darüber hinausgehende Bedürfnisse. Das Bewusstsein will unterhalten werden, ist begierig zu lernen, will immer wieder Neues erleben, hat ein unersättliches Verlangen nach fremder Aufmerksamkeit und nach erotischer Stimulation, es ist süchtig nach Schönheit. Mit wachsendem Wohlstand wachsen zwar auch die Ansprüche an das leibliche Wohl und an den physischen Komfort. Was aber am energischsten in den Vordergrund drängt, sind die Ansprüche des psychischen Erlebens.

Inzwischen sind die Bedürfnisse des aufmerksamen Erlebens so weit im Vordergrund angelangt, dass es zu einer Umstellung auch in den Produktionsverhältnissen gekommen ist. Im Vordergrund der Wertschöpfung steht nicht mehr der materielle Konsum, sondern der Konsum der erlebenden Aufmerksamkeit. Die Aufmerksamkeit verlangt nach der Art vorverdichteten Erlebens, wie sie der Konsum von Informationsgütern bietet. Sie verlangt auch nach der Art von Austausch mit anderen aufmerksamen Wesen, wie ihn die Kommunikationsdienste vermitteln. Information ist nichts Festes und Fertiges, sondern der Neuigkeitswert, den wir aus Reizen ziehen. Kommunikation ist die Art und Weise, wie die Reizmuster ausgetauscht werden. Beide, die Natur der Information und die Natur der Kommunikation, nehmen entscheidenden Einfluss darauf, was Produktion bedeutet.

Die Prozessform der klassischen industriellen Produktion ist die Repetition. Industrialisierung bedeutet Zerlegung komplexer Operationen in einfache, sich wiederholende Schritte, von denen zumindest ein Teil auf Maschinen übertragbar ist. Repetition bedeutet, dass die Prozesse immer wieder zu ihrem Ausgangspunkt zurückkehren. In Begriffe der Dynamik übersetzt heißt klassisch industrielle Produktion, dass die wirtschaftliche Wertschöpfung auf stabile Prozesse baut.[2] Die Prozessform der Schöpfung von Neuigkeitswert ist hingegen instabil. Neues entsteht nur, wo das, was geschieht, nicht immer wieder geschieht. Instabil sind Prozesse, die keine Neigung haben, zu ihrem Ausgangszustand zurückzukehren. Also leisten sich Gesellschaften, die die Grundlast der Wirtschaftsleistung von der industriellen Produktion auf die Produktion von Informationsgütern umstellen, eine grundlegende Umstellung von Stabilität auf Innovation. Oder sie wagen, we-

---

2   Stabilität bei Prozessen heißt nicht, dass nichts geschieht, sondern dass das, was geschieht, immer wieder geschieht. Es heißt ferner, dass die Prozesse auf Störungen dämpfend – im Gegensatz zu aufschaukelnd – reagieren. Zur Ausführung vgl. FRANCK/WEGENER (2002).

niger euphemistisch ausgedrückt, den Übergang zur Risikogesellschaft.[3] Sie leisten es sich, neutral ausgedrückt, ihre Wertschöpfung auf Instabilität zu gründen. Das Maß für die Instabilität von Prozessen ist die Frist der noch sinnvollen Prognose. Je instabiler der Prozess, umso enger wird der Horizont, in dem eine sinnvolle Prognose noch möglich ist. Je instabiler, desto überraschungsträchtiger und umso produktiver wird der Prozess in Sachen Neuigkeitswert. Eine Gesellschaft, die sich als Informationsgesellschaft versteht, nimmt also Einiges an Verunsicherung in Kauf, was die Lebenspläne und Lebensgefühle betrifft. Es ist zwar nicht so, dass langfristiges Planen überhaupt illusorisch würde, alles Planen über längere Frist setzt aber eine ziemlich hohe Bereitschaft zu ständigem Lernen und Überdenken der Ziele voraus. Das Verlangen der Aufmerksamkeit nach Abwechslung und immer wieder Neuem schlägt in Form einer ständigen Herausforderung der Aufmerksamkeit zurück.

Alte und neue Medien

Der Konsum von Informationsgütern verleiht den Medien, die die Muster übertragen und zur Darstellung bringen, besondere Bedeutung. Die Medien des einschlägigen Konsums nehmen die Form von Informationsmärkten an. Am Wandel der Informationsmärkte wird die Rückwirkung des durch Werbung vermittelten Konsums auf die Produktionsverhältnisse besonders deutlich. Wenn man sie als Informationsmärkte betrachtet, dann zeigt sich eine bemerkenswerte Differenzierung innerhalb der Medien. Wir finden dann einen herkömmlichen Typ von Medien vor, in denen Information angeboten und ganz normal gegen Geld verkauft wird. Beispiele dieser alten Medien sind Presse, Verlagswesen, Kino, Konzert- und Theaterbetrieb. Neben diesen alten macht sich nun aber ein neuer Typ von Medien breit, der den Tausch von Ware gegen Geld hinter sich lässt. In Medien wie dem kommerziellen Fernsehen und dem Internet wird das Informationsangebot der Kundschaft „nachgeworfen". Der Konsum privaten Fernsehens ist frei, und im Internet fließt lächerlich wenig Geld im Vergleich zu den Massen an Information. In den neuen Medien wird Information angeboten, um an die Aufmerksamkeit zu kommen, die die Rezeption kostet. Geschäftszweck des Angebots an Information ist die Attraktion von Aufmerksamkeit. Finanziert wird das Angebot an Information dann dadurch, dass die Attraktion als Dienstleistung an die Werbewirtschaft verkauft wird. Damit steht nicht nur das herkömmliche Verständnis wirtschaftlicher Wertschöpfung Kopf, sondern hat sich auch das Verhältnis von Konsum und Werbung umgedreht.

Die Produktion für die Bedürfnisse der Aufmerksamkeit hat zu Umbrüchen in den Produktionsverhältnissen geführt, die inzwischen schon weiter gehen, als es die Phantasien wähnten, die um die Jahrtausendwende die Euphorie der „New Economy" beflügelten. Damals sahen die Visionäre das Internet als neuen Markt-

---

3 Mit diesem Aspekt der Dynamik der grundlegenden Wertschöpfungsprozesse geht dieser Begriff der Risikogesellschaft über den von Ulrich BECK noch etwas hinaus.

platz für den Gütertausch, wie man ihn kannte. Inzwischen steht der Begriff des Gütertauschs Kopf und ist die Leitwährung des Austauschs eine andere geworden. Den Konsumenten werden Dienstleistungen, die teuer produziert werden – man denke an die elaborierten Dienste von Suchmaschinen – gratis angeboten nur, um an das bisschen Aufmerksamkeit zu kommen, das nebenbei auf die Werbebanner fällt. Ebenso bietet das kommerzielle Fernsehen dem Publikum aufwendig produzierte Seifenopern und teuer bezahlte Sportveranstaltungen um den Preis seiner schieren Aufmerksamkeit. Hier wie dort geht es letztlich ums Geld: Allerdings muss sich das Geschäft erst einmal in Sachen Aufmerksamkeit lohnen. Weil die Aufmerksamkeit den Erfolg misst, spielt deren Messung eine zentrale Rolle.

Die Kommerzialisierung jenseits des Gelds

Damit fällt der Blick auf eine weitere Umwälzung. Die Messung der zahlenden Aufmerksamkeit in homogenen Einheiten wie Zuschaltquote oder Besucherklicks bedeutet nämlich, dass das Zahlungsmittel die Eigenschaft einer Währung annimmt.[4] Obwohl die Aufmerksamkeit als solche alles andere als eine Währung, nämlich eine durch und durch individuelle und persönlich stets besondere Kapazität darstellt, wird sie durch die Messung homogenisiert und zu einem Zahlungsmittel geprägt, dessen jede Einheit wie jede andere zählt. Ein Prozentpunkt Quote ist vom nächsten so verschieden wie ein Euro vom anderen.

Die Existenz einer regelrechten Währung bedeutet, dass die Bahn zur kommerziellen Durchrationalisierung des Geschäftsfelds frei ist. Im Fall der Informationsmärkte umfasst das Geschäftsfeld nicht nur die so apostrophierten „Medien", sondern auch den herkömmlich so benannten Kulturbetrieb. Bei der kulturellen Produktion ist es grundsätzlich die Information, auf die es ankommt. Immer schon hatte die kulturelle Produktion die Rezeption seitens eines Publikums im Blick. Allerdings war es nicht gleichgültig, welches Publikum den Beifall spendet. Nur dadurch, dass sie bei einem Publikum mit Sinn und Verstand für die Sache ankommt, nahm die Produktion kulturelle Bedeutung an. Also blieb es dabei, dass zwischen dem Beifall von der richtigen und der falschen Seite diskriminiert wurde. Bei der Aufmerksamkeit ist es, im Unterschied zum Geld, nicht gleichgültig, woher sie kommt. Deshalb hielt sich auch der Druck, ein möglichst breites Publikum zu bedienen, in Grenzen. Es konnte sogar der Anspruch hochgehalten werden, dass die hohe Kultur nichts und niemandem zu dienen habe. Merkmal der hohen Kultur ist ihre Autonomie, das heißt die Selbstbestimmung, die sie sich leisten kann, weil sie keine Rücksicht auf den Geschmack der Masse nehmen muss.

Das Gefälle zwischen hoher und populärer Kultur ist Erosionskräften ausgesetzt, seitdem der kulturelle Konsum durch kommerzielle Märkte vermittelt ist. Dennoch blieb der Unterschied zwischen Kultur und Kommerz aufrecht, solange die Kultur durch Medien des alten Typs vermittelt war. Es sind verschiedene Gen-

---

4   Vgl. FRANCK (1989, 1993, 1998a, 1998b).

res, die im Staatstheater und im Boulevardtheater, in der Belletristik- und in der Fantasy-Abteilung, in der Oper und in der *music hall* geboten werden. All diese herkömmlichen Unterschiede verwischen aber, wo die neuen Medien den kulturellen Konsum bedienen. Wo das Medium von der Werbung lebt, ist das Angebot dazu da, Aufmerksamkeit gleich welcher Herkunft einzunehmen. Ist die Quote das Maß der Dinge, dann entfällt der Unterschied zwischen einer richtigen und einer falschen Seite des Beifalls. Es ist dann nicht länger nur die Verlockung des Gelds, die die Autonomie untergräbt, sondern auch – nein vor allem – die Verlockung, Quote zu machen. Das Angebot in den neuen Medien dient der Produktion der Dienstleistung der Attraktion. Die Produktion dieser Dienstleistung lädt in nicht geringerem Maß zur Durchkommerzialisierung ein als die zum Zweck des pekuniären Gewinns.

Inzwischen sieht man, wie zügig diese Durchkommerzialisierung funktioniert hat. Nicht nur, dass die neuen Medien den alten die gewohnten Marktanteile streitig machen. Den alten fällt zur Gegenwehr auch nichts Besseres mehr ein, als die neuen zu imitieren. Das gebührenfinanzierte Fernsehen imitiert das werbefinanzierte bis zur Ununterscheidbarkeit; die Presse imitiert die neuen Medien durch die Herausgabe von Gratiszeitungen; Museen, Kunsthallen und Konzerthäuser messen ihren Erfolg an den eingeworbenen Sponsorengeldern und ihren Besucherzahlen. Längst dient auch die hohe Kultur der verkäuflichen Dienstleistung der Attraktion. Maßstäbe setzen hier, wie auf künstlerischem Gebiet, beispielsweise die Salzburger Festspiele. Bevor Opernstar Anna Netrebko auftritt, sind Audi und Siemens auf – nein: über – der Bühne. Das Publikum bezahlt mit Geld und dann noch einmal mit seiner Aufmerksamkeit. Es konsumiert nicht nur einfach, sondern wirkt aktiv mit an der Produktion der Dienstleistung, die der Sponsor kauft, um sich in Szene zu setzen. So weit hat sich das Geschäftsmodell der neuen Medien schon ins Kernland des traditionellen Kulturbetriebs hinein durchgesetzt.

Die einst steinernen Verhältnisse haben ganz von selbst angefangen zu tanzen

Wir sehen, der Konsum, der die Bedürfnisse der Aufmerksamkeit bedient, hat Einiges durcheinander gebracht. Da ist erstens die systematische Instabilität einer Wertschöpfung, die den Neuigkeits- und Unterhaltungswert in den Vordergrund stellt. Da ist zweitens das verwirrende Rollenspiel der Aufmerksamkeit, die in mehreren, recht verschiedenen Eigenschaften – als Trägerin von Wünschen, Sehnsüchten und Bedürfnissen, als knappe Ressource bewussten Erlebens sowie als Form von Einkommen – in die Wertschöpfung eingeht. Und da ist drittens eine neue Art Durchkommerzialisierung der Lebenswelt, die sich vom klassischen Wertmaß der Wirtschaftlichkeit, dem Geld, emanzipiert.

Die Verunsicherung, die die Bedürfnisse der Aufmerksamkeit in den Prozess ihrer Befriedigung einbringen, geht so weit, dass selbst in der Theorie die Annahmen fallen müssen, die den Modellen des Markts Stabilität verleihen. Zu den

Standardannahmen der neoklassischen Ökonomik gehören stabile Präferenzen der Wirtschaftssubjekte. Die Lösung des n-Personen-Spiels von Angebot und Nachfrage hat nur dann eine Lösung (bestehend aus einem Preis- und einem Mengensystem der getauschten Güter), wenn die Präferenzen der Teilnehmer während des Spiels gleich bleiben. Die Teilnehmer müssen, anders gesagt, wissen, was sie wollen, und dabei bleiben. Diese Annahme lässt sich im Fall der Nachfrage nach Informationsgütern nicht mehr aufrechterhalten, denn Information ist ja, um es zu wiederholen, nichts Festes und Fertiges, sondern der Überraschungswert, der aus Reizmustern gezogen wird. Wer überrascht werden will, kann nicht zugleich schon wissen wollen, was es denn sein wird, das sich dem Erleben bietet. Er oder sie will etwas Neues erfahren, will sich aufregen, wundern, entrüsten können. Er oder sie kann aber – eben weil man überrascht werden will – nicht wissen, was es genau ist, das da erregen soll.[5] Wie Wissenschaftler bei der Literaturrecherche, so wissen die Leute vor dem Fernseher nicht, wie sich mit der aufgenommenen Information ihr Kenntnisstand sowie ihre Nachfrage nach weiterer Information verändern wird. Selbst dann, wenn sie nichts anderes wünschen, als dass sich ihre Vorurteile bestätigen, wünschen sie, dass die Bestätigung mit einem gewissen Überraschungswert erfolgt.

Die Stabilität der Präferenzordnungen wird von einer weiteren Seite her fraglich, wenn sich die Nachfrage nach welchen Gütern auch immer am Konsum anderer orientiert. Sobald die Leute beginnen, darauf zu achten, worauf andere achten, öffnen sich die Präferenzordnungen äußeren Einflüssen, die im Fall, dass sie effektiv werden, auch noch dazu neigen, sich aufzuschaukeln. Moden entstehen so und können bewirken, dass sich die Geschmäcker über Nacht ändern. Diese Instabilität ist das Einfallstor für die Werbung. Erfolgreiche Werbung mischt sich in das Achten, worauf andere achten, ein. Sie suggeriert, worauf man zu achten hat, wenn man selber beachtet werden will. Und sie weiß, dass das Gesellschaftsspiel der Beachtung in dem charakteristischen Sinn instabil ist, dass kleine Ursachen große Wirkungen haben können. Alle Moden sind Effekte, die sich aus kleinen, mehr oder weniger zufälligen Fluktuationen hochgeschaukelt haben. Die Einmischung in das Spiel dieser Effekte wird zu einem Muss für die Anbieter, sobald sie den Wunsch bedienen, Eindruck auf die Mitmenschen zu machen.

Ohne die Plastizität der Präferenzordnungen wäre es kaum zu erklären, dass es die Werbung zur treibenden Kraft einer neuen Welle der Durchkommerzialisierung unserer Lebenswelt bringen konnte. Die Werbung ernährt ja nicht nur die Industrie, die die Bilder und Geschichten liefert, sondern auch noch den Medienbetrieb, der die Bevölkerung flächendeckend und rund um die Uhr mit Information und Unterhaltung versorgt. Dabei scheint die Nachfrage der Werbung nach Medien, die den Dienst der Attraktion versehen, schier unerschöpflich. Nicht nur, dass der traditionelle Kulturbetrieb kolonisiert wird, immer mehr wird auch der öffentliche Raum in den Städten, die Gebietskulisse entlang der Verkehrswege

---

5 Vgl. DE VANY (2004).

und schließlich die freie Landschaft herangezogen.[6] Früher standen Baugerüste keinen Tag länger als der Baubetrieb es erzwang. Seitdem Baugerüste als Werbeträger fungieren, verschwinden sie nur noch auf behördliche Anweisung unter der Androhung von Verzugsstrafen. Stadtverwaltungen, die knapp bei Kasse sind, vermieten den öffentlichen Stadtraum als Medium an Werbefirmen (in Berlin zum Beispiel an die Wall AG)[7] um den Preis, dass diese sich öffentlicher Aufgaben wie des Unterhalts von Toilettenanlagen, der Restauration historischer Brunnen oder der Errichtung von Wartehäuschen an Haltestellen annehmen. Man hat derartigen Geschäften den Namen „Public Private Partnership" gegeben und redet damit eine stillschweigende Privatisierung eines eminent öffentlichen Gutes schön. Wer über Land fährt, der versäumt inzwischen vor lauter Werbeschaltungen den Hauptfilm, der eigentlich die Landschaft zeigen sollte. Die zentrale Frage nach dem Konsum in der nachindustriellen Gesellschaft ist, wie die Werbung es schafft, die Mittel zu dieser aufs Ganze gehenden Durchkommerzialisierung unserer Alltagskultur zu mobilisieren.

Der sich selbst organisierende Kapitalismus jenseits des Gelds

Die durch Werbung finanzierte Kultur wird von den Konsumenten bezahlt, die die beworbenen Produkte kaufen. Die Konsumenten der beworbenen Waren konsumieren, ob sie daran denken oder nicht, eine Veranstaltung, die massiv Einfluss auf ihre Lebenswelt nimmt. Die durch Werbung finanzierte Kultur nimmt Einfluss, indem sie erstens herausfindet, was ein möglichst breites Publikum sehen, hören und lesen will, und zweitens die Neigung der Menschen nutzt, darauf zu achten, worauf andere achten. Wenn etwas massenhafte Beachtung findet, dann findet es noch zusätzliche Beachtung, weil bekannt wird, dass schon so viele darauf achten. Diese Selbstverstärkung der Beachtlichkeit ist von der charakteristischen Dynamik eines sich selbst organisierenden Prozesses. Selbstorganisation beruht auf der Koppelung stabiler an instabile Prozesse.[8]

Stabil ist die Bedürftigkeit der Aufmerksamkeit, ihr zuverlässiger Wunsch nach Neuigkeit, Abwechslung, Unterhaltung und zwischenmenschlicher Beachtung. Instabil hingegen sind die Prozesse, die Neuigkeit, Abwechslung und Unterhaltung generieren, sowie der jeweils besondere Appetit, der auf die erfolgte Rezeption reagiert. Instabil ist die Dynamik, die das Achten darauf annimmt, worauf die anderen achten. Im Achten darauf, worauf die anderen achten, kommt eine weitere Rolle der Aufmerksamkeit ins Spiel. Die Aufmerksamkeit, die wir ausgeben, wird zum Einkommen derer, auf die wir achten. Von dieser Umwandlung rührt eine Tendenz zur Selbstverstärkung der Beachtlichkeit: Mit der Bekanntheit einer Person oder Sache wächst, ganz unabhängig von den Gründen, die sie zunächst bekannt gemacht haben, ihre Attraktivität.

---

6 Vgl. FRANCK (2005:219ff.).
7 Vgl. KNIERBEIN (2010).
8 Zum Hintergrund und für weitere Literatur vgl. FRANCK/WEGENER (2002).

Der größte Teil der Angebote, die auf Informationsmärkten erscheinen, wird zum Flop: Es gilt die Regel, dass zwanzig Prozent der Anbieter achtzig Prozent des Umsatzes machen.[9] Bei den zwanzig Prozent handelt es sich in der Regel um Anbieter, die bereits über ein Kapital der Beachtlichkeit verfügen. Kaum etwas scheint das zusehende und zuhörende Publikum nämlich mehr zu faszinieren, als der zur Schau gestellte Reichtum an Beachtung. So kommt es, dass der Auftritt von Prominenz zum probatesten Mittel sowohl der Strategen von Werbekampagnen als auch der Medienanbieter geworden ist, die um Quoten kämpfen. Deshalb muss George Clooney für Kaffee und Sebastian Vettel für Shampoo werben, deshalb sind die Sendeformate zur Hauptsendezeit mit Fernsehprominenz nur so gespickt.

Die Dynamik des Prozesses, der sich da selbst organisiert, wird von den Konsumenten zwar letztlich getragen, spricht aber einer Theorie des rationalen Konsumenten Hohn. Die Konsumenten haben die Wahl, gewiss. Sie tragen aber, indem sie bezahlen, zu einer Dynamik bei, die sich hinter ihrem Rücken organisiert. Es handelt sich um eine Dynamik, von der die Synergetik als eine bestimmte Version der Theorie der Selbstorganisation sagt, dass sie die beitragenden Elemente „versklavt".[10] Die Selbstorganisation vollzieht sich durch einen Sog, dem sich die, die sich darin verfangen, nicht mehr entziehen können.

Ein Ausdruck der Autonomie des Prozesses, der sich da hinter dem Rücken der nichtsahnenden Konsumenten vollzieht, ist der Einzug einer neuen Klasse von Reichen durch die Selbstorganisation regelrecht kapitalistischer Züge in der Ökonomie der Aufmerksamkeit. Noch nie gab es so viele Prominente wie heute. Der Einzug der neuen Medien war verbunden mit einer atemberaubenden Vermehrung der Celebrities.[11] Und der Grund ist nicht nur, dass die neuen Medien so mächtig im Einsammeln von Aufmerksamkeit sind, der Grund ist auch und gerade, dass man Prominente in Massen braucht, um die Attraktion als Massengeschäft zu betreiben. Weil die neuen Medien sich auf dieses Geschäft spezialisieren, haben sie sich auch darauf spezialisiert, den Reichtum an Beachtung zu kapitalisieren. Was aber heißt Kapitalisierung des Reichtums an Aufmerksamkeit? Reichtum zu kapitalisieren heißt, ihn auf eine Weise zu aktivieren, die Rendite abwirft. Der Reichtum an Beachtung beginnt sich zu rentieren, wenn die Besitzerin alleine deshalb Aufmerksamkeit einnimmt, weil sie schon so viel eingenommen hat.

Um den Reiz des zur Schau gestellten Reichtums an Beachtung zu instrumentalisieren, müssen geeignete Personen rekrutiert und entsprechende Reichtümer aufgebaut werden. Es bedarf, anders gesagt, einer Hilfe zum Aufbau von Reichtümern in die Größenordnung hinein, die von sich aus Beachtung erregt. Solche Reichtümer kommen nicht schon dadurch zusammen, dass jemand gut aussieht, schön singt oder tanzt. Nötig dafür ist ein Aufbaukredit, nämlich ein Vorschuss an Präsentationsfläche und -zeit, der einen Achtungserfolg von kri-

---

9 Vgl. DE VANY (2004).
10 Vgl. HAKEN (1982).
11 Vgl. FRANCK (2005, 2010, 2011).

tischer Größenordnung ermöglicht. Kritisch im Sinn der Menge, die für die Zündung der Selbstverstärkung nötig ist. Diesen Vorschuss können nur die Medien gewähren, denn allein sie verfügen über die Präsentationsfläche und -zeit, die ein hinreichendes Mindesteinkommen an Aufmerksamkeit garantieren kann. Also fungieren die Medien, indem sie die Zugpferde für den Dienst der Attraktion ausbilden, als Banken, die Kredite an garantierter Beachtung gewähren, um an der Aufmerksamkeit, die das Investment dann später einspielt, mitzuverdienen.

Wie beim Geld, so gilt auch bei der Aufmerksamkeit, dass die Spitzeneinkommen nicht aus Arbeitsleistung, sondern aus Kapitalerträgen stammen. Und wie bei den Banken, die in Aufbaufinanzierungen investieren, so sind die Investments der Medien spekulativ. Ob die Selbstverstärkung zündet oder nicht, ist kaum je mit Sicherheit zu prognostizieren. Meist bleibt nur das Raten. Tritt die Selbstverstärkung allerdings ein, dann können die Gewinne ins Phantastische steigen. Wir haben hier noch einmal mit ausgesprochen instabilen Beiträgen zu der sich selbst organisierenden Dynamik zu tun. Das stabilisierende Element in diesem immateriellen – mentalen – Kapitalismus ist die zuverlässige Nachfrage der Werbewirtschaft nach der Dienstleistung der Attraktion. Charakteristisch instabil ist das Investment-Banking der Medien, das heißt die Spekulation mit dem Reichtum, den die angeheuerten Prominenten in das Geschäft einbringen.

Ohne den Kredit, den einem das Medium gewährt, ist es so gut wie ausgeschlossen, so reich an Beachtung zu werden, dass sich der Reichtum selbst verstärkt. Ohne Medien keine Celebrities. Ohne Celebrities aber auch nicht die Saugkraft, die es den Medien erlaubt, so etwas wie ein Sozialprodukt an registrierter Beachtung auf die Beine zu stellen. Der Einsatz von Celebrities als Zugpferd gehört zum Arsenal einer Technologie der Attraktion, die sich als Nebenprodukt des Ausbaus des Versorgungsnetzes herausgebildet hat, das Information in jeden Haushalt liefert, um den Obulus an Aufmerksamkeit, den die Wahrnehmung kostet, „herauszuholen". Diese Technologie ist keine, die auf wissenschaftlicher Forschung gegründet wäre. Sie entstand im praktischen Betrieb der populären Kultur, der Publizistik, der Mode. Sie ist rein empirisch begründet, baut auf entwickelte Intuition und ständiges Probieren. Die Technologie der Attraktion ist aber nicht minder effektiv als diejenige, die hinter der maschinellen Verarbeitung und Verbreitung von Information steckt. Sie ist vor allem sehr expansiv und entdeckungsfreudig. Sie schließt, zum Beispiel, die Ausbildung des Rechnungs- und Buchungswesens der durch die Medien geschleusten Aufmerksamkeit ein. Sie reicht bis hin zur Konfektionierung von Celebrities als zuverlässiges Mittel der Massenattraktion. Sie stellt die technologische Basis des mentalen Kapitalismus[12] dar. Man kann die Herausbildung des Kapitalverhältnisses sogar selbst als die Erfindung des Katalysators für die Selbstverstärkung des Reichtums an Beachtung ansehen.

---

12 Genauer begründet und ausgeführt ist dieser Begriff in FRANCK (2005).

Die Kultur: immaterieller Kommerz?

So dialektisch ist der Weltlauf: Aus dem Konsum, in dem die Wertschöpfung einmal ihr vernichtendes Ende fand, ist eine wertschöpfende Aktivität geworden, die einen virulenten und in der Breite wirksamen Kulturbetrieb trägt. Den Umschwung hat der Aufstieg der Verkaufsförderung vom beiläufigen Hilfsmittel zur wichtigsten Waffe im Kampf um Marktanteile mit sich gebracht. Aus der wenig geachteten Dienstleistung der „Marktschreierei" ist ein Gewerbe hervorgegangen, dessen Umsätze jenes flächendeckende Versorgungssystem finanzieren, das Information liefert, um Aufmerksamkeit abzuholen. Die Werbung stellt die „realwirtschaftliche" Basis der Medien neuen Typs dar. Auf dieser Basis konnten sich die neuen Medien zu einer ungestüm boomenden Industrie entwickeln. Die Basis spendet Kraft genug, um es der Werbung zu erlauben, den Staat als Finanzier der Kultur abzulösen. Dabei schließt das Finanzierungsmodell nun noch zu einer weiteren Kraftquelle auf. Die Werbung finanziert den Medienbetrieb, indem sie Attraktionsleistung abkauft. Durch die Produktion dieser Dienstleistung wächst den Medien ein beispielloses Potential der Gratifikation zu. Sie können, wie keine andere Instanz, mit dem Einkommen von gemessener und verbuchter Aufmerksamkeit belohnen. Den werbefinanzierten Medien ist, anders gesagt, das Monopol zugewachsen, mit Prominenz zu adeln. In einer Gesellschaft, in der die Prominenz den höchsten gesellschaftlichen Status darstellt, begründet dieses Monopol eine herrschende Position.

So – und wohl nur so – ist es zu erklären, dass sowohl der Mainstream des Kulturbetriebs als auch die illustren Spitzen der Gesellschaft fest im Griff der werbefinanzierten Medien sind. Was allerdings nicht bedeutet, dass die Medien ihrerseits im festen Griff der Konsumenten wären, die die Werbung bezahlen. Wohl tragen die Konsumenten, die umworben sein wollen, ehe sie konsumieren, das ganze System. Das System ist aber so mächtig geworden, weil der Betrieb eine Funktionslogik entwickelt hat, die ihn von direkten Rücksichten auf die Konsumenten der beworbenen Waren befreit. Verkauft wird die Attraktionsleistung; und die Käufer dieser Dienstleistung greifen allenfalls einmal am Rande in die kulturelle Produktion ein. Die Funktionslogik, der die Medienunternehmen folgen, bezieht sich ganz auf das Verhältnis von Mitteleinsatz und eingelöster Aufmerksamkeit. Sie arbeiten wie alle anderen Unternehmen, die den Profit maximieren, mit allerdings einer besonderen Technologie. Sie bauen auf die Technologie der Attraktion und setzen als mächtigsten Katalysator die Kapitalisierung des Reichtums an Beachtung ein. Sie fungieren nicht nur als Anbieter von populärer Kultur, sondern auch als *financial industries*, die den Aufbau von Prominenz durch das Kreditgeschäft der vorgeschossenen Aufmerksamkeit betreiben. Dieser immaterielle Kapitalismus ist es, der hinter der unvorhergesehenen Eigendynamik des Systems steckt und der die neue Klasse von an Beachtung Reichen hervorgebracht hat. In der Eigenmächtigkeit dieser Funktionslogik wiederholt sich diejenige, mit der sich die kapitalistische Produktionsweise zu Beginn der Industrialisierung in der materiellen Wertschöpfung Bahn brach. Auch damals blieben Nischen verschont, in denen sich hergebrachte Wirtschaftsweisen halten konnten.

Was aber wirtschaftlich durchschlagenden Erfolg suchte, musste im kapitalistisch werdenden Hauptstrom mitschwimmen.

Auch im Kulturbetrieb ist bei weitem nicht alles vom werbefinanzierten Hauptstrom vereinnahmt. Auch hier ist es aber so, dass die maßgeblichen Zahlungsströme an den Nischen vorbeiführen. Natürlich sind da noch die kreativen Einzelgänger, Außenseiter und Querdenker. Es gibt wohl auch die Stillen im Lande, die einmal noch wichtiger werden als die Celebrities, die zur Zeit für Wirbel sorgen. Es ist mit diesen Nischenbewohnern aber so, wie es mit den helfenden Händen in Haus und Hof der vorkapitalistischen Produktion war, die wohl gearbeitet haben, aber kein verbuchtes Einkommen bezogen. Sie leisteten wertvolle Arbeit für ihre Mitmenschen, trugen aber offiziell nichts zum Sozialprodukt bei. Sie waren bloße Amateure, was die Statistik der Wertschöpfung betrifft. So auch die Kreativen, die ihre Sache um ihrer selbst willen betreiben, aber vom Strom der gemessenen Aufmerksamkeit nicht erfasst werden. Ihre Produktion geht nicht in die Verteilung der manifesten Bedeutung im Kulturbetrieb ein. Manifeste Bedeutung kommt nur durch *impact*, also dadurch zustande, dass Zahlungsflüsse auf dem einschlägigen Informationsmarkt registriert werden. Die Amateure mögen Glück haben und auf einem der alten Märkte ein materielles und immaterielles Auskommen finden. Wollen sie aber eine maßgebliche Position im Kulturbetrieb erobern, dann bleibt ihnen nur der Einstieg ins kommerzielle Geschäft. Dieser Einstieg setzt nicht zwingend voraus, dass sie im Fernsehen anheuern. Sie müssen aber in Medien publizieren, die von publizierten Rankings erfasst werden.

Ins Fernsehen oder Internet müssen sie, wenn sie ganz an die Spitze wollen. Das gilt nicht nur für die *performing artists*, sondern auch für Philosophen, Literaten und bildende Künstler. Wer ganz nach oben will, kommt um den Kreditmarkt der Beachtlichkeit und um die Börsen des medialen Rankings nicht herum. Prominent werden Philosophen, Literaten und Kunstvermittler dann, wenn die gelehrten Diskurse und die professionelle Kritik in die Massenmedien überschwappen: in Formate wie Philosophen- und Literaturquartette oder Bilderstreit-Talkshows. Nicht von ungefähr hat sich in der bildenden Kunst und Architektur die Leitfigur des radikalen Avantgardisten in die des smarten Popstars verwandelt. Wirklich radikal sind bei Künstlern wie Jeff Koons oder Damien Hirst, bei Architekten wie Zaha Hadid oder Rem Koolhaas nur noch die Medialisierungsstrategien. Es gibt Leute, die diese Öffnung als eine Art Demokratisierung der einst elitären Hochkultur begrüßen. Alle dürfen jetzt – qua Zuschauerquotum – mitreden. Hoffnungslos naiv wäre es allerdings, den Drang in die Massenmedien mit sozialem Engagement zu verwechseln. Triftiger dürfte es sein, von einer Art Refeudalisierung zu reden. Hofiert werden die Medien, die die Kraft haben, mit Prominenz zu adeln. Es ist der Drang nach deren Höfen, den die Medialisierungsstrategien instrumentieren.[13]

Der Befund mag arg nach Kulturkritik schmecken. Und natürlich ist er kritisch, was die beschriebenen Verwerfungen der kulturellen Landschaft betrifft. Der Punkt, auf den es ankommt, ist aber ein anderer. Die Entwicklung, die da zur

---

13 Vgl. FRANCK (2011).

Sprache kommt, will erst einmal verstanden werden. Hätte denn jemand vor der Ankunft der neuen Medien damit gerechnet, dass es ausgerechnet die Werbung, diese Dienerin des Konsums, sein würde, die das realwirtschaftliche Fundament des Betriebs der breitenwirksamen Kultur legt? Die Konsumenten entrichten, an ganz anderes denkend, einen Aufschlag, der durch die Vermittlung der Werbung die Umwandlung in eine Kulturabgabe erfährt. Wer, im intellektuellen und zumal kulturkritischen Diskurs, hätte im Traum an ein solches Finanzierungsmodell gedacht, ehe es bereits ökonomische Wirklichkeit war? Und ist, was sich da vollzogen hat, schon wirklich verstanden? Ich sehe weder in der Psychologie noch in den Sozial- oder Kulturwissenschaften eine Theorie, die uns erklären würde, was die Menschen dazu bringt, aus freien Stücken einen Tribut zu zollen, der es denen, die es auf nichts als die Absorption ihrer Aufmerksamkeit abgesehen haben, erlaubt, den Betrieb der Kultur zu kaufen. In einer solchen Theorie läge aber der Schlüssel zum Verständnis, nicht nur, was Konsum in der nachindustriellen Gesellschaft heißt, sondern auch unserer kulturellen Situation.

Bibliographie

DE VANY, A. (2004): Hollywood economics. How extreme uncertainty shapes the film industry. London/New York.
FRANCK, G. (1989): Die neue Währung: Aufmerksamkeit. Zum Einfluß der Hochtechnik auf Zeit und Geld. In: Merkur Nr. 486, 688–701.
FRANCK, G. (1993): Ökonomie der Aufmerksamkeit. In: Merkur Nr. 534/535, 748–761
FRANCK, G. (1998a): Ökonomie der Aufmerksamkeit. Ein Entwurf. München.
FRANCK, G. (1998b): Jenseits von Geld und Information. Zur Ökonomie der Aufmerksamkeit. In: Telepolis, <www.heise.de/tp/deutsch/inhalt/co/2366/1.html> (Letzter Zugriff: 29.03.2012).
FRANCK, G. (2005): Mentaler Kapitalismus. Eine politische Ökonomie des Geistes. München.
FRANCK, G. (2010): Kapitalismus Zweipunktnull. In: NECKEL, S. (Hrsg.): Kapitalistischer Realismus. Frankfurt, 217–231.
FRANCK, G. (2011): Celebrities: Elite der Mediengesellschaft? In: Merkur Nr. 743, 300–310.
FRANCK, G./WEGENER, M. (2002): Die Dynamik räumlicher Prozesse. In: HENCKEL, D./EBERLING, M. (Hrsg.): Raumzeitpolitik. Opladen, 145–162.
HAKEN, H. (1982): Synergetik. Berlin u. a.
KNIERBEIN, S. (2010): Die Produktion zentraler öffentlicher Räume in der Aufmerksamkeitsökonomie. Ästhetische, ökonomische und mediale Restrukturierungen durch gestaltwirksame Koalitionen in Berlin seit 1980. Wiesbaden.
PRIDDAT, B. P. (2004): Kommunikative Steuerung von Märkten. Das Kulturprogramm der Ökonomie. In: BLÜMLE, G./GOLDSCHMIDT, N./KLUMP, R./SCHAUENBERG, B./SENGER, H. VON (Hrsg.): Perspektiven einer kulturellen Ökonomik. Kulturelle Ökonomik 1. Münster, 343–359.
VEBLEN, T. (1958[1899]): Theorie der feinen Leute (übers. HEINTZ, S./HASELBERG, P. VON). Köln.

Vergesellschaftung durch Konsum

Dominik Schrage

Die Charakterisierung der gegenwärtigen Gesellschaft als „Konsumgesellschaft" ist in der Öffentlichkeit weit verbreitet. Die deutsche Soziologie, deren rezente Zeitdiagnosen ein weites Feld von der Risikogesellschaft bis zur Multioptionsgesellschaft, von der Erlebnisgesellschaft bis zur Zweidrittelgesellschaft abdecken, hat sich bislang bezüglich des Konsums eher zurückgehalten, wenn er auch in vielen dieser Gesellschaftsdiagnosen implizit vorkommt. Das war durchaus nicht immer so: In den fünfziger und sechziger Jahren der frühen Bundesrepublik war die Beobachtung, Erklärung und häufig auch die Kritik des sich in den Wirtschaftswunderzeiten durchsetzenden Massenkonsums ein Thema, mit dem die im Aufbau befindliche Soziologie ihre Denk- und Arbeitsweise einer breiten Öffentlichkeit präsentieren konnte.[1] Je selbstverständlicher aber der Massenkonsum in der Bundesrepublik wurde, das heißt auch: je mehr dieser zu einem Medium der Sozialpolitik wurde, mit dem soziale Aufstiegserwartungen erfüllt und zugleich neue Märkte erschlossen werden sollten, desto weniger war der Konsum als Thema in den übergreifenden Debatten der Soziologie in Deutschland präsent – anders als etwa in Großbritannien, wo er seit Ende der 1980er Jahre ein wichtiges soziologisches Thema darstellt.[2]

Vor diesem Hintergrund soll in diesem Beitrag ein soziologisches Verständnis des Konsums entwickelt werden, das sich zum einen der vorschnellen normativen Verurteilung des Konsumierens enthält, wie sie vor allem die erste Hochphase der Soziologie des Konsums prägte – denn das wäre angesichts des Stellenwerts dieser Aktivität in der heutigen Gesellschaft eine Fundamentalkritik, die viele soziologische Erkenntnischancen verstellt. Zum anderen sollen aber auch die Bezüge des Themas zu den klassischen Fragestellungen der soziologischen Theorie nicht aufgegeben werden – und es wird hier nicht davon ausgegangen, dass die soziologische Bedeutung des Konsums erst mit dem Ende der industriellen und dem Aufstieg der postindustriellen Gesellschaft gegeben ist.[3] Nur in einer solchen, historisch weiter ausgreifenden Perspektive ist es möglich, die soziologische Bedeu-

---

1   Dazu ausführlicher SCHRAGE (2009:227–248).
2   Vgl. zu dieser Diskrepanz WISWEDE (2000) sowie als Versuch einer Erklärung der Konjunktur in Großbritannien SCHRAGE (2008). Einen materialreichen Überblick bietet SLATER (1997).
3   So die bei FEATHERSTONE (1991) sowie BAUMAN (2007) zugrundeliegende Annahme.

tung des Konsums über tagesaktuelle Diagnosen hinaus nachzuvollziehen – und somit über Fragen à la „Wer konsumiert was und warum?" oder „Was ist der Konsumtrend von morgen?" hinauszugehen.

In einem ersten Schritt wird der hier verwendete Konsumbegriff präzisiert, um die Reichweite der Perspektive abzustecken und zugleich das dahinterstehende gesellschaftstheoretische Erkenntnisinteresse von anderen Forschungsrichtungen abzugrenzen. In einem zweiten Schritt werde ich dann darlegen, weshalb der Rückgriff auf die SIMMEL'sche Prozessbegrifflichkeit der „Vergesellschaftung" weiter führt als die Diagnose einer „Konsumgesellschaft": Denn während diese Diagnose den Anschein erweckt, die gegenwärtige Gesellschaft lasse sich anhand eines singulären Merkmals – der Konsumorientierung – von früheren (subsistenzwirtschaftlichen oder industriellen) Gesellschaftsformen unterscheiden, lenkt „Vergesellschaftung durch Konsum" das Augenmerk auf die Frage, wie das Konsumieren in das soziale Geschehen selbst eingebettet ist. Schließlich werde ich den Konsum unter zwei wichtigen Gesichtspunkten der soziologischen Theoriebildung betrachten, der Integration und der Subjektivierung. Dabei werde ich zeigen, dass die Berücksichtigung des Konsums auch auf diese Grundbegrifflichkeiten der Soziologie zurückwirkt, anders gesagt, dass der Konsum auch hinsichtlich der soziologischen Grundbegriffe einen Unterschied macht, also mehr ist als ein Anwendungsfeld anderweitig entwickelter Kategorien und deswegen auch in der soziologischen Theoriebildung mehr Aufmerksamkeit verdiente als dies derzeit der Fall ist.

Zwei Perspektiven in den Sozialwissenschaften

Die in den Sozialwissenschaften vorkommenden Konsumverständnisse lassen sich mit Hilfe einer heuristischen Unterscheidung von „Verbrauch" und „Konsum" gliedern. Obwohl man beide Konzepte im Deutschen meist synonym benutzt, werde ich sie hier zur Kennzeichnung unterschiedlicher Erkenntnisinteressen verwenden, die den Konsum bzw. den Verbrauch als zwei verschiedene Erkenntnisgegenstände konstituieren und damit seine Konzeptualisierung in den Sozialwissenschaften bestimmen.[4]

Als Verbrauch bezeichne ich den Verzehr oder abnutzenden Gebrauch von Gütern, die dem Markt dadurch auf Dauer entzogen werden. Der Verbrauch ist aus dieser Sicht also ein außerökonomischer Sachverhalt, der sich ökonomisch manifestiert. Er kann einerseits als der außerhalb des Marktes liegende Anlass wirtschaftlichen Handelns betrachtet werden, als der Ort, wo Bedürfnisse tatsächlich befriedigt werden. Das ist die Sicht der Ökonomen. Andererseits können die faktischen (und nicht zuletzt gut zählbaren) Kaufakte aber auch als Indikatoren psychischer Zustände oder Impulse gewertet werden, indem man vom Verbraucherverhalten auf die die Kaufakte auslösenden Motivationen schließt – dies wäre

---

4   Die folgenden Überlegungen zum Unterschied von Verbrauch und Konsum habe ich ausführlicher in SCHRAGE (2009:15–21) entwickelt.

eine psychologische Fragestellung. Oder aber man nimmt sie als Indikatoren für gruppenspezifische Verwendungsgewohnheiten, die Rückschlüsse auf Eigenschaften dieser Gruppen zulassen. So thematisieren große Teile der Sozialwissenschaften den Konsum.

Dieses hier mit dem Verbrauchskonzept identifizierte Erkenntnisinteresse nimmt den Verbrauch als einen für sich genommen unproblematischen Vorgang wahr; primär interessiert er als ein empirischer Indikator von sozialem Verhalten, für das dem Konsumgeschehen selbst äußerliche Erklärungen gesucht werden. So hat sich zum Beispiel die soziologische Verbrauchsforschung lange Zeit vorrangig auf den Einfluss der sozialstrukturellen Schichtung (gemessen am Einkommen) auf das Verbraucherverhalten konzentriert.[5] Die neue Lebensstilanalyse hingegen sieht das Verbraucherverhalten als einen Indikator gruppenbezogener Mentalitäten an, die den Verbrauchsakt rahmen.[6]

Im Unterschied zum Verbrauch verwende ich den Terminus *Konsum* hier als Gegenbegriff zur Produktion, womit das Verbraucherverhalten nicht nur als ein *Indikator* für soziale Lagen oder gruppenbezogene Handlungsweisen in den Blick kommt, sondern als eine gesellschaftliche Sphäre markiert wird, die eigenen Logiken folgt, die sich gerade in der Gegenüberstellung zum Produktionsbereich zeigen. Damit verbunden ist die Annahme, dass der Konsumbereich nicht erst in einer rezenten Gesellschaftsepoche namens Postmoderne seine soziologische Relevanz erhält, sondern die moderne Gesellschaft von dem Moment an prägt, in dem die Trennung von Produktion und Konsumtion sich gesellschaftlich durchsetzt und dem Vorgang des Konsumierens eine Eigenleistung zuwächst. Bereits in den britischen und französischen Sozialtheorien des 18. Jahrhunderts findet man das häufige, wenn auch durchaus umstrittene Argument von den zivilisierenden Effekten eines gemäßigten Luxuskonsums: Die Teilhabe einer mittleren, Handel treibenden Schicht an einem solchen Konsum mittleren Niveaus, so meint etwa David HUME, führe zu wirtschaftlicher Prosperität und zur Verfeinerung der Sitten. Denn dieser Konsum setze den schädlichen Haltungen des Müßiggangs (des Adels) und der Faulheit (der Unterschichten) aktivierende Anreize entgegen (HUME 1988[1752]). HUME greift damit die im 18. Jahrhundert verbreitete Einteilung der Konsumniveaus nach den Gesichtspunkten der Notwendigkeit, der Bequemlichkeit und der Üppigkeit auf, die erkennbar mit ständischen Lagen korrelieren (KIM-WAWRZINEK 1972).

Der Gegensatz von Produktion und Konsumtion markiert also schon damals das Auseinandertreten der gesellschaftlichen Sphären des Herstellens und Verbrauchens von Gütern, das die Durchsetzung der Geldwirtschaft gegenüber der Subsistenzwirtschaft begleitet. In den Blick geraten damit zwei komplementäre, gleichermaßen traditionsentbundene Modi ökonomischer Vergesellschaftung: Die Produktion folgt dem Prinzip der rationalen Profitmaximierung durch Kapitalbesitzer, sie setzt technologische Methoden der Effizienzsteigerung ein und sie hat

---

5   Vgl. als umfassenden Entwurf einer solchen soziologischen Verbraucherforschung WISWEDE (1972).
6   Vgl. LÜDTKE (2004) sowie paradigmatisch SPELLERBERG (1996).

durch den massenhaften Einsatz von Lohnarbeit den Übergang von einer ständischen zu einer modernen Sozialordnung im 19. Jahrhundert maßgeblich vorangetrieben. Der Konsum ist demgegenüber dadurch gekennzeichnet, dass die Aneignung von Gütern geldvermittelt erfolgt, ständischen Verbrauchsnormen enthoben ist und dass aufgrund technologisch bedingter Produktverbilligung und wirtschaftlichem Wachstum immer mehr Menschen immer größere Spielräume für Kaufentscheidungen eingeräumt werden. Das hier mit dem Konsumbegriff identifizierte Erkenntnisinteresse richtet sich also auf die *Eigenqualitäten des Konsums* in der modernen Gesellschaft, die im Kontrast zu denen des Produktionsbereichs besonders ins Auge fallen und über die Nutzung von Konsumobjekten zur Statusanzeige hinausgehen: Mit der über sporadische Erwerbsvorgänge hinausgehenden Versorgung am Markt sehen sich immer mehr Konsumenten den bislang auf den Luxuskonsum von Eliten beschränkten Verlockungen der Waren ausgesetzt und stehen damit vor der permanenten Aufgabe, sich ihrer Bedürfnisse in Auseinandersetzung mit den Verführungen einer Marktumgebung zu vergewissern. Die Vielfalt der auf Märkten verfügbaren Konsumobjekte löst somit die älteren statischen Bedarfsvorstellungen einer ständischen Sozialordnung auf und erzeugt Erwartungen, die sich auf bisher unbekannte Konsummöglichkeiten richten und sich im Modus des Wunsches auf die permanenten Innovationen der kapitalistischen Wirtschaft einstellen.

Vergesellschaftung durch Konsum

Die zunehmende Verfügbarkeit von Konsumobjekten ist somit ein wesentlicher, oft unterschätzter Aspekt jener langfristigen gesellschaftlichen Transformationen, welche in der Soziologie verallgemeinernd als Modernisierung bezeichnet werden. Sicherlich handelt es sich auch bei der Ausdehnung der Konsumchancen weder um einen kontinuierlichen Prozess noch hat er dazu geführt, dass sozial ungleiche Verteilung der Konsumchancen gänzlich aufgehoben würde; wie BOURDIEU zeigt (1987[1979]), eignet sich der Konsum vielmehr dazu, soziale Ungleichheiten sichtbar zu machen und damit in Geltung zu setzen. Diese Distinktionsfunktion des Konsums ist jedoch ein anderer Sachverhalt als die Generierung konsumbezogener Erwartungsstrukturen: Denn während der sozialen Distinktion – wie etwa bei BOURDIEU – die Funktion zukommt, eine ungleiche Statusordnung zu *reproduzieren*, *modifiziert* die Erzeugung immer neuer Erwartungen an den Konsum die soziale Struktur und lässt sich insofern jenen Modernisierungsprozessen zuordnen, welche bereits die frühe Soziologie untersucht hat.

Eine solche Modifikation der sozialen Struktur liegt bereits Émile DURKHEIMS Diagnose eines krisenhaften, von ihm „Anomie" genannten Durchgangsstadiums der Gesellschaftsentwicklung zugrunde, die im Zentrum seiner das Fach Soziologie begründenden Gesellschaftstheorie steht. DURKHEIM geht von einem den hier beschriebenen Effekten des Konsums durchaus vergleichbaren Vorgang der Entgrenzung individueller Erwartungen aus, wenn er auch den Konsumbereich nicht explizit thematisiert und stattdessen allgemein von einer Ausdehnung der

Industrie spricht: Die Durchsetzung der Marktwirtschaft in der Moderne bewirke, so seine Kernthese, eine Auflösung tradierter Normengefüge, da die Erwartungen der Individuen nicht mehr durch die Regeln begrenzt würden, welche eine traditionelle Sozialordnung für die verschiedenen sozialen Positionen vorschreibt. Die Marktwirtschaft löse die traditionellen Vorstellungen des ‚rechten Maßes' auf und entfache „von oben bis unten in der Stufenleiter [der Gesellschaft] die Begehrlichkeit, ohne daß man weiß, wo sie zur Ruhe kommen soll" (DURKHEIM 1983[1897]: 292f.). Diese Entgrenzung der Erwartungen (denn nichts anderes meint ja die „Begehrlichkeit") führt zu einem gesellschaftlichen Zustand, in dem die selbstverständliche Geltung des soziales Normengefüges außer Kraft gesetzt wird und die Menschen Wünsche entwickeln, welche die Gesellschaft nicht befriedigen kann; dies ist das Zentrum von DURKHEIMS Anomietheorie, die also eine Krisendiagnose ist. Aus DURKHEIMS Sicht kann nur ein neuartiges, der modernen Gesellschaft entsprechendes Normengefüge eine derart in ihren Erwartungen entgrenzte Subjektivität wieder sozial rückbinden.[7]

Aus einer von DURKHEIMS Krisendiagnose her argumentierenden Perspektive müsste der Konsum – für den ja die im Zitat benannte Erwartungsentgrenzung kennzeichnend ist – also geradezu als der Kern der anomischen Tendenzen in der modernen Gesellschaft angesehen werden. Eine solche Sichtweise führt nachvollziehbar in eine soziologische Konsumkritik, welche zwar die empirische Engführung des Konsums als bloßem Indikator von Statusdifferenzen überwindet und ihm gesellschaftstheoretisch stärkere Aufmerksamkeit widmet. Allerdings würde der Konsum dabei primär als ein destabilisierender Faktor der modernen Gesellschaft angesehen, was angesichts der Entwicklungen des 20. Jahrhunderts (die DURKHEIM nicht absehen konnte) wenig überzeugend ist.

Die folgenden Überlegungen setzen anders an, weil sie den Konsum nicht per se als einen Störfaktor sozialer Stabilität ansehen; vielmehr wird versucht, die vermittelnde Rolle des Konsums in der modernen Gesellschaft zu erfassen, wozu der von Georg SIMMEL geprägte Begriff der Vergesellschaftung herangezogen wird. Ausgangspunkt ist die Beobachtung, dass soziale Stabilität nicht erst seit heute weit davon entfernt ist, von der konsumtypischen Erwartungsentgrenzung bedroht zu sein, dass der Massenkonsum vielmehr einen wesentlichen Anteil daran hat, entgrenzte Erwartungen unter den Bedingungen kultureller Pluralität sozial zu integrieren, ohne dabei auf ein festes Normengefüge angewiesen zu sein. Die gesellschaftshistorische Bedeutung des Konsums liegt, so die These, einerseits in der Loslösung der Einzelnen von den Gewohnheiten und Normen einer traditionsbezogenen Sozialordnung und andererseits darin, dass im modernen Massenkonsum Praktiken und Einstellungen verbreitet und eingeübt werden, die auf Situationen sozialer und kultureller Pluralität eingestellt sind: Konsumenten eignen sich unbekannte Konsumgüter und -muster an, die nicht normativ auf einzelne (etwa elitäre) Gruppen beschränkt sind, und sie tun dies im Kontext erhöhter sozialer Mobilität, die auf diese Weise in einem positiven Licht erscheint.

---

7 Durkheim sieht in der Bildung von Berufsverbänden eine Möglichkeit zur sozialen Integration (vgl. dazu DURKHEIM 1983:449ff.).

Die Teilnahme am Warenkonsum *positiviert* und *demokratisiert* diese neuartige Rolle des Warenkonsums: *Positiviert*, weil die Trennung von Produktions- und Konsumtionssphäre zu einem unhintergehbaren Faktum moderner Lebensführung wird und dadurch Erwartungen an den Konsum geweckt werden, die nicht unmittelbar abhängig von den Erfordernissen der Arbeitswelt sind; *demokratisiert*, weil dies ein Vorgang ist, der Stände, Klassen und Schichten übergreift, miteinander in Vergleichsbeziehungen bringt und soziale Auf- und Abstiegsprozesse begleitet – und die Individuen zunehmend aus traditionsbasierten Verhaltensnormen herauslöst. Soziologisch bedeutsam ist diese konsumbezogene Individualisierung aber nicht allein als Auflösung solcher überlieferten Strukturen, sondern ebenso sehr hinsichtlich eines Beitrags zur Stabilisierung der modernen Gesellschaft.

Deutlich wird dies, wenn man sich von der bei DURKHEIM vorliegenden Dichotomie von gesellschaftlicher Struktur und Individuum löst, wozu sich Georg SIMMELs Konzept der Vergesellschaftung gut eignet. In seiner „Soziologie", vollständig erschienen im Jahre 1908, schlägt SIMMEL vor, als Gegenstand der Soziologie die „Formen der Vergesellschaftung" zu fassen, also nicht Individuen oder soziale Strukturen, sondern soziale Kontakte, Bezugnahmen und Beziehungen als Grundelement der Soziologie zu betrachten (SIMMEL 1992[1908]). SIMMEL will damit die aus seiner Sicht unfruchtbare Gegenüberstellung von Individuum und Gesellschaft überwinden und konzipiert den Gegenstand der Soziologie stattdessen als prozesshafte Wechselwirkung. Er unterscheidet dabei zwischen den *Inhalten*, welche die beteiligten Akteure bei ihrem Handeln anstreben, also den Zwecken oder Motiven, die ihnen vor Augen stehen, und den jeweiligen *Formen*, in denen diese Zwecke oder Motive sich realisieren; diese Formen der Vergesellschaftung lassen sich unabhängig von Inhalten, die Akteure leiten, miteinander vergleichen und bilden den eigentlichen Gegenstand seiner Soziologie. „Weder Hunger noch Liebe, weder Arbeit noch Religiosität, weder die Technik noch die Funktionen und Resultate der Intelligenz" (SIMMEL 1992[1908]:18) sind als *Inhalte* für SIMMEL also als solche bereits gesellschaftlich; sie *werden* es erst in *Formen* wie Konkurrenz und Kooperation, Über- und Unterordnung oder soziale Schließung, Streit oder Gruppenbildung. Diese Formen entstehen aus dem Nebeneinander individueller Zwecke und Motive und *beeinflussen* nicht nur, sondern sie *sind* Vergesellschaftung, ein eigenständiges Geschehen also, das prozessoral gedacht ist und sich dabei allein mit Blick auf die Akteursperspektiven nicht erschließt.

Wendet man diese Grundidee von SIMMELs Soziologie auf den Konsum an, so geht es weniger um die mit der Diagnose „Konsumgesellschaft" nahegelegte Behauptung, dass der Konsum *das* wesentliche Merkmal der gegenwärtigen Gesellschaft sei – darüber kann man trefflich streiten. Zu zeigen wäre vielmehr, dass und wie genau der Konsum Vergesellschaftung *ermöglicht*, *modifiziert*, *stabilisiert*, *hemmt* oder *strukturiert*, inwiefern er also essentiell an Vergesellschaftungsprozessen beteiligt ist und dabei einen Unterschied macht.

Geht man nun vom einzelnen Kaufakt aus, der beim Warenkonsum unhintergehbar ist, so scheint es sich beim Konsum zunächst um einen logisch und zeitlich nachgeordneten Folgeeffekt des Zusammentreffens von Käufer und Verkäufer zu handeln. Die Inhalte, also die von den Akteuren verfolgten Zwecke, scheinen klar: Der Verkäufer will Gewinn, und der Käufer möglichst viele Bedürfnisse befriedigen.

Mit SIMMELs Formenbegriff lässt sich das Verhältnisgefüge hingegen weitaus komplexer darstellen. Denn außer dem durch den Kaufakt gestifteten Verhältnis des einzelnen Käufers und Verkäufers sind auch die Verhältnisse der verschiedenen potentiellen Verkäufer untereinander, sowie diejenigen der potentiellen Konsumenten untereinander, zu berücksichtigen, die im Kaufakt selbst unsichtbar bleiben. Weiterhin lassen sich diese Verhältnisse über die dyadische Anordnung von Käufer und Verkäufer hinaus als Vergesellschaftungs*formen* betrachten, die nicht nur den Tauschakt selbst umfassen, sondern auch all das, was ihn im Vorfeld ermöglicht und wiederholbar macht.

Der in der Konsumsoziologie am meisten verbreitete Anschluss an SIMMEL konzentriert sich auf die Vergesellschaftungsform der Über- und Unterordnung, fragt also nach der Rolle des Verbraucherverhaltens bei der Prestigegewinnung. Wie SIMMEL selbst in seinen Arbeiten gezeigt hat, kombiniert der Mechanismus der Mode die Nachahmung von Privilegierten mit der Abgrenzung von sozial Tieferstehenden. Damit kommt den Konsumgütern eine herausragende Bedeutung bei der In-Geltung-Setzung und Erneuerung der gesellschaftlichen Prestigeordnung zu (SIMMEL 1995[1905]). Der Aufstieg des Bürgertums lässt sich so – vom Konsum her gesehen und damit die Veränderungen im Produktionsbereich ergänzend – als ein erfolgreicher Versuch fassen, das Konsumverhalten der adligen Eliten nachzuahmen und dadurch Statusgewinne zu erlangen, was den Bürgern aufgrund der Verfügung über finanzielle Ressourcen möglich wurde. Die Verteidigung dieser Position gegenüber anderen aufstrebenden Gruppen ist dann – Pierre BOURDIEU hat diesen Mechanismus der Distinktion präzise ausgearbeitet – durch den hohen finanziellen Aufwand und implizites Know How möglich: Der hohe Preis prestigeträchtiger Konsumgüter und die Kenntnisse in ihrer Benutzung sind die zentralen Mittel, um Prestige tatsächlich sozial geltend zu machen.[8]

Es gibt aber noch eine weitere Möglichkeit, das Konsumgeschehen mit Hilfe des SIMMEL'schen Formenbegriffs zu konzeptualisieren, welche einen im Theorem der Distinktion unscharf bleibenden Aspekt des Konsums deutlicher hervortreten lässt. Setzt man bei dem Verhältnis der Anbieter von Konsumgütern zueinander an, so ist dieses als eines der *Konkurrenz* beschreibbar (SIMMEL 1992[1908]:330), und zwar als Konkurrenz um die Gunst der Konsumenten als den Dritten, ohne die dieses Verhältnis nicht bestünde. Die Besonderheit ist hier, dass die Konsumenten als einerseits strukturell notwendige, aber andererseits nur indirekt Beteiligte in diesem Konkurrenzverhältnis in den Blick kommen: Denn die miteinander konkurrierenden Anbieter können die für sie ausschlaggebenden Entscheidungen potentieller Konsumenten nicht direkt beeinflussen, ja kaum beobachten – im Gegensatz zum Konkurrenten. Die Rolle der Konsumenten kann so gesehen,

---

8   Vgl. zu dieser neueren Distinktionstheorie des Verbraucherverhaltens BOURDIEU (1987 [1979]), aber auch schon die klassische US-amerikanische Arbeit VEBLENs (1971[1899]).

jedenfalls bei ausreichend großem Verkaufsdruck der Anbieter, als diejenige des
„lachenden Dritten" erscheinen (Schnäppchenjäger suchen diese Position). Aber
das Verhältnis kann auch in die andere Richtung kippen, wenn die Anbieter sich
absprechen und Monopole bilden; im Extremfall konkurrieren nun Konsumenten
um die Chance des Erwerbs derart verknappter Güter. Aber dies sind lediglich die
Grenzfälle, zwischen denen das faktische Konsumgeschehen changiert.

Die Form der Konkurrenz ist als dreigliedrige nun vor allem deshalb aufschlussreich, weil sie das Verhältnis der Vielzahl von potentiellen Konsumenten zu Anbietern als ein konstitutiv *indirektes* offen legt: Die Konkurrenz der Anbieter um die Gunst der Konsumenten impliziert zugleich, dass die Möglichkeit fehlt, direkt mit ihnen zu interagieren. Dies veranlasst Verkaufswillige zu den Aktivitäten der Marktforschung und der Werbung, also zur Suche nach unerschlossenen Bedürfnissen bei Konsumenten auf der einen Seite und dem Versuch ihrer Weckung durch Massenkommunikation auf der anderen Seite. Werbung und Marktforschung sind also Versuche, die Indirektheit der Konsumentenrolle zu kompensieren, die sich strukturell aus der Konkurrenzkonstellation des Konsumgeschehens ergibt. Die Konsumkritik erkennt darin hingegen Versuche der Manipulation der Konsumenten, eine Sichtweise, welche die Grundkonstellation jedoch erheblich vereinfacht, weil sie die konstitutive Indirektheit der Konsumentenbeziehung unterbetont. All diese ungeheuer aufwendigen Infrastrukturen des Konsums können Kaufentscheidungen doch letztlich nur – auf Masse hochgerechnet – wahrscheinlicher machen.[9] Erstaunlich ist dabei weniger die Limitierung dieses Durchgriffs auf Käuferpsychen, sondern eher die Tatsache, dass das Konsumgeschehen trotz dieser Limitierung eine erhebliche Regelmäßigkeit aufweist und wirkliche Überraschungen in diesem Bereich doch selten sind. Aus einer von SIMMEL inspirierten Sicht ist der durch den Markt vermittelte Konsum also mehr als nur ein Mittel der Statusanzeige. Er ermöglicht komplexe Formen der sozialen Wechselwirkung zwischen Anbietern und Konsumenten, die sich – was die Rolle von Konsumenten angeht – durch jene Indirektheit auszeichnen, welche aber (konträr zu DURKHEIMs Analyse) nicht per se als krisenhaft bezeichnet werden kann, weil sie offenkundig über durchaus lange Zeiträume stabilisierend wirksam sein kann. Im Gegensatz zur Diagnose der Konsumgesellschaft, die ja die herausgehobene Bedeutung des Konsumbereichs gegenüber anderen gesellschaftlichen Sektoren (wie etwa der industriellen Produktion) in den Vordergrund stellt, richtet die Frage nach der Vergesellschaftung durch Konsum ihr Augenmerk auf die Besonderheiten der sozialen Beziehungsformen, die durch den Warenkonsum ermöglicht werden. Im folgenden Abschnitt skizziere ich, welche neuen Perspektiven eine solche Betrachtungsweise des Konsums eröffnet; ich konzentriere mich dabei darauf, zwei ausgewählte und zueinander komplementäre Fragestellungen der soziologischen Theorie, diejenige der sozialen Integration und die der Subjektivierung, unter dem Aspekt des Konsums zu betrachten.

---

9   Vgl. die Beiträge des Bandes SCHRAGE/FRIEDERICI (2008) für Versuche, die Verfahren der kommerziellen Konsumforschung als Infrastrukturen des modernen Konsumgeschehens zu beschreiben.

Integration und Subjektivierung durch Konsum

Der Integrationsbegriff und derjenige der Subjektivierung sind in Kontexten entwickelt worden, die sich zunächst stark voneinander und von dem der Konsumvergesellschaftung unterscheiden: Der Integrationsbegriff lässt sich auf Émile DURKHEIMs bereits erläuterte Krisendiagnose eines gesellschaftlichen Anomiezustands zurückverfolgen (DURKHEIM 1983[1897]:279–296). Deren Prämisse ist, dass gesellschaftliche Integration eines durch einheitliche Moralvorstellungen gefestigten Normengefüges bedarf, das die potentiell anarchischen Strebungen der Individuen im Zaum hält. Der Begriff der Subjektivierung geht hingegen auf die Arbeiten Michel FOUCAULTs zurück und lässt sich – obwohl er später modifiziert wurde – bereits in seiner Studie *Überwachen und Strafen* finden (FOUCAULT 1977). Im Gegensatz zu DURKHEIM beschreibt FOUCAULT die Etablierung der modernen Gesellschaft nicht auf der Folie einer krisenhaften Diskrepanz zwischen den Erwartungen von Individuen und dem gesellschaftlichen Moralsystem, sondern er zeichnet den Prozess einer gelingenden – allerdings kritisch bewerteten – Anpassung ihres Verhaltens und weitergehend ihrer Subjektivität an die entstehende kapitalistische Gesellschaft nach. Die Normen, an denen das individuelle Verhalten ausgerichtet wird, sind aus FOUCAULTs Sicht dabei keine moralischen Regeln, sondern zunächst die Reglements geschlossener Institutionen, denen sich die Insassen zu unterwerfen haben. Diese Institutionen sind der Ort, von dem ausgehend in FOUCAULTs Darstellung ein Typus von Subjektivität verbreitet wird, der den Erfordernissen der modernen Gesellschaft genügt. Es ist diese, viel unmittelbarer als moralische Gebote wirkende Prägekraft der Institutionen Gefängnis, Fabrik und Schule, welche die Herstellung moderner Individuen durch den überwachenden Zugriff auf ihre Körper bewerkstelligt. Als disziplinatorische Subjektivierung kann man also mit FOUCAULT den Effekt bezeichnen, dass die Disziplinierten diese Verhaltensnormen als Bestandteil ihres Selbst übernehmen.

DURKHEIMs Integrationskonzept und FOUCAULTs Begriff der Subjektivierung beschreiben beide die Herausbildung der modernen Gesellschaft, vor allem mit Blick auf das 19. Jahrhundert, wenn auch unter entgegengesetzten Vorzeichen. DURKHEIM konstatiert eine Krise der herkömmlichen Moralbindung der Individuen, aus der gesellschaftliche Desintegration wird, wenn die Moderne keine neue Einheitsmoral herausbildet. FOUCAULT hingegen betrachtet die Zunahme von Disziplinierungspraktiken, die auf die individuellen Körper zugreifen und so eine Art der Adaption von Individuen an gesellschaftliche Erfordernisse etablieren, die auf einer Ebene *unterhalb* der Moral wirksam ist. Ihm zufolge funktioniert die Koordination von Subjekt und Gesellschaft in der Moderne nicht durch moralische Integration, sondern durch Mechanismen der Macht, die an den Körpern ansetzen und nur auf diesem Wege subjektivierende Effekte haben.

Bezieht man dies auf den Konsum, so fällt auf, dass die nur indirekte Beziehung der Konsumenten mit dem Konsumangebot für DURKHEIM wie oben erläutert ganz offensichtlich ein Symptom für Desintegration darstellt: Wird hier doch das Band, das die Einzelnen an eine einheitliche Moral bindet, durchschnitten, mit dem Ergebnis, dass die vom Konsum geweckten Wünsche nicht mit der normativen Basis der Gesellschaft in Einklang stehen. Und wenn man FOUCAULTs Modell der disziplinatorischen Subjektivierung betrachtet, so fällt auf, dass die Indirektheit des Verhältnisses zwischen Anbietern und Konsumenten ebenso wenig zu der Annahme des Disziplinarmodells passt, Subjektivierung entstehe durch die Internalisierung präskriptiver Verhaltensnormen qua körperlicher Disziplinierung in geschlossenen Institutionen – wie gezeigt ist ein derartiger körperlich-psychischer Durchgriff auf Individuen gerade kein Merkmal des modernen Konsums, weil Konsumenten aus der Position des unbeteiligten Dritten agieren. Gleichwohl ist es produktiv, die Frage nach der Integration und der Subjektivierung durch den Konsum zu stellen, weil die besondere Rolle des Konsums vor allem in der Differenz zur moralischen Integration und zur körperbezogenen Disziplinierung deutlich wird.

Zunächst ist ein wesentliches Merkmal festzuhalten, das den Massenkonsum der Nachkriegszeit von dem des 19. Jahrhunderts unterscheidet: Bis weit ins 20. Jahrhundert hinein fand die – von Krisen- und Kriegszeiten abgesehen tatsächlich beobachtbare – Ausweitung der Konsumchancen für die unteren Schichten relativ langsam statt. Die Auffassungen von einer standesgemäßen Lebensführung prägten dabei das Konsumverhalten des Bürgertums und unterschieden sich sehr stark von denen der Arbeiterschaft und der Bauern. Zwar kam aufgrund produktionstechnischer Innovationen eine Vielzahl von massenproduzierten Konsumgütern auf den Markt, die sich stilistisch oft an Luxusprodukten orientierten, aber für ein größeres Publikum verfügbar waren. Jedoch haftete dies den von Werner SOMBART als „Surrogaten" bezeichneten Objekten als ein Makel an und machte sie zu richtiggehenden Distinktionsgütern untauglich (SOMBART 1987[1927]:624ff.). Die Klassenspaltung manifestierte und stabilisierte sich in der Objektwelt gleichsam in Form der Unterscheidung von handwerklichen und damit teuren Gütern auf der einen und maschinell hergestellten und damit billigen Gütern auf der anderen Seite.

Die entscheidende und den Konsum im 20. Jahrhundert weltweit prägende Aufwertung der massenproduzierten Güter lässt sich demgegenüber paradigmatisch an der Erfolgsgeschichte des Ford-Automobils in den USA festmachen. Hier war es die extreme, durch die Massenherstellung ermöglichte Produktverbilligung, die aus dem bis dato als Luxusgut geltenden Auto ein weitverbreitetes Konsumgut machte. Es entstand hier gewissermaßen ein neuartiges Grundbedürfnis, das überhaupt nur auf der Basis industrieller Fertigung möglich wurde und seitdem das Leben weiter Teile der Bevölkerung der Industriegesellschaften bestimmt.[10] Diese Entwicklung griff in den USA auf weitere Lebensbereiche über und begleitete die für die Industriegesellschaften charakteristische Herausbildung einer mittelschichtdominanten Sozialstruktur. Ergebnis war das von David RIESMAN in den 1950er Jahren beschriebene „Standardpaket", das die für einen modernen Haushalt unverzichtbaren Konsumgüter wie Fernseher, Waschmaschine, Auto und (jedenfalls in den USA) das Eigenheim umfasst (RIESMAN/ROSEBOROUGH 1973[1955]). Das Standardpaket ermöglicht zwar auf der einen Seite

---

10 Vgl. hierzu die ausführlichere Darstellung in SCHRAGE (2009:141–196).

vielfache Distinktionsmöglichkeiten, an denen sich sozialer Aufstieg in kleinen Abstufungen manifestiert. Aber es ist zugleich doch auch eine aus Gütern des alltäglichen Bedarfs bestehende, eine bestimmte Lebensform der breiten Mittelschicht strukturierende und dabei per se nicht sozial exklusive Welt eines Standardmodells von Konsumobjekten. Das Standardpaket ist dabei in den Details ungeheuer variabel, also modeaffin und generations- sowie milieuspezifisch veränderbar, es ist aber in seiner basalen Struktur auch über ganze Einkommensklassen hinweg immer wiederzuerkennen. Hier zeigt sich, dass der moderne Massenkonsum von standardisiert gefertigten Gütern zwar einerseits feine soziale Abgrenzungen ermöglicht, dass diese aber im Rahmen einer stark angewachsenen Mittelschicht stattfinden, deren Lebensweise trotz Unterschieden in Einkommen und Status grundlegende Gemeinsamkeiten aufweist. Die Teilhabe an den Gütern des Standardpakets wird somit zu einem Ausweis der Zugehörigkeit zu dieser Mittelschicht, die auch über regionale, kulturelle und Herkunftsgrenzen hinweg wirksam ist.

Die Integrationswirkung des Massenkonsums, die am Standardpaket deutlich wird, greift dabei sehr anders als es die Integrationskonzeption DURKHEIMS vorsieht. Man könnte hier, wie schon bei FOUCAULT, von einem *außermoralischen* Vorgang sprechen, nur dass nicht die Disziplinierung der Körper von Anstaltsinsassen, sondern die auf Konsumobjekte gerichteten Erwartungen großer Bevölkerungsgruppen der Kopplungsmechanismus von Subjekt und Gesellschaft ist. Es ist dabei kein Zufall, dass gerade die USA als ethnisch heterogene Gesellschaft diese Form der objektbezogenen Integration nach innen seit den 1920er Jahren herausgebildet und seit dem Ende des Zweiten Weltkriegs erfolgreich als *American Way of Life* in alle Welt verbreitet haben. Denn anders als die DURKHEIM'sche Prämisse einer einheitlichen, an nationalstaatlich verfasste, ethnisch homogene Gesellschaften gebundenen sozialen Moral vermag es die objektvermittelte Konsumvergesellschaftung, der indirekten, also moralisch indifferenten Beteiligung als Konsument eine Attraktivität zu verleihen, die weit über ethnische, kulturelle oder religiöse Grenzen hinweg wirksam ist. In einer ethnisch heterogenen Einwanderergesellschaft wie den USA wird der Konsum massenproduzierter Güter damit zu einem Medium der Integration, das kulturell relativ voraussetzungsarme, aber gemeinsame Erfahrungen ermöglicht, ohne dass es dazu eines auf gemeinsamen Traditionen basierendes Normengefüge bedarf – welches den in der ersten Hälfte des 20. Jahrhunderts aus den ländlichen Regionen Europas kommenden Einwanderern der ersten Generationen (noch) fremd war.[11] „Integration" ist hierbei allerdings nicht im Sinne DURKHEIMS als normativ gedachte, vollständige Integration in ein moralisches Wertekollektiv zu verstehen, sondern vielmehr als konstitutiv unvollständige, und genau deshalb universalisierbare Teilhabe am Konsumgeschehen. Es wäre das vielfältige Bündel von Gründen, die Rolle des Dritten, des Konsumenten immer wieder einzunehmen.

Die Subjektivierungseffekte des modernen Massenkonsums lassen sich als die Kehrseite dieser Integrationsleistung des Konsums fassen. Während im Diszipli-

---

11 Vgl. zu diesem Argument ausführlicher SCHRAGE (2009:170–174).

narmodell FOUCAULTs die Internalisierung der institutionell vorgegebenen Verhaltensnormen durch die Subjekte durch den körperlichen Zugriff erfolgt, fehlt dieser disziplinierende Durchgriff beim Konsum – denn er findet nicht in geschlossenen Institutionen statt, sondern ist auf den Markt bezogen, auf dem verkaufswillige Anbieter über keine „harten" Sanktionsmittel gegenüber Konsumenten verfügen. Trotzdem bedeutet dies nicht, dass – wie DURKHEIM annahm – jegliche verhaltensleitende und sozial koordinierende Orientierung wegfällt. Orientierung für Konsumenten bieten anstatt der Disziplinierungsagenturen Fabrik, Schule und Gefängnis nunmehr die Infrastrukturen des Konsums, Marktforschung und Werbung, welche das faktische Verbraucherverhalten großer Konsumentengruppen erfassen, Zielgruppen, Lebensstilen und Images zuordnen und so mit Bedeutungen versehen. Konsumentinnen und Konsumenten entdecken vor diesem Panorama von Konsum- und Stilisierungsmöglichkeiten ihre bislang verborgenen Bedürfnisse, differenzieren ihr Begehren und entfalten ihr Selbst somit weder mit Blick auf kollektive Wertvorstellungen (auch wenn diese Teil von Lebensstilen sein können) noch ausgerichtet an präskriptiven Verhaltensnormen. Sie orientieren sich vielmehr an der Vielfalt faktisch getätigter, durch Marktforschungen erhobener und werblich mit Bedeutungen versehener Konsumpraktiken anderer Konsumenten, an den Gründen also, die diese am Konsum teilhaben lassen.

Aus einer von SIMMEL inspirierten Perspektive stellt die mit dem modernen Konsum verbundene Erwartungsentgrenzung nicht allein eine Auflösung überlieferter sozialer Regeln des Umgangs mit Objekten dar, sondern etabliert neue soziale Formen des Objektgebrauchs, die weit über die wirtschaftlichen Aspekte des Konsums, aber auch über die Funktion der Statusanzeige hinaus vergesellschaftend wirksam sind und dem Konsumieren dadurch eine wichtige Rolle in der modernen Gesellschaft verleihen. Denn in dem Maße, wie die überlieferten Normen und Maßstäbe des Verbrauchs an Bedeutung verlieren, etablieren sich neue Formen und Muster des Konsumierens, die auf eine mobilitätsoffene Sozialordnung, auf marktvermittelte Sozialbeziehungen und ein technisiertes Produktionssystem bezogen sind. Es sind diese hochgradig artifiziellen und kontingenzförmigen sozialen Wirklichkeiten, welche als soziale Kontexte des Konsums fungieren und ihn unhintergehbar, aber auch attraktiv erscheinen lassen – und in die er zugleich einübt. Gerade weil die sozialen Bande, die Konsumenten mit dem sozialen Geschehen verbinden, weitaus lockerer und unverbindlicher sind als dies DURKHEIMs normatives Integrationsverständnis vorsieht, und gerade weil eine letztlich durch Sanktionen ermöglichte disziplinatorische Subjektivierung, wie sie FOUCAULT beschrieb, hier nicht vorliegt, sind die sozialen Bindungseffekte des Konsums wesentlich davon abhängig, dass Konsumenten ihre Erwartungen zukünftigen Konsums mit ihren faktischen Konsumchancen in Einklang bringen können. Die Etablierung des amerikanischen, am Standardpaket orientierten Konsummodells ist der Prototyp eines solchen integrativ wirkenden Konsums, da diesem beim Umgang mit den Kontingenzen des modernen Lebens eine stabilisierende Funktion zukommt.

Konsum als Erfahrungsraum

Die Bedeutung des Konsums für die moderne Gesellschaft lässt sich somit nicht auf den Distinktionsmechanismus beschränken; sie ist auch nicht auf einen rezenten Epochenschnitt beschränkt, der eine postmoderne Konsumgesellschaft von einer modernen Industriegesellschaft trennt. Seine Bedeutung wird in Gänze erst überschaubar, wenn man den Warenkonsum und seine soziale Verbreitung als Teilaspekt eines Prozesses der Erwartungsentgrenzung betrachtet, mit dem sich, wie Reinhart KOSELLECK bemerkt hat, seit der frühen Neuzeit „die Erwartungen immer mehr von allen bis dahin gemachten Erfahrungen entfernt haben" (KOSELLECK 1979:359). Das Auseinandertreten von „Erfahrungsraum" und „Erwartungshorizont", das KOSELLECK als Tendenz schon im ausgehenden 18. Jahrhundert beobachtet, wird von Konsumenten und Konsumentinnen heute tagtäglich erlebt: Ihre Lebenswelt ist – als Raum, der Erfahrungen strukturiert – von den Gütern des Standardpakets möbliert, die sowohl distinktive Absetzung von anderen als auch gemeinschaftsförmige Zugehörigkeit zu Gleichgesinnten ausdrücken und realisieren helfen und nicht zuletzt – in Phase mit den Innovationszyklen des Konsumgütermarktes – die Grenzen zwischen Generationen markieren. Sicher ist dies kein konfliktfreier Modus der Vergesellschaftung – es wäre auch soziologisch naiv, Vergesellschaftung konfliktfrei zu konzipieren –, weil Konsumerwartungen und verfügbare Budgets eben nicht per se in Einklang miteinander stehen und dies Konfliktpotential birgt, wie die inzwischen als Konsum-Revolte gedeuteten englischen Unruhen im Sommer 2011 zu zeigen scheinen: Das Fehlen politischer Forderungen und die im Zentrum der Krawalle stehenden Plünderungen sprächen dafür, so meint Oliver NACHTWEY (2011), sie als Reaktion auf die von den Revoltierenden wahrgenommene Aufkündigung eines gesellschaftlichen Konsensus durch die wirtschaftlichen und politischen Eliten zu verstehen, als Effekt „einer ‚(a)moralischen Ökonomie', in der man der eigenen Enteignung mit dem Mittel der Plünderung begegnet". Folgt man dieser Deutung, so sind es nicht primär suchtförmige Verlockungen, welche Jugendliche zur zahlungslosen Mitnahme von Konsumgütern veranlassen, sondern die Überzeugung, dass für sie nicht nur keine Aussicht auf eine Erfüllung von Konsumwünschen besteht, die als gesellschaftlich normal angesehen werden, sondern dass die Normen, welche die Verteilung der Konsumchancen regeln, nur von den gesellschaftlich Machtlosen befolgt werden – und diese Deutung entspricht tatsächlich der mit DURKHEIMs Anomiebegriff verbundenen Krisendiagnose. Nun gibt diese Krisensituation aber ebenso Aufschluss über den Normalzustand, von dem sie abweicht. Dieser besteht darin, dass die Teilnahme am Massenkonsum als ein wesentlicher Aspekt gesellschaftlicher Teilhabe fungiert – und sei es, dass die Verfügung über bestimmte Konsumgüter überhaupt von einem sozialem Status zeugt. Statt den Konsum als einen Störfaktor sozialer Integration zu verstehen, sollte er deshalb eher als ein genuin moderner Erfahrungsraum beschrieben werden, der durch das Auseinandertreten der gesellschaftlichen Sphären des Herstellens und Verbrauchens aufgespannt wird und dabei auch vergesellschaftende Funktionen übernimmt. Dieses Auseinandertreten wird an diesem Fall besonders deutlich, wenn nämlich arbeitsweltliche Einbindungen und sicher erscheinende Karriereverläufe nicht bestehen und auf Konsumgüter als vergleichsweise einfach verfügbare Mittel sozialer Teilhabe zurückgegriffen wird.

Diese vergesellschaftenden Effekte des Konsums wirken sich im Konsumalltag der Mittelschicht – als einer der maßgeblichen Dimensionen gesellschaftlicher Normalität, die im Fall der Konsum-Revolte brüchig wird – auf eine sehr konkrete und praktische Weise aus, wenn sich spätestens im 20. Jahrhundert das Verhältnis von Reproduktionsnotwendigkeiten und neuen Konsummöglichkeiten zugunsten letzterer verschiebt. Ein entscheidender struktureller Effekt des Warenkonsums war jedoch schon weitaus früher abzusehen. Er besteht darin, dass das Verhältnis von Nötigem und Begehrtem *überhaupt* als ein Feld von Entscheidungen angesehen wird, die virtuell jedem einzelnen Konsumakt zugrunde liegen, angesichts einer Mehrzahl von Konsummöglichkeiten zur Problematisierung eigener Bedürfnisse anregen und somit subjektivierend wirken; diese nach „innen" gerichteten Effekte des Konsums verflüssigen aber zugleich auch, da sie gehäuft vorkommen, die gesellschaftlich geltenden Auffassungen des Verhältnisses von Nötigem und Begehrtem. Im Erfahrungsraum des Konsums werden damit nicht allein neuartige Verhaltensweisen erprobt, sondern auch Erwartungsstrukturen geprägt, die sich nicht nur auf den Rahmen des Bekannten, sondern auch auf Mögliches richten, das dadurch zu einer gesellschaftlichen Realität wird.

Bibliographie

BAUMAN, Z. (2007): Consuming life. London.
BOURDIEU, P. (1987[1979]): Die feinen Unterschiede. Kritik der gesellschaftlichen Urteilskraft. Frankfurt a. M.
DURKHEIM, É. (1983[1897]): Der Selbstmord. Frankfurt a. M.
FEATHERSTONE, M. (1991): Consumer culture and postmodernism. London u. a.
FOUCAULT, M. (1977): Überwachen und Strafen. Die Geburt des Gefängnisses. Frankfurt a. M.
HUME, D. (1988[1752]): Über Verfeinerung in den Künsten. In: HUME, D.: Politische und ökonomische Essays 2. Hamburg, 191–204.
KIM-WAWRZINEK, U. (1972): Bedürfnis, Teile I-IV. In: BRUNNER, O./CONZE, W./KOSELLECK, R. (Hrsg.): Geschichtliche Grundbegriffe. Historisches Lexikon zur politisch-sozialen Sprache in Deutschland 1. Stuttgart, 440–466.
KOSELLECK, R. (1979): „Erfahrungsraum" und „Erwartungshorizont" – zwei historische Kategorien. In: KOSELLECK, R. (Hrsg.): Vergangene Zukunft. Zur Semantik geschichtlicher Zeiten. Frankfurt a. M., 349–375.
LÜDTKE, H. (2004): Lebensstile als Rahmung von Konsum. Eine generalisierte Form des demonstrativen Verbrauchs. In: HELLMANN, K.-U./SCHRAGE, D. (Hrsg.): Konsum der Werbung. Zur Produktion und Reproduktion von Sinn in der kommerziellen Kultur. Wiesbaden, 103–126.
NACHTWEY, O. (2011): Plasmabildschirme wollen auch sie. In: Frankfurter Allgemeine Zeitung, 202 (31.08.2011), 4.
RIESMAN, D./ROSEBOROUGH, H. (1973[1955]): Laufbahnen und Konsumverhalten. In: RIESMAN, D.: Wohlstand wofür? Essays. Frankfurt a. M., 17–50.
SCHRAGE, D. (2008): Konsum – ein Erfolgsthema des Poststrukturalismus? In: RECKWITZ, A./ MOEBIUS, S. (Hrsg.): Poststrukturalistische Sozialwissenschaften. Frankfurt a. M., 433–449.
SCHRAGE, D./FRIEDERICI, M. R. (2008) (Hrsg.): Zwischen Methodenpluralismus und Datenhandel. Zur Soziologie der kommerziellen Konsumforschung. Wiesbaden.

SCHRAGE, D. (2009): Die Verfügbarkeit der Dinge. Eine historische Soziologie des Konsums. Frankfurt a. M./New York.

SIMMEL, G. (1992[1908]): Soziologie. Untersuchungen über die Formen der Vergesellschaftung. Gesamtausgabe (hrsg. v. RAMMSTEDT, O.) 11. Frankfurt a. M.

SIMMEL, G. (1995[1905]): Philosophie der Mode. In: SIMMEL, G.: Gesamtausgabe (hrsg. v. BEHR, M./KRECH, V./SCHMIDT, G.) 10. Frankfurt a. M., 7–37.

SLATER, D. (1997): Consumer culture and modernity. Cambridge.

SOMBART, W. (1987[1927]): Der moderne Kapitalismus III.2. Das Wirtschaftsleben im Zeitalter des Hochkapitalismus. München.

SPELLERBERG, A. (1996): Soziale Differenzierung durch Lebensstile. Eine empirische Untersuchung in Ost- und Westdeutschland. Berlin.

VEBLEN, T. (1971[1899]): Theorie der feinen Leute. Eine ökonomische Theorie der Institutionen. München.

WISWEDE, G. (1972): Soziologie des Verbraucherverhaltens. Stuttgart.

WISWEDE, G. (2000): Konsumsoziologie – Eine vergessene Disziplin. In: ROSENKRANZ, D./ SCHNEIDER, N. F. (Hrsg.): Konsum. Soziologische, ökonomische und psychologische Perspektiven. Opladen, 23–72.

Was ist an der Konsumforschung wirtschaftssoziologisch relevant?

Zur Spezifik des Konsums im engeren Sinne

Kai-Uwe Hellmann

Das Wandern ist des Konsumenten Lust

1966 unterschieden Erich und Monika STREISSLER in ihrer Einleitung zum Band *Konsum und Nachfrage* zwei Formen von Konsum: Konsum im *engeren* Sinne und Konsum im *weiteren* Sinne. Konsum im engeren Sinne legten sie als Einkommensverwendung für Zwecke des Konsums im weiteren Sinne fest, der wiederum als Nutzung von Leistungen knapper Güter zum Zwecke der unmittelbaren Befriedigung der Bedürfnisse von Letztverbrauchern gefasst wurde (STREISSLER/ STREISSLER 1966:13).

Diese Unterscheidung markiert eine wichtige Gebietsgrenze.[1] Denn soweit es Konsum im engeren Sinne betrifft, befindet man sich im Gebiet der Wirtschaftssoziologie. Alles, was mit Markt, Geld und Kaufen zu tun hat, fällt in ihre Zuständigkeit; alles, was darüber hinausgeht, tendenziell nicht mehr. Erich STREISSLER (1974, 1994:1086) hat bezüglich dieser disziplinären Differenz auch zwischen Kauf- und Verbrauchsakt unterschieden: „Konsum ist die Inanspruchnahme von Güter- und Arbeitsdienstleistungen für Zwecke des Letztverbrauchers. In einem engeren Sinne ist Konsum Geldausgabe zur Marktentnahme für Zwecke des Letztverbrauchers, also ein Kaufakt, nicht aber der Verbrauchsakt selbst." Konsum im engeren Sinne hat es also mit Kaufakten, Konsum im weiteren Sinne mit Verbrauchsakten zu tun (HELLMANN 2010, ROSA 2011:115ff.).

Wendet man sich vor diesem Hintergrund der Konsumforschung[2] zu, ist festzustellen, dass deren Forschungsgebiet sowohl Kauf- als auch Verbrauchsakte umfasst. Sie befasst sich mit beiden gleichermaßen, wobei ihr anfängliches Inter-

---

1 Hier ist an den Gebietsbegriff von Andreas GÖBEL (1995) gedacht.
2 Grundsätzlich wird hier zwischen Konsumforschung, die sich zumeist (sozial)wissenschaftlich, teilweise aber auch kommerziell mit Konsumtion/Konsum auseinandersetzt, und Konsumsoziologie unterschieden, die strikt soziologisch agiert. Da soziologisch orientierte Konsumforschung aber den deutlich kleineren Anteil ausmacht, wird hier zugunsten des weiteren Verständnisses von Konsumforschung gesprochen.

esse ganz auf Konsum im engeren Sinne lag und Jahrzehnte später erst auf Konsum im weiteren Sinne sich verlagerte (ØSTERGAARD/JANTZEN 2000).

Vom Standpunkt der Wirtschaftssoziologie stellt sich dieser Fall so dar, dass innerhalb der klassischen Binnendifferenzierung von Produktion, Distribution und Konsumtion letztere über das Gebiet der Wirtschaftssoziologie hinausgeht, mithin die innergesellschaftliche Umwelt des Wirtschaftssystems betritt und damit deren Gegenstandsbereich ab diesem Moment verlässt, wie die folgende Abbildung illustrieren soll (Abb. 1):

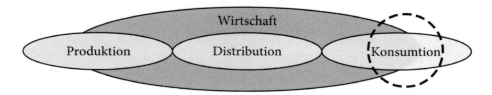

Abbildung 1 Konsumtion im Gegenstandsbereich der Wirtschaftssoziologie.

Vom Standpunkt der Konsumenten handelt es sich freilich um eine fortlaufende Grenzüberschreitung, weil Konsum auf Marktentnahme heutzutage notwendig angewiesen ist. Ohne Kauf kein Konsum; die Konsumenten kehren als Käufer sozusagen immer wieder.[3] Insofern findet ein unentwegtes Wandern der Konsumenten zwischen drinnen und draußen statt, wovon die Wirtschaftssoziologie nur Kenntnis erhält, sofern ein konkreter Kaufakt vorbereitet, durchgeführt oder nachbereitet wird. Nur innerhalb dieser Aktivitätsspanne hat es die Wirtschaftssoziologie mit Konsum im engeren Sinne zu tun, wie der gestrichelte Kreis anzeigen soll (Abb. 2).

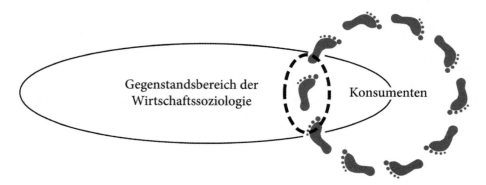

Abbildung 2 Die Wanderbewegung der Konsumenten.

---

3 Hier bietet sich die Unterscheidung *Bedürfnis*, *Bedarf* und *Nachfrage* von SCHERHORN (1959) an, weil Nachfrage direkt auf den Zahlungsvorgang bezogen ist, während Bedarf den konkreten Wunsch bezeichnet, ein bestimmtes Bedürfnis zu befriedigen, und sich damit den Übergang von draußen nach drinnen bezeichnet.

Im Folgenden soll dieser rein wirtschaftssoziologischen Relevanz des Konsums im engeren Sinne und der darauf bezogenen Konsumforschung nachgegangen werden. Hierzu wird in einem ersten Schritt die Wirtschaftssoziologie von Niklas LUHMANN zugrunde gelegt. In einem zweiten Schritt soll aufgezeigt werden, wie sich die Annahme eindeutiger Grenzkriterien auf die Schnittmenge gemeinsamer Ereignisse auswirkt, die sich aus den sich überlappenden Gegenstandsbereichen von Wirtschaftssoziologie und Konsumforschung ergibt. In einem dritten Schritt wird ein Blick über den Tellerrand der Wirtschaftssoziologie geworfen, um auch für jene Forschung ein Verständnis zu entwickeln, die sich zwar mit Konsum im weiteren Sinne befasst, indes ohne strikte Ausrichtung auf Soziologie, geschweige denn Wirtschaftssoziologie. Hier geht es um die Frage, wie die zunehmende „Ausweitung der Konsumzone" (WURM 1974:120) über den Gegenstandsbereich der Soziologie hinaus für die Wirtschaftssoziologie einzuschätzen ist.

Konsum als Gegenstand der Wirtschaftssoziologie

Will man Funktion und Struktur dessen, was hier als Konsum im engeren Sinne bezeichnet wird, innerhalb des Gegenstandsbereichs der Wirtschaftssoziologie qualitativ eingrenzen, gilt es zunächst, die Gebietsgrenze festzulegen.[4] Was gehört in den Gegenstandsbereich der Wirtschaftssoziologie, was nicht? Eine sehr klare Grenzziehung schlägt Niklas LUHMANN vor, wenn er davon spricht, dass das Wirtschaftssystem ein sich selbst reproduzierendes System ist, das seine Selbstabgrenzung durch die elementare Operation der Zahlung bewerkstelligt. „Der unit act der Wirtschaft ist die *Zahlung*" (LUHMANN 1988:52). Demnach schließt sich das Wirtschaftssystem gegenüber seiner innergesellschaftlichen Umwelt dadurch ab, dass es zu einer fortlaufenden Verkettung von Zahlungen auf Grundlage des symbolisch generalisierten Kommunikationsmediums Geld kommt. Damit ist eine auf den ersten Blick denkbar klare Grenze markiert: Das Wirtschaftssystem ereignet sich immer und nur dann, wenn eine Zahlung erfolgt, sonst nicht. Diese Annahme verspricht erhebliche Präzisierungsvorteile in zeitlicher, sozialer und sachlicher Natur.

Freilich vermittelt diese Form der Grenzziehung nur eine Pseudopräzision. Denn LUHMANN räumt ein, dass nicht bloß Zahlungen, sondern auch Nicht-Zahlungen zur Reproduktion des Wirtschaftssystems beitragen.

> „Auch der Entschluss, keinen neuen Wagen zu kaufen, weil die Wagen zu teuer geworden sind, ist ein Elementarereignis im Wirtschaftssystem; und dies auch dann, wenn er in der puren Unterlassung steckenbleibt und nicht mit einer anderweitigen Dispositionen über die entsprechende Geldsumme verbunden wird. Zu fordern ist allerdings – und die Abgrenzung bereitet Schwierigkeiten, wie man aus einer weitläufigen Diskussion über Unterlassungen weiß –, dass die Zahlung als Wunsch, als Erwartung, als Verpflichtung irgendwie nahegelegen hatte und trotzdem unterbleibt" (LUHMANN 1988:53).

---

4 Zum neueren Stand der Wirtschaftssoziologie vgl. GUILLÉN et al. (2002), BECKERT/ZAFIROVSKI (2005), SMELSER/SWEDBERG (2005), BAECKER (2006), MAURER (2008), BECKERT/DEUTSCH-MANN (2010).

Damit wird aber einer wahren Ereigniswolke Tür und Tor geöffnet, die sich überhaupt nicht mehr mit der ursprünglichen Konkretheit des isolierten Kaufaktes verträgt. Immerhin gehören dadurch sämtliche Ereignisse, die nur irgendwie auf mögliche Zahlungen hin ausgerichtet und dahingehend beobachtet werden können, einschließlich nicht getätigter Zahlungen, zum operativen Geschäft des Wirtschaftssystems. Außerdem taucht die Frage auf, wie sich die Grenze des Wirtschaftssystems unter diesen Umständen noch klar und eindeutig ziehen lässt. Denn offenbar umfasst die Grenze des Wirtschaftssystems ein ungleich größeres Einzugsgebiet an Ereignissen als nur real getätigte Zahlungen. Dies gilt ebenso vor wie nach einer Zahlung und sogar ohne, dass diese zwingend erfolgen muss, so dass es sich nicht mehr um einen rein binär zu erfassenden Vorgang (Zahlen/Nicht-Zahlen) handeln kann. So schreibt LUHMANN (1993a:453) etwa: „Was ohne Bezug auf Geld abläuft, gehört dann nicht mehr zum Wirtschaftssystem – vom schweißtreibenden Umgraben des eigenen Gartens bis zum Tellerwaschen in der eigenen Küche, es sei denn, dass man dies tut, um Personalkosten oder Gerätekosten zu sparen." Denn genau dieses „es sei denn" eröffnet ungeahnte Möglichkeiten, je nachdem wie spitzfindig die Analyse sich darin erweist, dem jeweils „subjektiv gemeinten Sinn" (WEBER) desjenigen auf die Spur zu kommen, der irgendetwas und dabei letztlich (auch) ein ökonomisches Kalkül intentional verfolgt. In diesem Sinne soll hier von einem erweiterten Einzugsgebiet des Zahlungsvorgangs gesprochen werden (Abb. 3), das eine unbestimmt große Anzahl von Ereignissen umfasst, die sowohl vor wie nach einem realen Zahlungsvorgang mit in die wirtschaftssoziologisch spezifische Betrachtung eines Kaufaktes einbezogen gehören.

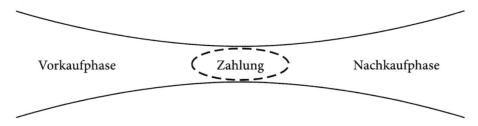

Abbildung 3 Das erweiterte Einzugsgebiet jedes Zahlungsvorgangs.

Damit aber weitet sich die Grenzziehung auf die Summe aller Ereignisse aus, soweit sie nur irgendwie auf Zahlungen bezogen werden können, womit der Wirtschaftssoziologie eine erhebliche Auslegungsarbeit abverlangt wird, wenn es um die Grenzziehung ihres Gegenstandsbereiches geht.[5] Dies gleicht übrigens dem Grenzziehungsaufwand im Falle der elementaren Operation „Entscheidung" bei Organisationssystemen, etwa wenn LUHMANN (2000a:68) schreibt: „Wenn eine

---

5 Und selbst dies stellt bislang ein ungelöstes Problem dar, bei dem lediglich klar ist, dass ein erheblicher interpretativer Aufwand betrieben werden muss, um diesen Sinnzusammenhang herzustellen.

Organisation entsteht, entsteht ein rekursiver Entscheidungsverbund. Alles, was überhaupt geschieht, geschieht als Kommunikation von Entscheidungen *oder im Hinblick darauf*" (Hervorhebung durch den Autor). Mithin sind auch Vor- und Nachbereitung einer Entscheidung als elementare Operationen des jeweilgen Organisationssystems zu werten, sofern die jeweilige Entscheidungsvor- oder -nachbereitung in Form einer Kommunikation beobachtbar ist. Und sehr ähnlich stellt sich die Situation im Falle der Politik dar, wenn LUHMANN (2000b:254) schreibt: „Als ‚Politik' kann man jede Kommunikation bezeichnen, die dazu dient, kollektiv bindende Entscheidungen durch Testen und Verdichten ihrer Konsenschancen vorzubereiten." Damit aber nähert man sich einer vergleichsweise weichen Form an, wie sie etwa bei der Grenzziehung des Erziehungssystems in Gebrauch ist, die allein durch die Zurechnung einer Absicht auf Erziehung zustande kommt (LUHMANN 2002, HELLMANN 2003:440ff., BAECKER 2006:81).

Trifft dies soweit zu, könnte man funktional äquivalent sagen: Die Grenzziehung kommt beim Wirtschaftssystem schon durch die Zurechnung einer Absicht auf den Erwerb einer Sach- oder Dienstleistung qua Zahlung zustande. Damit aber weicht das Kriterium der Grenzziehung von einer punktgenauen Definition, wie sie mit der Zahlung als *unit act* ursprünglich verbunden war, in Richtung einer solchen Ereigniswolke völlig auf, die nicht nur Zahlungen, sondern sämtliche Zahlungsabsichten, soweit sozial beobachtbar, mit einbeziehen, sowie alle Motivlagen, die sich auf mögliche, getätigte oder unterlassene Zahlungen zurechnen lassen. Welche Auswirkungen hat diese Ausweitung des Einzugsgebiets, das im Kern durch getätigte Zahlungen bestimmt wird, auf die wirtschaftssoziologische Relevanz von Konsum?

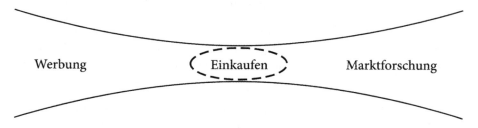

Abbildung 4   Werbung, Einkaufen, Marktforschung.

Greift man an dieser Stelle die Idee der Ereigniswolke auf und spricht davon, dass Konsum nur die Nachfrageseite innerhalb des Wirtschaftssystems markiert, die sich über Zahlungsvorgänge zwar am sichtbarsten, aber nicht allein dadurch am Wirtschaftssystem beteiligt, weil sämtliche Ereignisse, die vor und nach einem Kaufakt auftreten mögen, solange sie darauf bezogen werden können, ebenfalls eine wirtschaftssysteminterne Zugehörigkeit für die Konsumtionsseite aufweisen, erweitert sich das Feld erheblich. So gehören aus Sicht des je einzelnen Konsumenten sämtliche Vorgänge der Werbung und der Marktforschung dazu (Abb. 4).

Beim Einkaufen ist dies offensichtlich und wohl kaum begründungsbedürftig. Werbung zielt wiederum auf Vermarktung, also auf den Absatz/Abverkauf irgendwelcher Sach- oder Dienstleistungen zum Zwecke des Konsums. Damit gehört auch Werbung in den Gegenstandsbereich wirtschaftssoziologisch relevanter Konsumforschung. Und Marktforschung bemüht sich durchgängig darum, irgendwelche Märkte daraufhin zu erforschen, wie man irgendwelche Sach- oder Dienstleistungen so herstellt, gestaltet und vermarktet, dass wiederum die Absatz- und Abverkaufschancen möglichst maximal sind. Insofern dürfte auch Marktforschung eine unstrittige Kandidatin sein. Oder um nochmals das Bild des wandernden Konsumenten aufzugreifen: Mit der Werbung betritt der Konsument das Wirtschaftssystem, beim Einkaufen ist er mitten drin, und die Marktforschung begleitet ihn anschließend solange, bis er das System wieder verlässt.

Kehrt man nach dieser Überlegung zur Frage der Relevanz der Konsumforschung für die Wirtschaftssoziologie zurück, stellt sich die Frage der empirischen Beobachtbarkeit. So gehört in den Gegenstandsbereich der Wirtschaftssoziologie, systemtheoretisch gedacht, nur, was sich als wirtschaftliche Kommunikation beobachten lässt, also empirisch beobachtbares Mitteilungsverhalten, das auf Zahlungen bezogen ist, wobei genau dieses Beobachten (Verstehen) überhaupt erst Anhaltspunkt für eine real existierende Kommunikation darstellt.

In der internationalen Konsumforschung verhält es sich hingegen so, dass nicht nur auf derartige Ereignisse geachtet wird, vielmehr Befragungen und Beobachtungen durchgeführt werden, die auf bestimmte Vorstellungen, Erlebnisse, Gefühle zielen, die sich zwar auf Konsum beziehen, zumeist auch Konsumverhalten zum Gegenstand haben, ihrer Qualität nach aber psychologischer Herkunft, damit nicht direkt beobachtbar und schon gar nicht genuin sozialer Natur sind, sofern es den Operationsmodus betrifft (HOLBROOK/HIRSCHMAN 1982, CARÙ/COVA 2003, RATNESHWAR/MICK 2005). Freilich ist Kommunikation nach LUHMANN (1984:226) ebenfalls nicht als solche beobachtbar, sondern muss erst erschlossen werden. Direkte Beobachtbarkeit können nämlich nur Handlungen für sich beanspruchen. Insofern liegt ein strukturell verwandtes Erkenntnisproblem vor. Systemtheorie betont nur eben, dass die Soziologie sich auf rein Soziales zu konzentrieren hätte, weshalb das Psychologische nicht in ihren Gegenstandsbereich gehöre.

Ausgehend von der internationalen Konsumforschung erscheint es dennoch bedenkenswert, bei der Frage, welche wirtschaftssoziologische Relevanz der Konsumforschung zukomme, die Einheit der Unterscheidung von Kommunikation und Bewusstsein in die Betrachtung mit einzubeziehen. Zwar sind Gedanken von ganz anderer operativer Qualität, keine Frage. Aber geht man von LUHMANNs Unterscheidung zwischen Gedanke (Operation) und Vorstellung (Beobachtung) aus, dürfte unstrittig sein, dass nicht nur die Struktur von Vorstellungen häufig sprachlicher Art und damit per se sozial ist, sondern dass auch die jeweiligen Inhalte der meisten Vorstellungen sich auf Soziales beziehen oder zumindest auf die Komplexität der Gesellschaft beziehbar sind, durch Sozialisation und sachlich-soziale Bezugnahmen, bis in rein idiosynkratische Verzweigungen hinein.

Aus dieser Erwägung heraus empfiehlt es sich, von der ehernen Regel LUHMANNs, nur Kommunikation als Basiselement gelten zu lassen, Abstand zu nehmen und sich stattdessen an Émile DURKHEIM (1967) zu halten, der Soziales nur durch Soziales erklären wollte, dies aber nicht so eng gefasst hatte, dass psychische Vorgänge, wenn sie denn durch Befragung und Beobachtung zum Vorschein kommen, dafür gänzlich irrelevant seien. Und selbst wenn eine Arbeitsteilung der Disziplinen vollzogen werden müsste, um die internationale Konsumforschung wirtschaftssoziologisch relevant zu machen, scheint diese Inkonsequenz allemal verschmerzbar, sofern es der Wirtschaftssoziologie zusätzlichen Erkenntnisgewinn verspricht.

Nimmt man an diesem Punkt die Frage nach der Spezifik des Konsums im engeren Sinne nochmals auf, also danach, was am heutigen Konsum wirtschaftssoziologisch relevant ist, bietet es sich an, auf eine Formulierung von Adam SMITH zurückzugreifen: „Consumption is the sole end and purpose of all production; and the interest of the producer ought to be attended to, only so far as it may be necessary for promoting that of the consumer" (SMITH 1963:190f.). Denn darin wird Konsum als der Endzweck aller Produktion beschrieben, während der Produzent seine ganze Aufmerksamkeit auf die Konsumenten richten sollte. Offenbar sind Produktion und Konsumtion strikt miteinander gekoppelt. Die Produktion stellt Mittel bereit, die auf Zwecke der Konsumtion bezogen sind. Wobei Produktion und Konsumtion jeweils konstitutive Elemente des Wirtschaftssystems darstellen. Was bedeutet das für den Konsum im engeren Sinne?

Setzt man zunächst an der Rollendifferenzierung von Produzent und Konsument an, könnte man mit Niklas LUHMANN (1970a) von einer ersten Form der Ausdifferenzierung sprechen, wie er dies zuerst für das politische System getan hat. Freilich sind solche Rollensets komplementär angelegt und zumeist in bestimmte, sie umfassende Funktionssysteme eingebettet. Insofern sind nicht bloß Rollen-, sondern Systemdifferenzierung vorausgesetzt. Und dies gilt *mutatis mutandis* für die Binnendifferenzierung des Wirtschaftssystems, die LUHMANN – isomorph zum politischen System, wo er drei „Teilsysteme" für bürokratische Verwaltung, parteimäßige Politik und das Publikum verortete – aus den drei Subsystemen *Betriebe*, *Märkte* und *Haushalte* zusammensetzte (LUHMANN 1970b:220, 1988:164ff.).[6]

Bleibt man zunächst bei dieser Form der Binnendifferenzierung und unterstellt, dass die Dreiteilung in Betriebe, Märkte und Haushalte funktional äquivalent ist zu der von Produktion, Distribution und Konsumtion, stellt sich die Frage, wie sich das „Teilsystem der Haushalte" wirtschaftssystemintern eingrenzen lässt. Eine klare wirtschaftssysteminterne Grenzziehung zwischen System und Umwelt ist – wie auch beim übergeordneten Wirtschaftssystem – nicht gegeben. Beginnt das „Teilsystem der Haushalte", also ein spezielles Aggregat von Konsumenten zumeist familialer Provenienz, erst dort, wo ein Haushalt eine Zahlung (vulgo Kaufakt) tätigt, um eine bestimmte Sach- oder Dienstleistung zu erwerben? Und endet dieses System mit solchen Zahlungen auch? Dann könnte die Systemgrenze durch solche adressierbaren Zahlungsvorgänge eindeutig markiert werden.

---

6   Wobei hier gleich angemerkt werden muss, dass LUHMANN (1988:94) Märkte lediglich als wirtschaftssysteminterne Umwelten von Unternehmen begreift.

Doch wie bei der Grenzziehung des Wirtschaftssystems muss auch hier konzediert werden, dass die Grenze dieses „Teilsystems" durch eine vergleichbare Ereigniswolke substituiert werden dürfte, die nicht nur sämtliche Kaufakte, sondern auch Kaufabsichten sowie alle Motivlagen mit einbezieht, die sich auf mögliche wie unterlassene Käufe beziehen lassen. Überdies könnte überlegt werden, ob sich die Systemzugehörigkeit der entsprechenden Ereignisse nicht schon durch die Absicht ergibt, irgendeine Sach- oder Dienstleistung, mit der sich eine bestimmte Nutzenerwartung verbindet, zwecks Befriedigung eines bestimmten Bedürfnisses mittels Geld, zu einem bestimmten Preis zu erwerben.

Abstrakter ausgedrückt, hätte man es dann mit der Leitdifferenz Preis/Leistung zu tun: Für einen bestimmten Preis können funktional äquivalente Sach- oder Dienstleistungen erworben werden, für welchen Nutzen auch immer. Dies tangiert die Systemreproduktion nicht weiter: Die Schließung des Systems bleibt davon unberührt, auf welchen Gebrauchswert in der Umwelt des Wirtschaftssystems auch immer referiert werden mag (BAECKER 1988).[7] Und die Schließung dieses Teilsystems würde demzufolge durch Ingebrauchnahme dieser Leitdifferenz vollzogen werden, wobei die Seite des Preises aus Sicht des Wirtschaftssystems den Präferenzwert (Anschlussfähigkeit) darstellt, während die Seite der Leistung dem Reflexionswert entspricht: Was für eine Leistung kann ich für diesen Preis erwerben? Damit könnte eine Teilsystemgrenze markiert werden, die freilich mehr dem Prinzip des Funktionscodes als dem Prinzip der Elementaroperation entspricht.[8]

Indes bleibt die Frage, ob die Gesamtheit aller Haushalte überhaupt ein einziges und eigenständiges Subsystem des Wirtschaftssystems ausmacht. Worin bestünde deren Einheit? Immerhin dürfte sich deren Aktivitätsspektrum mitnichten in wirtschaftsnahen Vorgängen erschöpfen (STREISSLER 1974, ROSENKRANZ 1998). Dies betrifft insbesondere Aspekte der Eigenarbeit bzw. Prosumtion (HEINZE/OFFE 1990, TOFFLER 1997, FRIEBE/RAMGE 2008). Und kommt man an dieser Stelle nochmals auf das politische Publikum zurück, das eben ja als funktionales Äquivalent behandelt wurde, kann zumindest festgestellt werden, dass LUHMANN (2000b) dieses nicht als ein echtes Teilsystem betrachtete. Im Übrigen meinte LUHMANN ein Gleiches bezüglich des Konsums, der auch kein „Teilsystem" des Wirtschaftssystems sein könne, weil er zu weit streue.

„Im System der Geldwirtschaft kann die Binnendifferenzierung [...] über eine Repetition, Aggregation und Diversifikation von Zwecken eingeleitet werden – vorausgesetzt nur, dass

---

7   Wobei Dirk FISCHER (2005) aufzeigt, dass und weshalb gerade das strategische Management in Zeiten der Symbolökonomie auf die Kategorie des Nutzens durchaus proaktiv Bezug nehmen sollte. Die Systemreproduktion ist davon zwar nicht betroffen, aber die Reproduzierbarkeit, d. h. die Anschlussfähigkeit des Systems wird optimiert, wenn das Wirtschaftssystem selbst dafür sorgt, dass es genügend Nachfrage gibt (vgl. hierzu GALBRAITH 1968).
8   Doch bleibt die Frage, wie „hart" man „Leistung" definieren kann, um das Ausmaß der entsprechenden Ereigniswolke möglichst gering zu halten. Denn letztlich steht hinter dem Leistungs- der Nutzenbegriff, der sich – vergegenwärtigt man sich die Motivvielfalt der Konsumenten – überhaupt nicht mehr auf einen kleinsten Nenner bringen lässt, vgl. nur VERSHOFENs Unterscheidung zwischen Grund- und Zusatznutzen (VERSHOFEN 1959:86f.).

die Verfolgung der Zwecke etwas einbringt. Dies ist nur im Bereich der Produktion, nicht auch im Konsum der Fall. Entsprechend findet sich der Komplexitätszuwachs im Bereich der Produktionsbetriebe und den ihnen assoziierten Unternehmungen. Nur hier können sich im strengen Sinne Subsysteme bilden, während der Konsum, obwohl wirtschaftliche Aktivitäten, soweit er Geld kostet, über die gesamte Gesellschaft streut" (LUHMANN 1988:72f.).

Insofern käme auch Konsum, gerade weil er den Gegenstandsbereich des Wirtschaftssystems überschreitet, als „Teilsystem" nicht in Frage. Doch ist dies der Weisheit letzter Schluss?

Was die Gesamtheit der Haushalte angeht, bietet es sich an, auf die Gesamtheit der Betriebe zu schauen. Wieso gelingt es diesen, sich als eigenständiges Subsystem des Wirtschaftssystems zu etablieren? Worin besteht deren Systemgrenze? Ist es nicht vielmehr so, dass es sich um eine Vielzahl von Organisationen handelt, die zunächst überhaupt keinen gemeinsamen Fokus haben? Organisationen selbst sind zwar Sozialsysteme. Wie aber gelingt es einer schieren Ansammlung von Organisationen, bloß weil sie wirtschaftlich aktiv sind, ein Teilsystem zu bilden? Denkbar wäre etwa, dass man mit Harrison WHITE (1981) davon ausgeht, es handele sich um Netzwerke miteinander verbundener Unternehmen, die sich mit Blick auf einen gemeinsamen Markt wechselseitig dabei beobachten, wie sie Preise und Mengen bestimmter Sach- oder Dienstleistungen auf diesem Markt anbieten.[9] Dadurch würde die Chance bestehen, deren Verbundenheit über diesen gemeinsamen Marktbezug als Ansatzpunkt für eine Systemgrenze zu nehmen, etwa marktsegmentspezifisch/marktsegmentunspezifisch. Freilich hat LUHMANN (1988: 94, 1990) wiederum dafür plädiert, Märkte lediglich als wirtschaftssysteminterne Umwelten der Unternehmen zu sehen, was erneut die Frage nach einer möglichen Subsystemgrenze aufwirft.

Und bezüglich der Frage, ob Konsum ein Teilsystem sei, muss ferner berücksichtigt werden, dass die Forschung unter Konsum auch Vorstellungen und Tätigkeiten subsumiert, die mit dem Kaufen oder Nicht-Kaufen von Sach- oder Dienstleistungen nicht mehr viel zu tun haben. Preise und Zahlungen spielen für einen Großteil des Konsums keine relevante Rolle. In diesem Sinne findet Konsum nicht nur außerhalb des Wirtschaftssystems statt, womit es sich keinesfalls um ein ausschließlich dem Wirtschaftssystem zugehöriges Subsystem handeln kann.[10] Vielmehr geht diese Verbreitung sogar soweit, dass es scheint, als ob Konsum ubiquitär sei, überall, jederzeit und durch jedermann praktizierbar, womit Konsum im weiteren Sinne eine derart universale Verbreitung erfährt, wie wir dies von Moral kennen. Sollte dies tatsächlich zutreffen, müsste Konsum generell, wie LUHMANN (1993b) dies schon für Moral eingeschätzt hat, der Systemstatus genau dieser Ubiquität wegen bestritten werden.

---

9   Hier könnte man einerseits mit dem Begriff der „industry" aus der Bewegungsforschung operieren, andererseits mit dem Begriff der „organizational field" aus dem soziologischen Neoinstitutionalismus.
10 Vgl. hierzu SCHNEIDER (2000:14), jedoch ohne genauere Einbettung in einen umfassenderen Funktionssystemkontext: „Makrosoziologisch ist Konsumtion als sozialer Tatbestand mit rasch gewachsener Bedeutung zu betrachten und als gesellschaftliches Teilsystem in seiner Funktionsweise und in seiner gesellschaftlichen Bedeutung zu bestimmen."

Ausweitung der Konsumzone: ein Ausblick

Bislang ging es vornehmlich darum, jene Schnittmenge von Ereignissen näher einzugrenzen, die für Wirtschaftssoziologie wie Konsumforschung gleichermaßen von Bedeutung sind. Denn beide Disziplinen befassen sich mit weitaus mehr, als in der jeweils benachbarten Disziplin von Interesse ist. Die jeweiligen Gegenstandsbereiche sind nicht kongruent. Aus diesem Grunde wurde am Beispiel der Systemtheorie und ihrem Konzept von Wirtschaft versucht, diese Schnittmenge genauer einzugrenzen.[11]

Wendet man sich vor diesem Hintergrund der Frage zu, wie es sich mit der Konsumforschung im Allgemeinen und der Konsumsoziologie im Speziellen verhält, soweit es um Ereignisse geht, die sich außerhalb des Gegenstandsbereichs der Wirtschaftssoziologie befinden, hat man es vorrangig mit Praktiken der tatsächlichen oder vorgestellten Ingebrauchnahme der jeweiligen Sach- oder Dienstleistungen zu tun (Abb. 5).

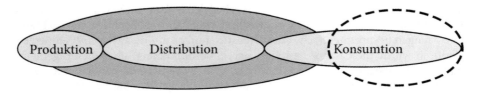

Abbildung 5 Konsumtion außerhalb des Gegenstandsbereichs der Wirtschaftssoziologie.

Zwei Entwicklungen sind in diesem Zusammenhang von besonderem Interesse. Zum einen geht es um den Sachverhalt, dass sich der moderne Konsum, verglichen mit vormodernen Konsumepochen, durch eine ausgeprägte Simulationsfähigkeit auszeichnet. Das rein psychische Imaginieren von Konsum besitzt einen enorm hohen Stellenwert.[12] „The language of imagery is also the language of the dream world of the consumer" (WILLIAMS 1982:82). Im Übrigen reicht dieser Befund bis in die 1950er Jahre zurück (BIERFELDER 1959).

---

11 Dabei fiel die Wahl auf die Systemtheorie, weil sie in der Frage der Eingrenzung ihres Gegenstandsbereichs relativ konkrete Bedingungen setzt. Doch dürfte dieses Vorgehen auch für sämtliche anderen Theorieoptionen gelten, sofern sie über eine eigenständige Wirtschaftssoziologie verfügen. Anhand der Systemtheorie sollte hier nur ein Exempel statuiert werden. Im Falle von Handlungstheorien ginge es etwa um die Frage, anhand welcher Kriterien man die Zugehörigkeit gewisser Handlungen zur entsprechenden Ereigniswolke erkennt, von der zuvor die Rede war, und bei Rational-Choice-Ansätzen würde – *mutatis mutandis* – die Charakteristik entsprechender Entscheidungen auf dem Prüfstand stehen.

12 Vgl. HIRSCHMAN/HOLBROOK (1982), HOLBROOK/HIRSCHMAN (1982), SCITOVSKY (1989), EWEN/EWEN (1992), BELK/COSTA (1998), SCHAU (2000), BECK (2003), BELK et al. (2003), ULLRICH (2006), PRISCHING (2006), LUTTER (2010, 2012). Speziell HOLBROOK/HIRSCHMAN (1982:132): „Consumption has begun to be seen as involving a steady flow of fantasies, feelings, and fun encompassed by what we call the ‚experiential view'."

Bezüglich der Unternehmen hat vor allem die Motivforschung, insbesondere Ernest DICHTER, den entscheidenden Anstoß gegeben, hat sie doch aufgedeckt, wie vielfältig die Kauf- und Konsummotive sein können (GRIES/SCHWARZKOPF 2007, SCHWARZKOPF/GRIES 2010). Für die Konsumsoziologie ist demgegenüber das Buch *The romantic ethic and the spirit of modern consumerism* von Colin CAMPBELL (1987) sehr wichtig geworden, weil es die Relevanz des Tagträumens für den modernen Konsum aufzeigt.

So heißt es bei CAMPBELL (1987:89) unter anderem: „The essential activity of consumption is thus not the actual selection, purchase or use of products, but the imaginative pleasure-seeking to which the product image lends itself, ‚real' consumption being largely a resultant of this ‚mentalistic' hedonism." CAMPBELL (1987:77) bezeichnet diese Form hedonistischen Konsums auch als „day-dreaming", weil der moderne Konsument – von der Werbung gewiss angeregt, aber keineswegs allein durch sie veranlasst[13] – mit dem fortwährenden Erträumen alternativer Lebensentwürfe im Kleinen wie im Großen befasst ist (ULLRICH 2006, SCHRAGE 2009). „The visible practice of consumption is thus no more than a small part of a complex pattern of hedonistic behaviour, the majority of which occurs in the imagination of the consumer" (CAMPBELL 1987:89).

So hat Mark LUTTER (2010:192ff.) aufgezeigt, dass und inwiefern diese Simulationsfähigkeit etwa für das Lottospielen hoch bedeutsam ist. Wobei das Moment des Imaginären in der internationalen Konsumforschung inzwischen sogar bevorzugt untersucht wird. Deshalb hat man es im Einzugsgebiet der Konsumforschung auch gleich mit mehreren Disziplinen zu tun, nicht mehr nur der Ökonomie, sondern auch mit Ethnologie, Psychologie und Soziologie, die sich für diese Seite des Konsums besonders aufmerksam zeigen (LUTTER 2012).

Zum anderen kann im Sinne von Franz F. WURM (1974) tatsächlich von einer Ausweitung der Konsumzone gesprochen werden (BLÜMELHUBER 2011). Denn inzwischen wird verstärkt davon ausgegangen, dass Konsum nicht bloß wirtschaftsbezogen von Belang ist, sondern auch bezüglich Erziehung, Intimität, Kunst, Massenmedien, Medizin, Politik, Religion, Sport oder Wissenschaft (HELLMANN 2011:212). „Patients, parents, pupils and passengers have all been reimagined as ‚customers'" (DU GAY 1996:77). Und ein Jahr zuvor konnte man sogar lesen: „Wir bewegen uns auf eine Gesellschaft zu, in der es als normal gilt, daß alle Leistungen marketingmäßig evaluiert werden und somit der Konsumaspekt auch die entlegensten Winkel des menschlichen Lebens durchdringt" (BOLZ/BOSSHART 1995:110). Offenbar wird dem Konsum universale Relevanz zugetraut.

---

13 Vgl. MILLER (1987:190f.): „Commerce obviously attempts to pre-empt this process through practices such as advertising which most often relate to objects in terms of general lifestyle, but this does not mean that advertising creates the demand that goods should be subsumed in this way, and these images should not be confused with an actual process performed as a significant cultural practice by people in society." Ferner BELK et al. (2000:99): „Advertising, packaging, display, media representations, conversations, and the sight of certain others possessing an object help to fuel these fantasies, but desire exist only within the person or group who participates in creating, nurturing, and pursuing these illusions."

In diesem Zusammenhang wäre übrigens zu überlegen, ob Konsum nicht eine Eigenschaft zugesprochen werden kann, wie man sie vom Geld kennt, nämlich als universales Medium zu fungieren (HELLMANN 2011:228ff.). Mit Medium ist hier gemeint, dass Konsum die Fähigkeit hat, soziale Ungleichheiten zu vermitteln. Selbst gänzlich formlos, lässt sich doch jede Form des Konsums – unter Rückgriff auf das geradezu unerschöpfliche Reservoir des grundsätzlich Konsumierbaren, deshalb Medium – strategisch so einsetzen, dass dadurch feinste soziale Unterschiede signalisiert und kommuniziert werden können. Insofern bietet sich Konsum als ein universales Distinktionsmedium an, das qualitativ Inkommensurables auf einen bestimmten Code herunterbricht – zwar nicht von der Perfektion der Preisbildung, die eine exakte Differenzierung bis auf die zweite Stelle hinter dem Komma erlaubt (was auch immer dies über reale Produktqualitätsunterschiede aussagen mag), aber doch annäherungsweise, soweit es den geübten Beobachter betrifft. Wir kennen dieses Phänomen ja schon länger von der Mode (SIMMEL 1911, SCHNIERER 1995). Dabei kann inzwischen nicht nur vermutet werden, dass nahezu alles für den Konsum herangezogen, sondern überdies auch zum Zwecke der Distinktion instrumentalisiert wird. In diesem Sinne soll hier von Konsum als Medium gesprochen werden.

Zusammenfassend ist festzuhalten, dass sich bei Zugrundelegung der Unterscheidung Konsum im engeren Sinne (Kaufakte) bzw. Konsum im weiteren Sinne (Verbrauchsakte) eine vorrangige Zuständigkeit der Wirtschaftssoziologie für den Konsum im engeren Sinne ergibt. Gleichwohl ist es schwierig, exakt anzugeben, an welchem Punkt dieses Kontinuums, um das es sich bei dieser Unterscheidung faktisch handelt, diese Zuständigkeit endet. Denn je nachdem, was man noch als zahlungsrelevant in die wirtschaftssoziologische Betrachtung mit einbezieht, kommen dadurch auch Verhaltensweisen und Motivlagen in den Blick, die längst dem Konsum im weiteren Sinne zugehören. Von daher setzt die Frage, was an der Konsumforschung wirtschaftssoziologisch relevant ist, wiederum eine Klärung der Frage voraus, wie die Wirtschaftssoziologie selbst ihren Gegenstand definiert.

Bibliographie

BAECKER, D. (1988): Information und Risiko in der Marktwirtschaft. Frankfurt a. M.
BAECKER, D. (2006): Wirtschaftssoziologie. Bielefeld.
BECK, R. (2003): Luxus oder Decenies? Zur Konsumgeschichte der Frühneuzeit als Beginn der Moderne. In: REITH, R./MEYER, T. (Hrsg.): Luxus und Konsum – eine historische Annäherung. Münster u. a., 29–46.
BECKERT, J./DEUTSCHMANN, C. (2010) (Hrsg.): Wirtschaftssoziologie. Sonderband 49. Wiesbaden.
BECKERT, J./ZAFIROVSKI, M. (2005) (Hrsg.): International encyclopedia of economic sociology. London.
BELK, R. W./COSTA, J. A. (1998): The mountain man myth. A contemporary consuming fantasy. In: Journal of Consumer Research 25, 3, 218–240.
BELK, R. W./GER, G./ASKEGAARD, S. (2000): The missing streetcar named desire. In: RATNESHWAR, S./MICK, D. G./HUFFMAN, C. (Hrsg.): The why of consumption. Contemporary perspectives on consumer motives, goals, and desires. London/New York, 98–119.

BELK, R. W./GER, G./ASKEGAARD, S. (2003): The fire of desire. A multisited inquiry into consumer passion. In: Journal of Consumer Research 30, 3, 326–351.
BIERFELDER, W. H. (1959): Der Mensch als Verbraucher. Ergebnisse und Bestätigungen der Verbrauchsforschung zum Verständnis des Menschen. In: Soziale Welt 10, 3, 195–202.
BLÜMELHUBER, C. (2011): Ausweitung der Konsumzone. Wie Marketing unser Leben bestimmt. Frankfurt/New York.
BOLZ, N./BOSSHART, D. (1995): KULT-Marketing. Die neuen Götter des Marktes. Düsseldorf.
CAMPBELL, C. (1987): The Romantic Ethic and the Spirit of Modern Consumerism. London/New York.
CARÙ, A./COVA, B. (2003): Revisiting consumption experience. A more humble but complete view of the concept. In: Marketing Theory 3, 2, 267–286.
DU GAY, P. (1996): Consumption and identity at work. London u. a.
DURKHEIM, É. (1967): Individuelle und kollektive Vorstellungen. In: DURKHEIM, É.: Soziologie und Philosophie. Frankfurt a. M.
EWEN, S./EWEN, E. (1992): Channels of desire. Mass images and the shaping of american consciousness. Minneapolis/London.
FISCHER, D. (2005): Strategisches Management in der Symbolökonomie. Marburg.
FRIEBE, H./RAMGE, T. (2008): Marke Eigenbau. Der Aufstand der Massen gegen die Massenproduktion. Frankfurt/New York.
GALBRAITH, J. K. (1968): Gesellschaft im Überfluß. München/Zürich.
GÖBEL, A. (1995): Paradigmatische Erschöpfung. Wissenssoziologische Bemerkungen zum Fall Carl Schmitts. In: GÖBEL, A./VAN LAAK, D./VILLINGER, I. (Hrsg.): Metamorphosen des Politischen. Grundfragen politischer Einheitsbildung seit den 20er Jahren. Berlin, 267–286.
GRIES, R./SCHWARZKOPF, S. (2007) (Hrsg.): Ernest Dichter – Doyen der Verführer. Zum 100. Geburtstag des Vaters der Motivforschung. Wien.
GUILLÉN, M. F./COLLINS, R./ENGLAND, P./MEYER, M. (2002) (Hrsg.): The new economy sociology. Developments in an emerging field. New York.
HEINZE, R. G./OFFE, C. (1990): Formen der Eigenarbeit. Theorie, Empirie, Vorschläge. Opladen.
HELLMANN, K.-U. (2003): Soziologie der Marke. Frankfurt a. M.
HELLMANN, K.-U. (2010): Konsum, Konsument, Konsumgesellschaft. Die akademische Konsumforschung im Überblick. In: BECKERT. J./DEUTSCHMANN, C. (Hrsg.): Wirtschaftssoziologie. Kölner Zeitschrift für Soziologie und Sozialpsychologie Sonderband 49. Wiesbaden, 386–408.
HELLMANN, K.-U. (2011): Fetische des Konsums. Studien zur Soziologie der Marke. Frankfurt a. M.
HIRSCHMAN, E. C./HOLBROOK, M. B. (1982): Hedonic consumption: emerging concepts, methods and propositions. In: Journal of Marketing 46, 3, 92–101.
HOLBROOK, M. B./HIRSCHMAN, E. C. (1982): The experiential aspects of consumption: consumer fantasies, feelings, and fun. In: Journal of Consumer Research 9, 2, 132–140.
LUHMANN, N. (1970a): Soziologie des politischen Systems. In: LUHMANN, N.: Soziologische Aufklärung 1. Aufsätze zur Theorie sozialer Systeme. Opladen, 154–177.
LUHMANN, N. (1970b): Wirtschaft als soziales System. In: LUHMANN, N.: Soziologische Aufklärung 1. Aufsätze zur Theorie sozialer Systeme. Opladen, 204–231.
LUHMANN, N. (1984): Soziale Systeme. Grundriss einer allgemeinen Theorie. Frankfurt a. M.
LUHMANN, N. (1988): Die Wirtschaft der Gesellschaft. Frankfurt a. M.
LUHMANN, N. (1990): Gesellschaftliche Komplexität und öffentliche Meinung. In: LUHMANN, N.: Soziologische Aufklärung 5. Konstruktivistische Perspektiven. Opladen, 170–182.
LUHMANN, N. (1993a): Das Recht der Gesellschaft. Frankfurt a. M.
LUHMANN, N. (1993b): Ethik als Reflexionstheorie der Moral. In: LUHMANN, N.: Gesellschaftsstruktur und Semantik. Studien zur Wissenssoziologie der modernen Gesellschaft 3. Frankfurt a. M., 358–447.
LUHMANN, N. (2000a): Organisation und Entscheidung. Opladen.
LUHMANN, N. (2000b): Die Politik der Gesellschaft. Frankfurt a. M.

LUHMANN, N. (2002): Das Erziehungssystem der Gesellschaft. Frankfurt a. M.
LUTTER, M. (2010): Märkte für Träume. Die Soziologie des Lottospiels. Frankfurt/New York.
LUTTER, M. (2012): Tagträume und Konsum: Die imaginative Qualität von Gütern am Beispiel der Nachfrage für Lotterien. In: Soziale Welt 63, 3, 233–251.
MAURER, A. (2008) (Hrsg.): Handbuch der Wirtschaftssoziologie. Wiesbaden.
MILLER, D. (1987): Material culture and mass consumption. Cambridge.
ØSTERGAARD, P./JANTZEN, C. (2000): Shifting perspectives in consumer research: from buyer behaviour to consumption studies. In: BECKMANN, S. C./ELLIOTT, R. H. (Hrsg.): Interpretative consumer research. Paradigms, methodologies and applications. Copenhagen, 9–23.
PRISCHING, M. (2006): Die zweidimensionale Gesellschaft. Ein Essay zur neokonsumistischen Geisteshaltung. Wiesbaden.
RATNESHWAR, S./MICK, D. G. (2005) (Hrsg.): Inside consumption. Consumer motives, goals, and desires. London/New York.
ROSA, H. (2011): Über die Verwechslung von Kauf und Konsum. Paradoxien der spätmodernen Konsumkultur. In: HEIDBRINK., L./SCHMID, I./AHAUS, B. (Hrsg.): Die Verantwortung des Konsumenten. Über das Verhältnis von Markt, Moral und Konsum. Frankfurt a. M.
ROSENKRANZ, D. (1998): Konsummuster privater Lebensformen. Analysen zum Verhältnis von familiendemographischem Wandel und privater Nachfrage. Wiesbaden.
SCHAU, H. J. (2000): Consumer imagination, identity and self-expression. In: Advances in Consumer Research 27, 1, 50–56.
SCHERHORN, G. (1959): Bedürfnis und Bedarf. Sozioökonomische Grundbegriffe im Lichte der neueren Anthropologie. Berlin.
SCHNEIDER, N. (2000): Konsum und Gesellschaft. In: ROSENKRANZ, D./SCHNEIDER, N. F. (Hrsg.): Konsum. Soziologische, ökonomische und psychologische Perspektiven. Opladen, 9–22.
SCHNIERER, T. (1995): Modewandel und Gesellschaft. Die Dynamik von ‚in' und ‚out'. Opladen.
SCHRAGE, D. (2009): Die Verfügbarkeit der Dinge. Eine historische Soziologie des Konsums. Frankfurt/New York.
SCHWARZKOPF, S./GRIES, R. (2010) (Hrsg.): Ernest Dichter and motivation research: new perspectives on the making of post-war consumer culture. London.
SCITOVSKY, T. (1989): Psychologie des Wohlstands. Die Bedürfnisse des Menschen und der Bedarf des Verbrauchers. Frankfurt/New York.
SIMMEL, G. (1911): Die Mode. In: SIMMEL, G.: Philosophische Kultur. Leipzig, 29–64.
SMELSER, N. J./SWEDBERG, R. (2005) (Hrsg.): The handbook of economic sociology. Princeton/Oxford.
SMITH, A. (1963): An inquiry into the nature and causes of the wealth of nations. Homewood.
STREISSLER, E. (1994): Konsumtheorien. In: TIETZ, B. (Hrsg.): Handwörterbuch der Absatzwirtschaft. Stuttgart, 1086–1104.
STREISSLER, M. (1974): Theorie des Haushalts. Stuttgart.
STREISSLER, E./STREISSLER, M. (1966): Einleitung. In: STREISSLER, E./STREISSLER, M. (Hrsg.): Konsum und Nachfrage. Köln/Berlin, 13–149.
TOFFLER, A. (1997): Die Dritte Welle. München.
ULLRICH, W. (2006): Habenwollen. Wie funktioniert die Konsumkultur? Frankfurt a. M.
VERSHOFEN, W. (1959): Die Marktentnahme als Kernstück der Wirtschaftsforschung. Neuausgabe des ersten Bandes des Handbuchs der Verbrauchsforschung. Berlin/Köln.
WHITE, H. C. (1981): Where do markets come from? In: American Journal of Sociology 87, 3, 517–547.
WILLIAMS, R. H. (1982): Dream worlds. Mass consumption in late nineteenth-century France. Berkeley u. a.
WURM, F. F. (1974): Wirtschaft und Gesellschaft heute. Fakten und Tendenzen. Opladen.

Gutes Einverleiben

Slow Food als Beispiel für ethisch-verantwortlichen Konsum

Julia Rösch

Essen im grünen Bereich

Ob in der Kantine oder aus dem eigenen Kühlschrank: Wir essen zunehmend im grünen Bereich. Nach Aussagen des Bundes Ökologische Landwirtschaft (BOELW o. J.), der sich auf eine Emnid-Umfrage beruft, kaufen rund drei Viertel der Deutschen häufig oder gelegentlich Bio-Lebensmittel. Allerdings lag der Anteil der Bio-Lebensmittel am gesamten Lebensmittelmarkt 2011 noch bei lediglich 3,7 Prozent. Das gefühlte „Ergrünen" unserer Nahrung lässt sich also nur schwerlich quantitativ fassen, findet aber nichtsdestoweniger statt. Lebensmittelskandale um Dioxine in Hühnereiern, Antibiotika in Schweinefleisch und Geflügel, oder EHEC-Verdacht bei Obst und Gemüse schreckten die Konsumenten auf.

Die jüngste Aufmerksamkeit und die breite öffentliche Diskussion um das Thema Ernährung verdeutlichen diesen Trend. Nachdem einige Jahre Bionade das Erkennungszeichen der LOHAS[1] war, konnten Young Urban Professionals in Berlin sich im letzten Sommer am Kreuzberger Moritz-Platz als Guerilla-Gardener mitten in der Stadt naturverbunden fühlen – und nach Feierabend ihren „Chairy-Tea" oder ihre „Lemon-Aid" genießen. Bio, öko, grün ist schick und gehört zum Lifestyle einer gesellschaftlichen Gruppe, die sich häufig, aber nicht ausschließlich, zusammensetzt aus Großstadtbewohnern zwischen 20 und 40 Jahren. Bei den Öko-Pionieren, die mit Idealismus seit Jahrzehnten am Stadtrand Gemüse ziehen, löst diese Entwicklung Kopfschütteln aus.

Diese Beobachtungen stoßen Überlegungen zu gesellschaftlichen Veränderungen an, die mit einer Neubestimmung individueller Konsumpräferenzen einhergehen. Die Slow Food-Bewegung dient dabei als Beispiel, Inspiration und Untersuchungsgegenstand für die Frage nach dem Entstehen eines Marktes für Güter des ethisch-verantwortlichen Konsums. Darunter verstehe ich eine Form

---

1 LOHAS steht als Akronym für „Lifestyle of health and sustainability", ein Schlagwort zur (Selbst-)Bezeichnung einer Konsumentengruppe, denen gesundheitsbewusstes Verhalten in Verbindung mit dem Nachhaltigkeitsaspekt ihres Verbrauches überdurchschnittlich wichtig ist.

des Konsumierens, die die Konsequenzen des eigenen Konsumverhaltens in besonderer Weise bedenkt und dementsprechend handelt. In seiner Studie „Leben als Konsum" hat Zygmunt BAUMAN (2009:121) die Verantwortungslosigkeit gegenüber Dritten als Kennzeichen des *Konsumismus* in einer Gesellschaft identifiziert. Der Begriff der Verantwortung erfährt nach BAUMAN gerade eine Bedeutungsverlagerung. War er zuvor im Bereich der Entscheidungen in Bezug auf sich selbst *und* Andere angesiedelt, so verengt er sich zunehmend auf die Wahrung eigener Interessen. „‚Verantwortung' bedeutet jetzt vor allem *Verantwortung gegenüber sich selbst* [...] und ‚verantwortliche Entscheidungen' sind vor allem jene Schritte, die den Eigeninteressen dienen und die Wünsche des Selbst befriedigen" (ebd.). Dieser Einstellung steht ethisch-verantwortlicher Konsum entgegen. Mit den Adjektiven *gut, sauber und fair* beschreibt die Slow-Food-Bewegung, wie Lebensmittel beschaffen sein sollen: Qualitativ gut, sauber, im Sinne von nachhaltig hergestellt, und fair im Umgang mit allen, die daran mitgewirkt haben. Dies schließt ein Eigeninteresse nicht aus – sondern bezieht es bei der Forderung nach guter Qualität ausdrücklich mit ein. Der Eigennutz wird aber nicht absolut gesetzt, sondern übernimmt im nach BAUMAN überholten Sinn auch Verantwortung für Andere.

Dieser Artikel bietet einen Überblick über interdisziplinäre Ansätze, aus denen heraus eine theoretische Konzeption entwickelt und im zweiten Schritt mit empirischen Befunden ergänzt wird. Beginnen werde ich bei „dem Konsum" selbst, den Wissenschaftler verschiedenster Disziplinen seit einem Jahrhundert zu ergründen suchen – und sich dabei zwischen Analyse und Kulturkritik bewegen. Zum besseren Verständnis des Phänomens Konsum kann die Neue Kulturgeographie mit ihrer Fokussierung auf die „Gemachtheit" der sozialen Wirklichkeit einen Beitrag leisten: Zunächst möchte ich bezugnehmend auf Peter JACKSON (1999) meine Forschungsperspektive darlegen, die sich anhand der Konzepte Ent-fernung, Ein*verleib*ung und Echtheitsgenerierung mit dem Verhältnis von Sozialem und Materiellem in der Alltagswelt der Lebensmittel befasst. Konsumenten und Produzenten begegnen sich auf dem „Markt" für Nahrungsmittel. Dieser „Markt" als zentraler Begriff wird, sich vom neoklassischen Marktverständnis abkehrend, neu bedacht hinsichtlich seiner stetigen Neukonstituierung durch beteiligte Subjekte und Objekte, wobei die sozialen Aspekte wieder stärker in den denotativen Kern des Marktbegriffes rücken. „Markt" meint wieder mehr den „Marktplatz" als Ort des Austauschs von mehr als Waren gegen Geld. Eine phänomenologisch ausgerichtete Auseinandersetzung mit leiblich-materiellen Erfahrungen und deren Wechselbeziehungen bei der Ausbildung von ethischen Positionen schließt die theoretischen Überlegungen ab. Das daraus abgeleitete Forschungsdesign wird anhand von empirischen Funden exemplarisch dargelegt und unter Rückbezug auf Ideen und Ziele der Slow Food-Bewegung erläutert.

Konsum und Konsumforschung

Die wissenschaftliche Auseinandersetzung mit Konsum regt offenbar dazu an, eine normative Position zum Gegenstand zu beziehen. Hans Peter HAHN (2008) dokumentiert diese Tendenz, beginnend bei Theodor W. ADORNO und Max HORKHEIMER: Der Aufstieg des Konsums sei, der klassischen Konsumkritik zufolge, eine „Verfallsgeschichte der Kultur" (HAHN 2008:22). Kritik kommt aus dem linken wie dem konservativen Lager, vom Betrug durch die Werbung, vom Verlust der Wertschätzung eines leichtfertig erworbenen und verbrauchten Gutes, von Verschwendung und von Umweltschäden ist die Rede. Auch SCHRAGE (2009: 7) stellt die „schwer durchzuhaltende Trennung von Analyse und Wertung" durch die Wissenschaftler fest und fasst die Argumente der Konsumkritiker zusammen:

> „So brandmarken ihn [den Konsum, J. R.] kritische Stimmen als Ausdruck des sozialen Konformismus, als Gefährdung der Kultur, als rücksichtslose Verschwendung gesellschaftlicher und ökologischer Ressourcen oder als Bühne einer erbarmungslosen Zurschaustellung sozialer Unterschiede, oder sie heben die Verführung von Konsumenten durch die Werbung hervor" (ebd.).

Befürworter des Konsums weisen auf den Einfluss der Verbraucher hin, die mit ihren Konsumentscheidungen bestimmen könnten, was und wie produziert wird. Außerdem ist erst im Zeitalter des Massenkonsums ein so hoher Lebensstandard erreicht worden, gemessen am hohen Versorgungsgrad mit vormaligen Luxusgütern wie Autos, Kühlschränken etc. Konsum sei nicht nur die Versorgung mit Lebensnotwendigem, sondern biete auch Möglichkeiten zu einer zeitgemäßen Identitätsbildung, so SCHRAGE (2009:7) weiter.

Die Mahnungen der Konsumkritiker sind nicht nur wegen der Vorzüge, die die Konsumenten in der postmodernen Zeit genießen, praktisch ohne Auswirkungen verhallt. HAHN erklärt die Wirkungslosigkeit der wissenschaftlichen Studien damit, dass die Schreibtische der Konsumkritiker zu weit weg von der alltäglichen Konsumpraxis stehen. Er kritisiert ihr Vorgehen, verkürzende Beschreibungen mit normativen Urteilen zu verbinden und wirft ihnen vor, den Konsum selbst nicht ernst zu nehmen. Solange sie so vorgehen, könnten ihre Einwände gegen die herrschende Praxis keine Relevanz beanspruchen (HAHN 2008:24).

Die in die Studien eingeflossenen Wertungen verstellen jedoch nicht vollständig den Blick auf die Analyse. BAUMAN (2009:38) unterscheidet beispielsweise den Konsum als archetypischen Prozess, der die Menschen mit lebensnotwendigen Dingen versorgt, von einer Lebensweise des Konsumismus. Damit bezeichnet er Umstände, in denen der Konsum für die meisten Menschen eine herausragende Wichtigkeit in ihrem Leben einnimmt. Dies geht soweit, dass sie Konsum als eigentlichen Daseinszweck ansehen, dass das Begehren und Wünschen Grundlage des menschlichen Zusammenlebens wird. „Im Gegensatz zum *Konsum*, der in erster Linie ein Merkmal und eine Beschäftigung von einzelnen Menschen ist, ist *Konsumismus* ein Attribut der *Gesellschaft*" (BAUMAN 2009:41). Diese neue Gesellschaftsform unterscheide sich, so BAUMAN, von der Gesellschaft der Produzenten als ihrem Vorläufer, die von dem Streben nach Sicherheit, Beständigkeit und Langlebigkeit der Dinge gekennzeichnet war.

Zur Charakterisierung dieser unterschiedlichen Einstellungen lassen sich zwei Idealtypen des Umgangs mit Lebensmitteln heranziehen: In der Gesellschaft der Produzenten ist es die „Hausfrau", die im Sommer und Herbst Vorräte für den Winter anlegt. Sie kocht selbst Marmelade, sammelt Beeren, kocht Gemüse ein und lagert Kartoffeln und Äpfel. Ihre Vorräte versorgen die Familie im Winter und dienen als Sicherheit und Reserve gegen Teuerung und Knappheit in „schlechten Zeiten". Der Konsum wird aufgespart, verzögert. In der Gesellschaft der Konsumenten spielt diese Praktik hingegen kaum mehr eine Rolle. Fast alle Lebensmittel sind ganzjährig im Supermarkt verfügbar, bei nahezu konstanten Preisen. Die große Auswahl – größer, als sie bei Selbstherstellung sein kann – macht eine Bevorratung überflüssig. Die idealtypische Praktik ist nun die spontane, schnelle Versorgung mit verzehrfertig zubereiteter Nahrung, gerne auch als Fast Food im Straßenverkauf, das ebenfalls in großer Auswahl angeboten wird.

Ist das Bemühen der Slow Food-Bewegung, traditionelle und „langsame" Techniken der Lebensmittelzubereitung oder Konservierung zu erhalten, demnach eine rückwärtsgewandte Initiative hin zur Gesellschaft der Produzenten? Das Anliegen von Slow Food beinhaltet die Wertschätzung der Arbeit der Produzenten – aber es geht der Bewegung nicht um Nostalgie, gar um die Rückkehr in „alte Zeiten" im Sinne einer Musealisierung von Dingen und Praktiken, sondern um den Erhalt der Vielfalt, auch in Kombination mit „modernen" Methoden. Die Unterscheidung zwischen den Gesellschaftstypen ist folglich nicht fortschrittsparadigmatisch aufzufassen; ein Nebeneinander des Konsums und der Eigenproduktion ist möglich. Damit kann sich der Konsument nicht darauf berufen, von den gesellschaftlichen Rahmenbedingungen zu sehr geprägt zu sein: Die individuelle Konsumentscheidung lässt sich nicht allein mit dem übermächtigen Einfluss der Umgebung, des Angebots und aktueller Trends erklären.

Neben den unterschiedlichen normativen Positionen zum Konsum sind gleichermaßen unterschiedliche Begriffe von Konsum im wissenschaftlichen Diskurs beobachtbar. Je nach Fragestellung wird Konsum enger oder weiter gefasst, begrifflich beleuchtet oder als gegeben gesetzt, um ihn lediglich als Indikator zur Erhebung von sozialen Milieus zu verwenden. Nach Aussage von SCHRAGE (2009:12) reichen die Perspektiven, zu denen bislang mehrheitlich geforscht wurde, nicht aus:

„Die Rolle des Konsums in der modernen Gesellschaft lässt sich also weder auf den wirtschaftlichen Aspekt faktisch getätigter Zahlungsvorgänge beschränken noch dadurch vollständig erfassen, dass man die Verbrauchsakte als Indikatoren für Lebensstile oder die soziale Prestigeordnung interpretiert".

In einer begrifflichen Heuristik zur näheren Bestimmung seines Konsumbegriffs unterscheidet er zunächst zwischen Verbrauch – als Abnutzung und Verzehr von Gütern und Dienstleistungen – auf der einen Seite und Konsum – als Gegenbegriff zu Produktion – auf der anderen Seite. „Die Spannung beider Konzepte markiert [...] das Auseinandertreten der gesellschaftlichen Sphären des Herstellens und Verbrauchens, das mit der Etablierung der modernen Wirtschaft strukturbildend wurde" (SCHRAGE 2009:16f). Dabei werden mehr Güter grundsätzlich durch Kauf verfügbar, was die Konsumenten vor die dauerhafte Herausforderung stellt, „sich ihrer Bedürfnisse in Auseinandersetzung mit den Verführungen des Warenangebots zu vergewissern" (ebd.).

Einen universellen Konsumbegriff setzt HELLMANN (2009) an, der auf die Durchdringung der Welt durch Konsum hinweist. Er macht deutlich, dass es nicht um den Kaufakt im Sinne des Besitzübergangs allein geht, sondern um Prädispositionen und Planungen, um Gebrauchen und Zeigen, um Weiterverwenden und Weggeben, um emotionale Erlebnisse und identifikatorische Bezüge. Kurz: Konsum ist „tendenziell alles, was vor, während und nach der Planung und Tätigung des Erwerbs von Sach- oder Dienstleistungen geschieht" (HELLMANN 2009:288). Dieser zweite Konsumbegriff erzeugt jedoch das Problem, kaum mehr abgrenzbar zu sein, bietet aber gleichzeitig auch die Chance, Aspekte in den Blick zu nehmen, die bei einer starren Kaufaktfixierung unberücksichtigt blieben.

Konzeptionelle Überlegungen

Der theoretische Rahmen zur Untersuchung von Slow Food als Gegenentwurf zu schnelllebigem, standardisiertem Massenkonsum wird im Folgenden zunächst durch die Schlagworte Ent-fernung, Einver*leib*ung und Echtheitsgenerierung aufgespannt. Inspiriert von den hauptsächlich im angloamerikanischen Kontext etablierten *food geographies* untersuche ich die Beziehungen der Konsumenten zu den Produktionswelten und den Nahrungsmitteln selbst, die sie zu sich nehmen. In Erweiterung der Frage nach der Echtheitsgenerierung befasse ich mich sodann mit Marktauffassungen und der Frage, wie die Güter konstituiert sind, die den Besitzer wechseln. Der letzte Schritt vertieft die Frage nach leiblichen Erfahrungen und Bewertungen, die insbesondere aus phänomenologischer Perspektive betrachtet werden.

Ent-fernung, Einverleibung, Echtheitsgenerierung

Die angloamerikanische Humangeographie hat in den letzten Jahrzehnten eine Bandbreite an konsumorientierten Forschungsansätzen entwickelt. Beispielhaft können hier die Arbeiten von Ian COOK et al. genannt werden (COOK et al. 2006, 2008, 2010). Ihre blog-basierten, assoziativ gestalteten Beiträge diskutieren neue Konsumformen und sich ändernde Gewohnheiten vor dem Hintergrund der eigenen Identitätszuschreibung und teilweise aus neomarxistischer Perspektive. Sie führen damit einen Gedanken weiter, den David HARVEY bereits 1990 in seinen *Reflections on the Geographical Imagination* ausgeführt hat. Seine Überlegungen zu materiellen Prozessen sozialer Reproduktion veranschaulicht er an einer Aufgabe: Er fordert seine Studierenden und Leser auf zu überlegen, wo ihre letzte Mahlzeit mit all ihren Zutaten und Verarbeitungsschritten herkam. Es zeigt sich, dass das Geflecht von Liefer- und Abhängigkeitsbeziehungen schon bei einer Mahlzeit kaum nachvollzogen werden kann, ja gar nicht bedacht wird: „Yet we can in practice consume our meal without the slightest knowledge of the intricate geography of production and the myriad social relationships embedded in the system that puts it upon our table" (HARVEY 1990:422). Mit seinem Beispiel der Tafeltrauben, die den Konsumenten nicht erkennen lassen, ob sie unter ausbeuterischen Arbeitsbedingungen in Südafrika, in einer italienischen Lebensmittelkooperative, oder von nach Tariflohn bezahlten Arbeitern gepflückt wurden, zeigt er, wie die sozialen und räumlichen Produktionsbedingungen verdeckt bleiben. Seine Aufforderung an die Wissenschaft, „lift the veil" (1990:423) wurde berühmt als Metapher zur Beschreibung seines hinterfragenden, aufklärenden und kritischen Vorhabens.

Peter JACKSON (1999:98) schlug vor, HARVEYs visuelle Metapher durch ein räumliches Bild zu ersetzen, weil er dies für einen produktiveren Weg im Umgang mit *commodity cultures* hält: Dadurch soll verdeutlicht werden, dass nicht nur der wissende Wissenschaftler „den Schleier lüften" kann und er somit nicht über dem Normalkonsumenten steht. Diese Haltung könne die Konsumenten aus ihrer passiven Rolle des bloßen Zuschauers bei der Ergründung von Produktionszusammenhängen lösen. Deswegen spricht JACKSON statt von „Schleiern" von *distance* und *displacement*. Der Hinweis auf die Ent-fernung zwischen Konsumenten und Produzenten meint also: Die Umstände und Produktionsbedingungen von Lebensmitteln sind heute aus dem Alltagserfahren der meisten Menschen entfernt, und zwar durch mehrere Bedingungen:

Erstens geschieht dies durch die räumliche Distanz zwischen Lebenswelt und Produktionswelt – wer kommt schon täglich am Kartoffelacker vorbei? Ent-fernt heißt nicht beachtet, ausgeblendet. Dies bedingt zweitens eine soziale Entfernung – welcher Konsument kennt heute noch seinen Produzenten persönlich? Der Handel übermittelt zwar Waren gegen Geld, aber er tritt eigentlich nicht als Vermittler auf, zumal bei den meisten Transaktionen die Beteiligten nicht wissen, wer alles mithandelt (COOK et al. 2004). Schließlich kommen drittens die Rahmenbedingungen der globalisierten Produktion allgemein zum Tragen, die die Welt sowohl „schrumpfen" als auch für viele zur Unüberwindbarkeit der Distanzen wachsen lässt: Einerseits ist es durch den internationalen Handel und ausgefeilte Logistik und Kühltechnik möglich, selbst frische Lebensmittel über große Strecken zu transportieren, und weltweit in großen Mengen kostengünstig verfügbar zu machen. Die Herkunft des Produktes wird beim Kauf ausgeblendet. Andererseits führen Einkommensgefälle und Reisebeschränkungen dafür, dass einige Produzenten der Lebensmittel, die in den reichen Ländern auf den Tisch kommen, niemals selbst dorthin gelangen könnten.

Unter dem Begriff Einver*leib*ung fasse ich die Mehrgestaltigkeit von Nahrung in symbolischer und materieller Hinsicht, beziehungsweise in deren Interferenzen. Die materielle Seite beschreibt der Spruch „Man ist, was man isst". Kein anderer Konsumvorgang kommt uns so nahe wie das Essen von Nahrungsmitteln, wir einverleiben sie uns im wörtlichen Sinn. Dabei machen wir materiell stimulierte, körperliche Erfahrungen, Empfindungen wie Hunger und Satt-Sein; mit unseren Sinnesorganen erfassen wir Textur, Geruch, Geschmack und Optik und Akustik. Letztlich setzt sich unser Körper physiologisch aus der Materie zusammen, die wir über die Nahrung aufnehmen. Diese Ebene der körperlichen Sinneserfahrung ist nicht von Assoziationen und Zuschreibungen auf einer symbolischen Ebene zu trennen: Bestimmte Gerüche verbinden wir mit positiven Erinnerungen, beispielsweise der Duft von frisch gebackenem Kuchen, der Kindheitserinnerungen wachruft. Dies bewirkt ein Wohlgefühl. Einige Nahrungsmittel sind besonders stark konnotiert, etwa Kaviar und Trüffel als Luxusgüter, oder Erbseneintopf als „Arme-Leute-Essen". Ein weiteres Beispiel ist der Trend zum Essen in Restaurants, die sich der Spezialitätenküche eines Landes zuordnen, ob kroatisch, äthiopisch, libanesisch oder südindisch. Beim Besuch dieser Restaurants ereignet sich mehr als nur ein abwechslungsreiches Ess-Erlebnis: bell HOOKS (1992) kritisiert mit ihrer These des „eating the other" den Prozess der Kommodifizierung anderer Kulturen als eine neo-koloniale Praxis. Unter den Bedingungen der ungleichen Machtbeziehungen drücken wir unsere Macht über „die Anderen" durch das Essen „der Anderen" aus. Und dies geschieht nicht nur auf der symbolischen Ebene. Im Kontext der Globalisierung, kam es 2008 z. B. zu einer massiven Verteuerung der Grundnahrungsmittel Weizen und Reis. Die Food and Agriculture Organization of the United Nations (FAO) nennt sieben Hauptgründe, die zur Teuerung führten:

> „These price hikes were driven by a number of factors, including: Poor harvests in major producing countries linked to extreme weather events; declining food stocks (global stocks were at their lowest level in decades); high oil and energy prices raising the cost of fertilizers, irrigation and transportation; production of bio-fuels substituting food production; speculative transactions, including large commercial traders hedging in futures markets and small traders hedging and building up storage; export restrictions leading to hoarding and panic buying; and 30 years of underinvestment in agriculture and neglect of the sector" (FAO 2011:10).

HALDER (2009) pointiert die Aussagen von FAO und der Organisation for Economic Cooperation and Development (OECD) in seiner Analyse der Ernteerträge und Prognosen zur Produktionskapazität im Verhältnis zur Preisentwicklung: Bei den Ereignissen von 2008 handle es sich nicht um eine Versorgungskrise, sondern allein um eine Preiskrise. HALDER (2009:147f.) argumentiert, dass die Preisspitzen bei Weizen und Mais hauptsächlich durch Spekulationen hervorgerufen wurden, was im Vergleich der Tageshöchstpreise mit den Langzeitpreisen deutlich wird. Die Lebensmittelbörsen waren nach dem Platzen der Spekulationsblase der US-Banken in den Fokus der Investoren gerückt. Teuerung von Lebensmitteln ist nach HALDER nicht eine Folge von Knappheit, sondern von fehlender politischer Regulation der Verteilung.

An dieser Stelle zeigt sich: Fragen des Konsums sind ethische Fragen. Ähnlich wie ich nicht nicht-kommunizieren kann, kann ich nicht konsumieren, ohne Produzenten, Händler, Preiskampf-Verlierer etc. zu tangieren. Als „ethisch" kann in diesem Zusammenhang eine Konsumentscheidung bezeichnet werden, die nicht nur nach der Maximierung des Eigennutzens fragt, sondern auch die Folgen für Andere mit in Betracht zieht.

Allerdings gibt es ein schwer zu greifendes Element, das Eigenheit aller Konsumentscheidungen ist: Die Konstruiertheit dessen, was wir konsumieren, oder, wie JACKSON (1999:100) es genannt hat, „the thorny question of authenticity". Er warnt vor den Kurzschlüssen, die die Suche nach unverfälschten Kulturen und deren Praktiken im Kontext der Globalisierung mit sich bringt. JACKSON kritisiert die inhärenten Übertreibungen, Romantisierungen und Reifizierungen der Vorstellung, man könne die Welt der Güter unterteilen in „Originale" aus Europa und deren Nachahmungen im „Rest der Welt". Ambitionierte Hobbyköche suchen zuweilen nach den Originalrezepten der italienischen Küche – und vernachlässigen dabei, dass die Gerichte sich durch immer neue Einflüsse stetig weiterentwickelt haben. Die Pizza der Auswanderer schmeckt anders als die *Pizza neapoletana* – der Versuch, sich auf ein einziges gültiges Rezept zu einigen, wird scheitern. Folglich ist die Suche nach „Authentizität" wenig Erfolg versprechend, es geht vielmehr um die Praktiken der *authentification*, der Echtheitsgenerierung.

Ein Beispiel für diese Praktiken stellen so genannte Regionalprodukte dar. So konzipiert Ulrich ERMANN (2005) etwa in seiner Studie zu Regionalprodukten aus Franken die Produkte im Sinne der *Actor Network Theory* als Hybride aus Materie und Zuschreibungen. Es gibt das Produkt als objektives Ding einerseits, das mit der subjektiven Vorstellung eines „guten" Lebensmittels andererseits interagiert. Im Gebrauch kommt es zu Wechselwirkungen zwischen Materie und Imagination, zwischen Produkten und ihren Wirkungen, zwischen Konsumentenhandeln und Produzentenhandeln. Die Produzenten stellen sich in ihren Kommodifizierungsanstrengungen, also in ihren Bemühungen, die Waren verkäuflich zu machen, auf die Erwartungen der Konsumenten ein und bedingen diese dadurch wieder: „Die Authentifizierung als Bezeugung und Erzeugung von Wissen und Imaginationen beansprucht einen bedeutenden Teil der Anstrengungen, die aufgebracht werden, um ein konsumfertiges Produkt marktfähig zu machen" (ERMANN 2005:231). Mechanismen zur Authentifizierung können nach ERMANN zum Beispiel Transparenz oder Zertifizierungen sein. Transparenz entsteht durch ein Verfügbarmachen von Wissen für den Konsumenten – beispielsweise, wie die Rinder aufgezogen wurden, deren Fleisch in der Metzgerstheke liegt. Zertifizierung (und damit die regionale Inszenierung von Lebensmitteln) kann etwa durch die dop-Siegel[2] der EU, wie bei der Nürnberger Rostbratwurst, oder durch Bio-Siegel erfolgen.

Marktplätze und Marktbeziehungen

Ent-fernung, Einver*leib*ung, Echtheitsgenerierung – diese Schlagworte bezeichnen Rahmenbedingungen und Praktiken des alltäglichen Konsumierens. Verschiedene Authentifizierungsstrategien bestimmen die Kommunikation zwischen Käufer und Verkäufer auf dem Lebensmittelmarkt. Den Begriff des Marktes verwende ich

---

2 dop steht für „denominazione di origine protetta", und ist eine geschützte Herkunftsbezeichnung von Lebensmitteln. Im Falle der Nürnberger Bratwurst bedeutet es, dass nur Würste diesen Hinweis tragen dürfen, die im Stadtgebiet von Nürnberg und nach einer bestimmten Rezeptur hergestellt wurden.

zunächst alltagsweltlich: Märkte, das sind all die Orte des Austausches, an denen Lebensmittel, in welcher Form auch immer, weitergegeben werden. Markt kann dabei der Wochenmarkt sein, oder ein Supermarkt, Hofläden, Lieferdienste oder Onlinehandel, mit jeweils unterschiedlichen Intensitäten an Kommunikation und Kontakt zwischen Produzenten, Händlern und Konsumenten. Wenn wir die gehandelten Güter als Hybride auffassen, wie von ERMANN (2005) vorgeschlagen, dann geht es nicht nur um den Austausch des materiellen Gutes, sondern auch um Konnotationen und Symboliken sowie um sozialen Kontakt.

Voraussetzung für den Austausch ist die Kommodifizierung, also die Überführung von Objekten in die Warenform. Dadurch werden sie handelbar. Der Produzent gibt die Ware an den Konsumenten ab, löst sie dabei aus seiner Lebenswelt heraus – und gibt doch Immaterielles wie beispielsweise das Wissen um seine Lebensbedingungen, oder Produktinterpretationsvorschläge weiter, wie beispielsweise „ökologisch erzeugt", „fair gehandelt" oder eine Assoziation „heiler Welt". Gleichzeitig schreibt er dem Gut, das er abgeben möchte, einen bestimmten Wert zu, den der Abnehmer seiner Ware akzeptieren muss, wenn er die Ware erwerben möchte. Die geschilderte Trennung in die Lebenswelt der Produzenten und der Konsumenten ist eine Heuristische; durch die andauernde Interaktion, die nicht persönlich sein muss, lässt sich diese Unterscheidung bei fortschreitender Analyse nicht aufrechterhalten.

Abstrahierend von den alltagsweltlichen Markt-Erfahrungen führt die Konzeptionalisierung von Waren als Hybriden zu den Marktverständnissen der heterodoxen Wirtschaftsgeographien, wie sie Christian BERNDT und Marc BOECKLER (2009) überblicksartig zusammengefasst haben: „Markets do not simply fall out of thin air, but are continually produced and constructed socially with the help of actors who are interlinked in dense and extensive webs of social relations" (BERNDT/BOECKLER 2009:536). BERNDT und BOECKLER unterscheiden in ihrer Übersicht zwischen mehreren Ansätzen, deren kleinster gemeinsamer Nenner es ist, das orthodoxe Marktverständnis mit dem Menschenbild des Homo oeconomicus zu kontrastieren und um neue Perspektiven zu erweitern. Der sozioökonomische Ansatz betont, dass Märkte nicht losgelöst von ihrem sozialen und institutionellen Kontext betrachtet werden können. Ein relationaler Blick auf die handelnden Akteure, die Institutionen, die mit ihren Regeln für Marktstabilität sorgen, zeigt die Entstehung von Märkten auf.

Überträgt man diese Logik auf den hier verhandelten Gegenstand, dann sorgen Lebensmittelskandale unter anderem deswegen für Verunsicherung, weil die etablierten Regeln keine Sicherheit mehr bieten. Darauf reagieren nicht-staatliche Akteure wie zum Beispiel auch Slow Food mit dem Aufbau eines Netzwerkes von Produzenten und kritischen Konsumenten und versuchen, Vertrauen über räumliche oder soziale Nähe herzustellen. Slow Food organisiert beispielsweise Besuche bei Produzenten, gründet Initiativen zum Erhalt bestimmter Lebensmittel und veranstaltet regionale Märkte, bei denen Konsumenten auf Produzenten treffen, deren Lebensmittel die von Slow Food bestimmten Qualitätskriterien erfüllen.

Der Ansatz der kulturellen Ökonomien (BERNDT/BOECKLER 2009:543) löst allerdings auch den Gegensatz zwischen Markt und Nicht-Markt mit der Berufung auf Michel CALLON (2007) auf, der den *performativen* Charakter der Wirtschaftswissenschaften betont hat. Es gibt für CALLON konzeptionell keine Trennung zwischen Marktmodell und Markt: Die theoretischen Ansätze des abstrakten Marktmodells *selbst*-verwirklichen sich in der Praxis – aus dem Modell entsteht, so CALLON, der Markt. Daraus ergibt sich eine prinzipielle Hinterfragbarkeit der bestehenden Marktverhältnisse. Eine Veränderung des Modells hätte weitreichende praktische Konsequenzen. Hier schließen sich zwei Fragen an: Welche Konsequenzen ergeben sich daraus für die Wissenschaft? Mit Bezug auf AUSTIN (1955), der mit seiner berühmten Vorlesungsreihe *How to do things with words* den Anstoß für die sprachwissenschaftliche Elaborierung der „These von der wirklichkeitstragenden und wirklichkeitsgenerierenden Kraft von Sprache" (GÜNTHNER/ LINKE 2006:3) gab, betont CALLON, dass Wissenschaftler in diesem Prozess nicht außen vor sind:

> „Although Austin was not explicitly refering to scientific discourse, there is no reason to exclude science from the general rule, as we will see. Scientific theories, models, and statements are not constative; they are performative, that is, actively engaged in the constitution of the reality they describe" (CALLON 2007:318).

Dementsprechend ist die Wissenschaft gefordert, ihre Rolle und ihren Einfluss bei der Entwicklung einer Vorstellung von Marktprozessen zu hinterfragen und alternative Ansätze zu prüfen.

Die zweite Frage lautet: Sind die Überlegungen zur Performativität von Märkten, wie sie hauptsächlich für den Finanzsektor und immaterielle Produkte angestellt wurden, überhaupt auf Lebensmittelmärkte übertragbar? Ja, wenn man die Spezifika dieser Waren berücksichtigt. Natürlich stellt die materielle Beschaffenheit von landwirtschaftlichen Produkten eine Einschränkung dar, der mit speziellen Orten für den Warenaustausch und mit Logistik Rechnung getragen werden muss. Die Wert-Zuschreibungen finden jedoch davon unbenommen statt. Neue „Performances" entwickeln sich jedoch auch im Lebensmittelbereich beispielsweise in Form von Community-Supported-Agriculture (CSA[3]), bei der Beziehungen über das Einkaufen hinaus initiieren werden, oder Inszenierungen wie dem *EatIn*, eine an das *SitIn* angelehnte Protestform, bei der an einer großen Tafel auf der Straße gegessen wird.

---

[3] Es gibt verschiedene Varianten der Community-Supported-Agriculture (CSA): Im Kern steht immer die Kooperation eines Landwirts mit einer Gruppe von Verbrauchern. Sie garantieren über einen bestimmten Zeitraum die Abnahme seiner Produkte und erhalten im Gegenzug einen vertieften Einblick in seine Produktion. Dies kann beispielsweise über Mitarbeit auf dem Hof geschehen. In einigen Fällen geben die Verbraucher dem Landwirt auch ein Darlehen zur Investition in seinen Betrieb.

Ansätze aus der Phänomenologie

Es wäre eine reduktionistische Betrachtung des Konsums von Lebensmitteln, wenn man ihn auf soziale oder gar politische Aspekte beschränken würde. *Gutes Einverleiben* verweist auch auf die Frage nach den leiblichen Erfahrungen im Umgang mit Essen. Bisher sind diese, genauso wie die damit eng verknüpften Gefühle, zumeist ausgeblendet, gar als „Undinge" behandelt worden. Dieses Vorgehen ist nach HASSE (2011:49) eine Folge der Verdrängung, Rationalisierung und diskursiven Disziplinierung des pathischen Erlebens. Die Phänomenologie rückt die leiblichen Erfahrungen in den Fokus, was allerdings durch die Multifunktionalität des Leibes schwer zu erfassen ist. Bernhard WALDENFELS (1999:21) sieht den Leib als Sinnes- und Bewegungsapparatur, Empfindungsträger, Ausdrucksorgan und Orientierungszentrum und stellt fest, dass sich ein Leibbewusstsein trotzdem nur „beiläufig und rückläufig" einstellt (ebd.). Dazu kommt, dass der Leib Medium der Wahrnehmung und Wahrgenommenes zugleich ist:

> „Zur Wahrnehmung gehört die Möglichkeit, daß der Wahrnehmende sich selbst sieht, hört oder betastet. Doch dies ist nur möglich in Form einer Selbstspaltung, in der mein Leib zugleich als fungierender Leib und als Körperding auftritt, ohne mit sich selbst zur Deckung zu kommen" (WALDENFELS 1999:24).

Was sind diese Empfindungen, die wir mittels unseres Leibes wahrnehmen können? Zunächst weist WALDENFELS (1999:40) darauf hin, dass „das deutsche Wort ‚Empfindung' zwischen Gegenständlichkeit und Zuständlichkeit, zwischen Sachbezug und Selbstbezug" changiert. Es gibt, so WALDENFELS, intentionales und nicht-intentionales Fühlen, etwa das Fühlen von Freude über eine Nachricht im Unterschied zum Fühlen von Schmerz oder dem sinnlichen Wohlgeschmack einer Speise:

> „Nicht-intentionales Erleben wird gedeutet als ein Sichleben und Sichempfinden, als reine Selbstaffektion, in der das Leben in völliger Immanenz bei sich selbst ist, fern aller transzendierenden zeitlichen Ekstatik und fern aller intentionalen Weltbezüge" (WALDENFELS 1999:42).

Der erwähnte nicht-intentionale Wohlgeschmack kann meiner Auffassung nach jedoch Auswirkung auf intentionales Empfinden haben, etwa indem die Erinnerung an den guten Geschmack eines Gerichts dazu führt, dass man es ein weiteres Mal zubereitet, um sich erneut dieses Erlebnisses zu erfreuen. Weiterhin kann dazu das Wissen um die „Bedrohtheit" einer Zutat oder des Rezeptes kommen, was einen Impuls geben kann, sich für dessen Erhalt verantwortlich zu fühlen und sich zu engagieren.

HASSE (2011:58) verbindet das Fühlen mit einer räumlichen Dimension in dem Begriff der Atmosphäre:

> „An atmosphere is an emotion with spatial character. [...] Thus, atmospheres are not tri-dimensional, but pre-dimensional and their ‚volume' is ‚filled' with atmospheres that, like a physical body, have neither surfaces nor divisions; atmospheric volumes do not appear either optically or in tactile forms either."

Die Beispiele HASSEs beziehen sich zwar vornehmlich auf gestalteten urbanen Raum, etwa die Lichtinstallationen in der Vorweihnachtszeit, aber die Idee einer wirkenden Atmosphäre lässt sich auch auf den Konsum von Lebensmitteln übertragen: Bei einer Brotzeit auf der sonnigen Terrasse einer Alm, nach anstrengender Wanderung, mit Fernblick und dem Geruch von frischem Heu schmeckt der servierte Bergkäse möglicherweise anders als das Stück des gleichen Käses, das man nach Hause mitnimmt, um es dort zu genießen. Dies kann auf die Wirkung der „Atmosphäre", der „leibhaftige[n] Herumwirklichkeit", wie VON DÜRCKHEIM (2005[1932]:36) sie nennt, hinweisen.

Nicht nur die Ausblendung und der Doppelcharakter des Leibes (s. o.) erschweren das empirische Erfassen von Empfindungen und Atmosphären (vgl. dazu auch KAZIG in diesem Band); es kommen noch weitere Probleme hinzu: Unklar ist etwa, inwiefern man sich dem Wirken der Atmosphären entziehen kann. Der metaphorischen Aussage von SCHMITZ (1981:134), in Atmosphären könne man hineingeraten wie in das Wetter, steht das Beispiel „Weihnachtsmarkt" von HASSE (2011:63) entgegen, mit welchem betont wird, dass es eine affektive Bereitschaft erfordert, sich auf eine stimmungsmäßige Sentimentalisierung überhaupt erst einzulassen. Die Frage ist also, ob man den Atmosphären unmittelbar ausgesetzt ist, oder ob man sich kognitiv von ihnen distanzieren kann, so dass sie nicht oder nur eingeschränkt wirksam sind. Forschungspraktisch wird die Erfassung weiterhin durch die konzeptionelle und sinnliche Gleichzeitigkeit aller Eindrücke erschwert, wie HASSE (2011:63f.) ebenfalls am Beispiel der weihnachtlichen Beleuchtung darlegt: „The atmosphere of Christmas cannot be decoded semiotically in everyday life, step by step, but is sensitized in specific situations as a totality and then its emotional effects and meanings are simply incorporated." Schließlich gibt es nicht nur die Empfindungen des forschenden Subjekts; Ziel der Forschung soll es auch sein, den Gefühlen und Einschätzungen Fremder nachzuspüren und diese in einem nächsten Schritt in Beziehung zu ihrem Handeln zu setzen. Anhand der Slow-Food-Bewegung beziehungsweise weiterer Beispiele aus dem Kontext des ethisch-verantwortlichen Konsums soll dies veranschaulicht werden.

Von Konsumenten und Co-Produzenten

Die Organisation Slow Food steht für neue Formen des öffentlichkeitswirksamen und kritischen Konsums. Aktuell trägt vor allem das *Youth Food Movement*, die Jugendorganisation von Slow Food, ihre Anliegen in die Öffentlichkeit und stärkt die politische Arbeit der Bewegung. Die Geschichte von Slow Food reicht bis in die 1980er Jahre zurück. Damals gründete der Politiker und Journalist Carlo Pietrini in Bra (Piemont) unter dem Eindruck eines Lebensmittelskandals zusammen mit einigen Gleichgesinnten aus dem linksdemokratischen Umfeld „Arcigola", eine Gesellschaft der „Freunde des Barolo-Weins". Erste öffentliche Aufmerksamkeit erregte die Gruppe um Pietrini durch Beiträge im „Gambero Rosso", der Gourmet-Beilage der linken Tageszeitung „il manifesto". Der lose

Zusammenschluss junger Aktivisten trat mit demonstrativem Konsum in die Öffentlichkeit: Die Protestaktion gegen die Eröffnung eines McDonald's-Restaurants in der Nähe der Spanischen Treppe in Rom 1986, bei der einige Köche vor Ort Spaghetti kochten, um auf Italiens „traditionelles" kulinarisches Erbe aufmerksam zu machen, ist mittlerweile zur Legende geworden. Zur internationalen Bewegung wurde Slow Food mit der Gründungsversammlung am 9. Dezember 1989 in Paris. Das dort verabschiedete Manifest ruft dazu auf,

> „sich von einer ihn [den Menschen, J. R.] vernichtenden Beschleunigung befreien und zu einer ihm gemäßen Lebensführung zurückkehren. [...] Als Antwort auf die Verflachung durch Fastfood entdecken wir die geschmackliche Vielfalt der lokalen Gerichte" (SLOW FOOD INTERNATIONAL 1989).

Die Idee kam 1992 auch nach Deutschland, wo Slow Food als eingetragener Verein organisiert ist. Aktuell hat Slow Food nach eigenen Angaben weltweit rund 100.000 Mitglieder, die in 1300 Ortsgruppen, den so genannten Convivien, organisiert sind. Seine Aktivitäten und Ziele beschreibt der Verein folgendermaßen: „Slow Food ist eine weltweite Vereinigung von bewussten Genießern und mündigen Konsumenten, die es sich zur Aufgabe gemacht haben, die Kultur des Essens und Trinkens zu pflegen und lebendig zu halten" (SLOW FOOD DEUTSCHLAND:O. J.). Um diese Ziele zu erreichen, vermittelt Slow Food Kontakt zwischen Produzenten, Händlern und Konsumenten und engagiert sich für handwerkliche Lebensmittelproduktion und artgerechte Viehzucht als Alternative zur industriellen Lebensmittelproduktion. Die Bewahrung einer Vielfalt in Geschmack und regionalen Eigenheiten ist Slow Food dabei besonders wichtig. Slow Food baut auf Regionalität, auf „Herkunft" und damit auf Identifizierbarkeit und Identität, kurz: auf die Geographie eines Produkts. Gegen den standardisierten Massenkonsum setzt die Slow Food-Bewegung mit der Rückbesinnung auf traditionelle Rezepte und Produkte einen deutlichen Kontrapunkt. Die „Geographie" eines Produkts fasst Slow Food ähnlich dem alltagsweltlichen Verständnis eher eng auf. Die als schützenswert identifizierten Produkte haben einen strengen Ortsbezug, den sie im Namen tragen – wie etwa das „Bamberger Hörnla", eine Kartoffelsorte, das „Murnau-Werdenfelser Rind", oder den „Lardo di Colonnata", einen weißen Speck aus der Gegend von Carrara in Italien. Die Verortbarkeit soll die Produkte von anonymer Ware aus Massenproduktion abheben. Verortung als Alleinstellungsmerkmal, als Anker in einer globalisierten Warenwelt, verbindet Slow Food mit dem konsumkritischen Anspruch, „Genuss mit Verantwortung". Das Zusammenbringen von Produzenten und „Co-Produzenten", wie Slow Food die Konsumenten bezeichnet, lässt sich als Versuch interpretieren, der Ent-fernung in den Produktions- und Konsumtionsverhältnissen entgegen zu wirken.

Auch jenseits der Slow Food-Bewegung gibt es Initiativen und Beispiele, die mit neuen *Ver-Marktungen* Konsumorte schaffen. Ein interaktives Projekt betreiben die ökologischen Anbauverbände Naturland, Bioland und Demeter zusammen mit den Lebensmittelhändlern tegut und Feneberg sowie den Informationsportalen Ecoinform und dem Forschungsinstitut für biologischen Landbau (FiBL). Auf der gemeinsamen Internetseite *www.bio-mit-gesicht.de* können Konsumenten einen Warencode eingeben, der auf der Verpackung ihres Obstes oder Gemüses aufgedruckt ist (BIO MIT GESICHT GMBH o. J.). Sie werden dann zu einer Seite weitergeleitet, auf der die Redaktion von *bio-mit-gesicht* einen Steckbrief des Produzenten mit Informationen über Lage des Hofes, Besitzer, Mitarbeiter etc. zusammengestellt hat. Das Portal macht den Konsumenten damit mehrere Angebote: Es kann den Wunsch nach dem „Wissen, wo's herkommt" befriedigen, sofern der Käufer Vertrauen in alle Beteiligten entlang der Warenlogistik hat. Es suggeriert Transparenz, wenn auch letztlich auf der Internetseite nur gezeigt wird, was gezeigt werden soll. Trotzdem fühlt sich der Konsument dem Produzenten, den er auf einem Foto sehen kann, näher als beispielsweise anonymen Pflückerinnen, deren Beteiligung am Herstellungsprozess er bislang ausgeblendet hatte. Das Produkt besteht für ihn nicht mehr nur aus materiellen Qualitäten, seinen Geschmackserinnerungen und Assoziationen wie Frische oder Exotik, sondern kann verortet werden. Der Konsument „kennt" den Produzenten, etwa seinen Namen, seine Betriebsphilosophie. Strategien der Echtheitsgenerierung und der *Ent-Ent-fernung* gehen miteinander einher.

Allerdings ist dies kein alleiniger Ansatz von Bio-Produzenten oder anderen ethisch-verantwortlichen Vermarktungsstrategien, wie die Werbekampagne von MCDONALD'S (2011) zeigt. Sie ist ebenfalls interaktiv angelegt, so dass die Konsumenten über Plakate oder Tablett-Auflagen des Restaurants und die dort integrierten QR-Codes zur Homepage des Konzerns gelangen. Dort finden sie vor Panoramabildern Zitate, Informationen zum Anbau und Videoclips mit Interviews der Landwirte, die für McDonald's produzieren. Sie weisen im Gespräch auf die Tradition ihrer Höfe hin, nennen Qualitätsmerkmale ihrer Arbeit und zeigen ihre Tiere bzw. Produkte auf den Feldern. Ihre dialektal gefärbte Sprache trägt überdies zum Empfinden von Authentizität und regionaler Verortung bei. Im Werbefilm betont der Hintergrundsprecher die Langsamkeit der Rohstoff-Produktion als weiteres Qualitätsmerkmal und liefert passend dazu ein stereotypes Bild: Der Landwirt fährt mit seinem Traktor durch den McDonald's-Drive-In. Das Unternehmen versucht damit eine Image-Kehrtwende von der Fast-Food-Kette, die Vielen als ungesund und unökologisch gilt, hin zum Lifestyle-Restaurant, das hochwertige, langsam und sorgfältig produzierte Lebensmittel verkauft. Damit reagiert McDonald's auf einen Trend, der durch das Hinterfragen der Produktionsbedingungen nicht zuletzt von Slow Food initiiert wurde und bereits eine breite Konsumentengruppe erfasst hat – den Wunsch nach Essen im grünen Bereich.

Fazit

Konsum als ubiquitäres Phänomen hat die meisten Lebensbereiche des postmodernen Menschen erfasst. Keine Konsumpraktik kommt uns dabei so nahe wie das Essen, dessen Bewertung gerade einen Wandel durchläuft und mehr und mehr Konsumenten erklären lässt, dass sie ökologisch und regional produzierte sowie fair gehandelte, qualitativ hochwertige Lebensmittel bevorzugen. Sie leben in einer Wohlstandsgesellschaft, in der kein Mangel an Nahrungsmitteln herrscht und in der die Massenproduktion den Zugang zu ehemaligen Luxusgütern für viele Menschen möglich gemacht hat. Dies macht Konsum als soziales Phänomen interessant. Gleichzeitig können wir uns nicht mehr auf quantitativ erhobene, verallgemeinerbare Daten allein stützen – Forschungsarbeiten mit ethnographischem, für leibliche und erlebnisbezogene Aspekte sensibilisiertem Blick auf uns scheinbar vertraute Lebensbereiche können vor dem Hintergrund von zunehmend individualisierten, fragmentierten Lebenswelten neue Ergebnisse erarbeiten. Dies braucht jedoch Zeit zum Erfassen jener Bereiche, die nicht sprachlich vermittelt sind. Die Ausarbeitung dieser Methoden auf der Grundlage von Ansätzen der Phänomenologie lassen neue Erkenntnisse erwarten.

Weiterhin sind Fragen des Konsums zumeist auch ethische Fragen. Dies betrifft einerseits die Produktionsbedingungen und die Frage nach der angemessenen Bezahlung der Arbeitskräfte in der Herstellung. Darüber hinaus geraten externalisierte Kosten der Massenproduktion ins Blickfeld: Die schwer abzuschätzenden Kosten für die Zerstörung der Bodenfruchtbarkeit, für die Überbeanspruchung der Wasserreserven etc. müssten eigentlich auch im Preis eines Produkts berücksichtigt werden. Andererseits stellt sich die Frage nach dem Zugang zu guten Lebensmitteln für alle, insbesondere hinsichtlich der Ernährungssicherung einer wachsenden Weltbevölkerung. Wie teuer dürfen, wie teuer müssen gute, saubere und faire Lebensmittel sein?

Ideen, wie man die Menschen alternativ zu den Verhältnissen des Massenkonsums mit Lebensmitteln versorgt, sind bislang nur in Nischen angelegt. Aber die Wachstumszahlen des Bio-Segments sprechen dafür, dass sich diese Ideen tendenziell auch Raum außerhalb der Nischen schaffen. Der Wissenschaft bleibt vorbehalten, die Implikationen zu erforschen.

Bibliographie

AUSTIN, J. L. (1955): How to do things with words: The William James lectures delivered at Harvard University in 1955. Hrsg. v. J. O. Urmson. Oxford.
BAUMAN, Z. (2009): Leben als Konsum. Hamburg.
BERNDT, C./BOECKLER, M. (2009): Geographies of circulation and exchange: constructions of markets. In: Progress in Human Geography 33, 4, 545–551.
BIO MIT GESICHT GMBH (o. J.): Homepage der Initiative. <www.bio-mit-gesicht.de> (Letzter Zugriff: 19.4.2012).
BOELW (BUND ÖKOLOGISCHE LANDWIRTSCHAFT) (o. J.): Bio. Gesellschaftlicher Trend und starker Wachstumsmarkt. <www.boelw.de/biofrage_15.html> (Letzter Zugriff: 11.4.2012).
CALLON, M. (2007): What does it mean to say that economics is performative? In: MACKENZIE, D./MUNIESA, F./SIU, L. (Hrsg.): Do economists make markets? On the performativity of economics. Princeton, 311–357.
COOK, I. et al. (2004): Follow the thing: papaya. In: Antipode 36, 4, 642–664.
COOK, I. et al. (2006): Geographies of food: following. In: Progress in Human Geography 30, 5, 655–666.
COOK, I. et al. (2008): Geographies of food: mixing. In: Progress in Human Geography 32, 6, 821–833.

COOK, I. et al. (2010): Geographies of food: afters. In: Progress in Human Geography 35, 1, 104–120.
DÜRCKHEIM, GRAF K. VON (2005[1932]): Untersuchungen zum gelebten Raum. Neu hrsg. v. HASSE, J., m. Einf. v. HASSE, J./JANSON, A./SCHMITZ, H./SCHULTHEIS, K. Natur – Raum – Gesellschaft 4. Frankfurt a. M.
ERMANN, U. (2005): Regionalprodukte: Vernetzungen und Grenzziehungen bei der Regionalisierung von Nahrungsmitteln. Sozialgeographische Bibliothek 3. Stuttgart.
FAO (FOOD AND AGRICULTURE ORGANIZATION OF THE UNITED NATIONS) (2011): Adressing high food prices: A synthesis report of FAO policy consultations at regional and subregional level. Rom. <www.fao.org/fileadmin/user_upload/ISFP/High_food_prices_synthesis_CFS_FINAL.pdf> (Letzter Zugriff: 4.7.2012).
GÜNTHNER, S./LINKE, A. (2006): Einleitung: Linguistik und Kulturanalyse. Ansichten eines symbiotischen Verhältnisses. In: Linguistik und Kulturanalyse. Themenheft der Zeitschrift für Germanistische Linguistik 34, 4, 1–27.
HAHN, H. P. (2008): Konsum und die Ethnographie des Alltags: Eine fragwürdige Ästhetik der Dinge. In: RICHARD, B./RUHL, A. (Hrsg.): Konsumguerilla. Widerstand gegen Massenkultur? Frankfurt a. M., 21–31.
HALDER, G. (2009): The food crisis of 2008. The debate on its causes and connections with the financial crisis. In: Die Erde 140, 2, 127–153.
HASSE, J. (2011): Emotions in an urban environment. Embelishing the cities from the perspective of the humanities. In: SCHMID, H./SAHR, W.-D./URRY, J. (Hrsg.): Cities and fascination. Beyond the surplus of meaning. Surrey/Burlington 49–74.
HARVEY, D. (1990): Between space and time: Reflections on the geographical imagination. In: Annals of the Association of American Geographers 80, 3, 418–434.
HELLMANN, K.-U. (2009): Konsum, Konsument, Konsumgesellschaft. Die akademische Konsumforschung im Überblick. In: Kölner Zeitschrift für Soziologie und Sozialpsychologie. Sonderheft 49, 386–409.
HOOKS, B. (1992): Black looks: race and representation. Boston.
JACKSON, P. (1999): Commodity cultures: the traffic in things. In: Transactions of the Institute of British Geographers 24, 1, 95–108.
JACKSON P./WARD, N./RUSSELL, P. (2009): Moral economies of food and geographies of responsibility. In: Transactions of the Institute of British Geographers 34, 1, 908–924.
MCDONALD'S DEUTSCHLAND (2011): Regional. Natürlich. Hochwertig. <www.mcdonalds.de/ernaehrung/qualitaet.html#/rindfleisch_0> (Letzter Zugriff: 19.4.2012).
SCHMITZ, H. (²1981): System der Philosophie. Der Gefühlsraum. Bonn.
SCHRAGE, D. (2009): Die Verfügbarkeit der Dinge. Eine historische Soziologie des Konsums. Frankfurt/New York.
SLOW FOOD DEUTSCHLAND (o.J.): Wir über uns. <www.slowfood.de/wirueberuns/slow_food_deutschland/> (Letzter Zugriff: 18.4.2012).
SLOW FOOD INTERNATIONAL (1989): Bewegung zur Wahrung des Rechts auf Genuss. Das Manifest von Slow Food International. <http://slowfood.de/wirueberuns/slow_food_weltweit/gruendungsmanifest/> (Letzter Zugriff: 5.7.2012).
WALDENFELS, B. (1999): Sinnesschwellen. Studien zur Phänomenologie des Fremden 3. Frankfurt a. M.

Konsumalltag

Konsum als „Erfindung des Alltags"

Arten des Sehens und die Ethnographie der Warenform[1]

Hans Peter Hahn

„[...] hat uns nicht gleich eine unbestimmte Verwandtschaft zwischen den Ichthyosaurern und Farnen, den Mammuts und den Wäldern angezogen? Die gleiche Zugehörigkeit und Urverwandtschaft verrät uns die Landschaft einer [Einkaufs-]Passage. Organische und anorganische Welt, niedrige Notdurft und frecher Luxus gehen die widersprechendste Verbindung ein, die Ware hängt und schiebt so hemmungslos durcheinander wie Bilder aus den wirresten Träumen [von einer] Urlandschaft der Konsumption" (BENJAMIN 1983:993).

Einleitung: Konsum als Traumwelt

„Konsum ist der Verlust des Realitätssinns" – so wäre die klassische Position Walter BENJAMINs (1983:435f.) grob vereinfachend, aber signifikant auf einen Satz zu bringen. In seinen Studien über die Aura und die grundlegenden Unterschiede zwischen Kunstwerken und massenhaft reproduzierbaren Gütern zog er eine scharfe Trennlinie (BENJAMIN 1963[1936]). Während das Unikat, das einzelne, vom Künstler angefertigte Objekt und die künstlerische Aufführung Ausstrahlung hatten, die den Betrachter zu Respekt zwang, und, vermittelt über die Macht der Aura, in einen Dialog mit ihm traten, fehlten diese klar definierten Eigenschaften im Umgang mit Konsumgütern. Die unausweichliche Folge dieser Dichotomie war die Verknüpfung des Konsums mit einer anderen Rationalität. Konsum – zumal der Konsum technisch reproduzierbarer Kunst wie Film und Foto – scheint demzufolge zu einer irreversiblen Veränderung der Wahrnehmung zu führen. An die Stelle von Rationalismus und Realitätssinn tritt eine Traumwelt, die den Konsumenten gefangen nimmt. Was der Dadaismus innerhalb der Kunst sichtbar machte, nämlich die Negierung jedes unmittelbaren Verstehens, jeder verbindlichen Bedeutung, wurde nach BENJAMIN durch den Aufstieg der Kaufhäuser, der

---

1 Bei diesem Beitrag handelt es sich um eine überarbeitete und erweiterte Version des Textes: HAHN, H. P. (2008): Konsum und die Ethnographie des Alltags: Eine fragwürdige Ästhetik der Dinge. In: RICHARD, B./RUHL, A. (Hrsg.): Konsumguerilla. Widerstand gegen Massenkultur? Frankfurt a. M., 21–31.

Einkaufspassagen und der Massenwaren vorbereitet. Die konsumierenden Menschen, als Masse auftretend, stellen nicht mehr die Frage nach dem Sinn. Ihr Streben wird durch den beständigen Umgang mit den Massengütern auf Zerstreuung und Gewöhnung reduziert.

Ausgehend von der eindringlich beschriebenen „Aura des Kunstwerkes" konstatiert Benjamin ein Defizit, da all den alltäglich konsumierten Dingen, die als Massenwaren gelten, die Aura fehlt. Trotz seiner eher kritischen Einstellung zum Konsum ist Benjamin als einer der frühen intellektuellen Diagnostiker des Konsums zu bezeichnen. Er war nämlich einer der ersten, die ein spezifisches Interesse an den zu seiner Zeit neu entstehenden Formen des Konsums artikulierten (Böhme 2008). Benjamins Anliegen ist es, den „Geist des Konsumismus" zu verstehen und dessen Logik aufzuzeigen. Er hat dies am deutlichsten in dem posthum veröffentlichten *Passagen-Werk* (Benjamin 1983) geleistet. Dieses nur in Fragmenten vorliegende Werk kann mit einiger Berechtigung als ein Vorläufer einer „Konsumethnographie" oder einer „Theorie des Shopping" bezeichnet werden.[2] Seiner These zufolge macht das Eintauchen in die vergänglichen Farben und Sensationen der Schaufenster aus dem Konsumenten einen Träumer, eine zeit- und geistlose Person, einen desorientierten Dinosaurier, der ohne Reflexion seiner eigenen Lebenslage in den Tag hinein lebt. In der urban-industriellen Phantasiewelt der Schaufenster und der Güter des Massenkonsums sind nach Benjamin weder die symbolischen Bedeutungen der Dinge, noch deren Tauschwert oder Gebrauchswert wesentlich. Anstelle dessen treten die Traumbilder des Kollektivs in den Vordergrund. Benjamin überschreitet damit die alte Unterscheidung von Karl Marx (d. i. Tausch- und Gebrauchswert) und verweist auf die Distanzierung von der Realität als eigentliche Funktion des Konsums. Konsum ist nicht einfach ein Ergebnis der Notwendigkeiten des Alltags; anstelle dessen erschafft er über den Umweg der Traumwelten einen eigenen Alltag.

Wesentlich ist an diesen kritischen Anmerkungen zum Konsum die geringe Rolle des konkreten Besitzes. Es geht nicht darum „was man hat", sondern darum, welche Art des Sehens auf die verfügbaren Dinge vorherrscht. Einem Gedanken Zygmunt Baumans (2009:125) folgend, hat Benjamins Beschreibung des Konsums viel mit der Jägerparabel des Philosophen Pascal gemein. Pascal vergleicht darin die *conditio humana* des Konsumenten mit dem passionierten, ruhelosen Jäger. Für letzteren gilt: nicht das Tier, dessen Fleisch oder Fell bieten ihm Sättigung und Schutz, sondern nur die Jagd selbst ist wirkliche Befriedigung. Ist das Tier erlegt, interessiert es schon nicht mehr. Divertissement und Kurzweil sind es allein, die seinen Hunger sättigen. Möglicherweise sind die Konsumgüter heute zu vergleichen mit der Jagdbeute, die im Moment des Erlegens (also Erwerbens) schon nicht mehr interessieren.

Susan Buck-Morss (1993:308ff.) zeigt, wie aus Benjamins Text eine Definition des Konsums herauszulesen wäre. Die Welt der Konsumgüter ist demnach wesentlich durch die Art des Sehens gekennzeichnet. Die Art des Sehens im Kon-

---

2 Es ist nur logisch, dass Daniel Miller diesen Faden aufgreift, indem er die mit den Dingen verknüpften Emotionen in den Mittelpunkt seiner eigenen *Theory of Shopping* (1998) stellt.

text des Konsums ist ein zeitloses, träumerisches Sehen; im Gegensatz dazu gehört zum Sehen der auratischen Objekte ein bewusstes Vermitteln von Bedeutungen. Der Prozess der Bedeutungsgeneration im Sehen solcher Objekte ist zeitgebunden, er ist historisch eingebettet und bedarf der Reflektion durch den Wahrnehmenden (STOESSEL 1983). Das Sehen des Konsums wird hingegen vom Vergessen des Vergangenen und dem Eintauchen des Betrachters in die Gegenwart einer Traumwelt geprägt. Unzweifelhaft hat Walter BENJAMIN trotz seiner offensichtlichen Distanz zum Konsum damit ein differenziertes Bild der Konsumwelt und ihrer „Eigenlogik" entworfen.

Ausgehend von der Feststellung, dass durch Konsum eine spezifische Wahrnehmung der Lebenswelt begründet wird, soll in dem folgenden Beitrag zunächst eine kritische Bilanz bisheriger sozial- und kulturwissenschaftlicher Auseinandersetzungen mit Konsum erfolgen. Diese besteht aus einer „Kritik der Konsumkritik" gefolgt von einer kurzen Skizze wichtiger Konsumtheorien, die bis in die Gegenwart weithin Anerkennung gefunden haben. Ergänzt wird diese durch einen Exkurs zum Konsum ethnologischen Wissens, der die Thesen von BENJAMIN in besonderer Weise bestätigt. Auf diese Erörterung sozial- und kulturwissenschaftlicher Zugänge folgt eine Auseinandersetzung mit der sogenannten „Konsumforschung", die sich wesentlich auf praxisrelevante Arbeitsfelder und empirische Zugänge stützt. Diese Praktiken sollen daran im Anschluss im Licht der Erkenntnisse von Walter BENJAMIN kritisch hinterfragt werden. Am Schluss dieses Beitrags steht die Forderung nach einer erweiterten Ethnographie des Konsums, die dessen anthropologische Grundlagen mit reflektiert.

Ein kurzer Abriss der Konsumkritik

Der Aufstieg des Konsums war aus der Sicht der Sozialwissenschaften eine Geschichte des Verfalls von Kultur (RECKWITZ 2006:427f.). Das ist unter anderem die Botschaft klassischer Texte von Theodor ADORNO und Max HORKHEIMER.[3] In aller Eindeutigkeit verurteilen die beiden Exponenten der „kritischen Theorie" die modernen Formen des Konsums und prangern die Geistlosigkeit der Erzeugnisse der Kulturindustrie an. Ihnen zufolge ist der moderne Massenkonsum ein Parasitismus der Geschichte und entspringt der Naivität von Menschen, die sich einer wie auch immer gearteten Gegenwart verweigern. Massenkonsum steht für die Figur des Verdrängens als Reaktion der Massen auf die unverstandene Bedingung ihrer Existenz. Die emotionale Bejahung des Konsums ist nach ADORNO lediglich ein untauglicher Versuch der Selbsttröstung.

Grundsätzlich sind die Vertreter der Frankfurter Schule Exponenten einer Tradition „linker Konsumkritik", die schon bei Karl MARX' heute oft missverstandenem Begriff des „Warenfetischismus" beginnt und über Herbert MARCUSE bis

---

[3] Ausgehend von der „Dialektik der Aufklärung" (HORKHEIMER/ADORNO 1969[1947]) wurde die kritische Position der „Frankfurter Schule" zum Konsum von Medien mehrfach geäußert (ADORNO 1963[1953], 1977a, 1977b[1953]).

hin zu den Ausführungen von Wolfgang Fritz HAUG (2009) führt. Nach HAUGS erst jüngst erneuerter Kritik sind in modernen Gesellschaften mehr und mehr Dinge des Alltags durch die Entfremdung gegenüber dem Benutzer gekennzeichnet. Die Eigenschaft, eine „Ware" zu sein, und zum Konsum bereit zu stehen, ist der alles beherrschende Rahmen, in dem eine unmittelbare und differenzierte Wahrnehmung überhaupt nicht mehr stattfindet.[4] Durch die zunehmende Dominanz der Warenform wird die Wahrnehmung deformiert; die Dinge werden „gleichgültig, unsinnlich, weil nur als Wertverkleidung zählend" (HAUG 2009: 185). Der Verfall der ästhetischen Kompetenz und Herrschaft der Warenförmigkeit führen zur Reduktion jeder differenzierten ästhetischen Wahrnehmung oder gar zu ihrer Brechung.

Übrig bleibt nach HAUG (1971) eine Warenästhetik, deren am Streben nach Profit orientierte Techniken über die sinnliche Welt wie eine Naturkatastrophe hinwegfegen. Das Diktat des Konsums ist der Grund dafür, dass den Männern und Frauen in der Konsumgesellschaft die Beziehung zu den Dingen des Alltags verloren geht. Insbesondere die Werbung stellt einen doppelten Betrug dar: Weil sie einerseits Bilder der Dinge suggeriert, die sich im tatsächlichen Gebrauch kaum erfüllen lassen, und weil andererseits der mit den gleichen Bildern versprochene Statusgewinn in der Regel nicht erreichbar ist. Im Kontrast zu BENJAMIN, der eine andere Rationalität und die Entstehung einer neuen Traumwelt als Folge des Konsums annimmt, ist bei HAUG nur von Verlust und Abstumpfung die Rede.

Die Konsumkritik von HAUG, die im Grunde schon aus den 1970ern stammt,[5] erhielt neue Antriebskraft durch die in den letzten Jahren größer werdende Sensibilität für Umweltprobleme. So beklagt Gerhard SCHERHORN (1997) den Verlust des Bewusstseins „für das Ganze der Güter". Menschen konsumieren, ohne sich über die damit verbundenen ökologischen Probleme der zunehmenden Abfallmengen und der Problematik der Stoffkreisläufe bewusst zu werden. SCHERHORN fordert deshalb eine Erziehung zu einer neuen Sinnstruktur, die nachhaltig produzierten und nutzbaren Dingen einen herausgehobenen Wert zuordnet. Die Wiedergewinnung einer solchen Sinnstruktur und der damit verbundene „reflektierte Konsum" sind die Voraussetzung für das Überleben der westlichen Gesellschaften.[6]

Konsumkritik ist nicht nur ein Anliegen linker Denker, sondern wird auch von konservativen Autoren ähnlich geäußert. Diese beklagen insbesondere den Verlust der Ordnung, die bestimmte Formen des Konsums je anderen sozialen Schichten zuweist. Das Fehlen dieser Ordnung und die Verfügbarkeit der Kon-

---

4   Das „Bereitstehen der Waren" reformuliert Dominik SCHRAGE (2009) als „Verfügbarkeit". Die massenhafte Verfügbarkeit war nach SCHRAGE nicht vorhergesehen. Sie war aber die Ursache zu je anderen historischen Entwicklungen in verschiedenen Ländern.
5   HAUGS vielzitiertes Werk *Kritik der Warenästhetik* (1971) steht hier für eine ganze Reihe vergleichbarer Werke, die zeitgenössische Konsummuster als „Verarmung" oder „Deformation des *homo consumens*" entlarven (SCHMIDBAUER 1972, MOSLER 1981, HAMMANN/KLEIN 1984).
6   Nach Dieter KRAMER (1996) ist die Aufwertung der Stoffbilanzen die Voraussetzung für nachhaltigen Konsum.

sumgüter tragen zur Auflösung der Gesellschaft insgesamt bei.[7] Die Konsumkritik aus der einen oder anderen Richtung hat eine lange Tradition. Schon im Jahre 1904 publizierte Wilhelm BODE ein Pamphlet mit dem Titel *Die Macht des Konsumenten* (BODE 1904). Dieses frühe Dokument der Konsumkritik appelliert an die Verantwortung der Konsumenten bei ihren Entscheidungen. Eine genaue Kenntnis – also die sorgfältige Betrachtung der Dinge – müsse dazu führen, eher auf die Qualität der Waren zu achten, und auf die billigeren, industriell gefertigten Massenerzeugnisse zu verzichten.

Die Geschichte des Konsums zeigt jedoch, dass die Sichtweise der Kritiker eher keinen Einfluss auf die Entwicklung des Konsums hatte. Die Konsumkritik von BODE über HAUG bis hin zu SCHERHORN ist praktisch ohne Wirkung geblieben, und das 20. Jahrhundert wird als eine Epoche des dramatischen, ungebremsten Anstiegs des Konsums in die Geschichte eingehen. Daniel MILLER hat die offensichtliche Schwäche der Konsumkritik in einem Überblicksartikel zur Konsumkritik thematisiert. Er spricht von der „Armut der moralischen Konsumkritik" (MILLER 2001) und weist auf die schwache empirische Grundlage der Konsumkritik hin. Es gibt tatsächlich keine Untersuchungen über Konsumverhalten und „Lebenszufriedenheit", niemand weiß, ob das Leben mit den einfachen Dingen eine größere Zufriedenheit erzeugt als die heutige hektische Jagd nach immer neuen Konsumgütern.[8] Die Motive, die zum immer größeren Sachbesitz führen, sind bis heute Gegenstand widersprüchlicher Auffassungen (RUPRECHT 2004, HAHN 2005a:73ff.). Die Philosophen und Sozialwissenschaftler der Konsumkritik nehmen in der Regel einen normativen Standpunkt ein und verbinden ihre verkürzenden, oft auf Behauptungen und Introspektion beruhenden Beschreibungen mit Werturteilen. So lange die Konsumkritik sich nicht der Mühe unterzieht, Eigenschaften und Antriebskräfte des Konsums wirklich zu untersuchen und diese als komplexe soziale Domäne zu verstehen, können ihre kritischen Einwände keine große Relevanz beanspruchen.

Allzu häufig stützen sich die Thesen der Konsumkritiker auf rhetorische Figuren, die einen gegenwärtigen, negativ empfundenen Zustand mit einem fiktiven früheren Umgang vergleichen. Dieser lediglich unterstellte, aber nie empirisch untersuchte frühere Umgang soll noch nicht oder nur wenig vom Konsum dominiert gewesen sein (KORFF 1992, SELLE 1997). Dieser ferne Horizont kann zeitlich zurückliegen, er kann aber auch räumlich in weiter Ferne liegen. In jedem Fall dient er als „Kontrastfolie", die deutlich die angeblichen Defizite des Hier und Jetzt (d. i. Verführung, Entmündigung, Verkümmerung der Wahrnehmung) her-

---

7   Solche Gedanken sind unter anderem bei Hans FREYER (1923:84ff.) und Hannah ARENDT (1960[1958]) zu finden. Für letztere ist es die „Störung des Gleichgewichts von Konsum und Verzehr" (1960:157), die den zunehmenden Konsum so bedrohlich für die gesellschaftliche Ordnung erscheinen lässt.
8   Es ist möglich, gerade die neueren Studien von Daniel MILLER (2010[2009]) zu Wohnungsausstattungen als eine Antwort auf diese Frage zu lesen. Allerdings gibt MILLER solche Antworten nur auf der Ebene einzelner Biographien, nicht aber im Hinblick auf den historischen Prozess der Güterexpansion.

vortreten lassen sollen.⁹ Diese rhetorische Figur korrespondiert mit der alten literarischen Gattung der *lettres persanes*. Ein populäres Beispiel sind die Reden des Häuptlings Tuiavii, der seine Sicht auf die Lebensbedingungen des Papalagi, des weißen Mannes in Europa schildert. Wie nicht anders zu erwarten, macht der Autor Erich SCHEUERMANN (1920) aus „den vielen Dingen des Papalagi" ein zentrales Thema seines Spottes.

In der Konsumkritik tritt vielfach an die Stelle einer genauen Kenntnis des kritisierten Gegenstands – des Konsums und seiner Auswirkung auf Individuum und Gesellschaft – eine rhetorische Figur, die letztlich nur eine geringe Aussagekraft in Bezug auf aktuelle Konsumpraktiken hat. Welche Zugänge gibt es aber, um die Pionierleistung von BENJAMIN aufzugreifen, und tatsächlich zu einer Vorstellung von Konsum als gesellschaftlichem Phänomen zu kommen? Ist Konsum – wie eingangs vorgeschlagen – eine „Art des Sehens", oder handelt es sich hier um ein unumkehrbares „Weltverhältnis"? Ist der gesteigerte Konsum lediglich eine neue Lebensform, oder ist er eine radikale Form der Verantwortungslosigkeit? Kann eine genaue ethnographische Untersuchung die fehlende Empirie erbringen und zu einer Klärung der Praktiken und Kontexte des Konsumierens beitragen?

Kulturwissenschaftliche Perspektiven auf Konsumforschung

In der bisherigen kritischen Darstellung wurde ein Fehler der Konsumkritiker noch nicht benannt: Die meisten bislang erwähnten Autoren unterschätzten den Konsum. Sie erkennen nicht, wie sehr Konsum schon längst einen neuen Alltag generiert hat, und damit am Anfang eines unumkehrbaren Prozesses steht. Konsum wurde kritisch beschrieben, aber in seiner Bedeutung eigentlich überhaupt nicht erkannt. Konsum hat sich heute in den Alltag aller Menschen „eingeschlichen", wird jedoch als spezifische Domäne der Gesellschaft oftmals überhaupt nicht wahrgenommen.

Die systematische Unterschätzung des Konsums wirkt sich sogar bei den Autoren aus, um die es im folgenden Abschnitt gehen soll. Im Kontrast zu den Konsumkritikern haben sie sich des Themas „Konsum" explizit angenommen und schon früh dessen Bedeutung erkannt, auch wenn ihre Analyse sich auf bestimmte Felder sozialen Verhaltens (d. i. Behaviourismus) beschränkt. Zum Teil haben sie nämlich den Konsum „instrumentalisiert", um damit andere gesellschaftliche Phänomene zu erklären. Konsum wurde in Theorien vielfach als Beleg für gesellschaftliche Zusammenhänge verwendet, ohne dabei zu klären, ob die beschriebenen Konsummuster nun Gründe der gesellschaftlichen Prozesse sind oder lediglich ihre Folgen. Die Autoren verstehen den Konsum hauptsächlich als Indikator für die Konstitution von Gesellschaften und deren Wandel. Konsum wurde

---

9   Kaum verwunderlich, dass Konsumkritik immer in Perioden besonders rascher Güterexpansion besonders deutlich geäußert wurde. Das gilt für die „Gründerzeit" (um 1900), wie für das „Wirtschaftswunder" (ca. 1960) wie für die 1990er Jahre (LÖFGREN 1994:51).

in diesen wichtigen und weithin anerkannten Theorien reduktionistisch verwendet, und zwar als Ausdruck oder Grund beobachteter Kulturphänomene.

Eine wichtige Tradition der Theoriebildung zum Thema Konsum reicht von Thorstein VEBLEN über Roland BARTHES bis hin zu Mary DOUGLAS. VEBLEN (1986[1899]), der in seiner vielzitierten *Theorie der feinen Leute* aus dem Jahr 1899 den Begriff des „demonstrativen Konsums" prägte, sah in den unaufhörlich neu entstehenden Konsumformen ein zentrales Problem der Gesellschaft seiner Zeit. An der Schwelle der Formierung der Konsumgesellschaft stehend, verstand er den „demonstrativen Konsum" kategorisch als eine soziale Fehlentwicklung. Damit kann er mit gutem Recht als Konsumkritiker gelten. Aber VEBLEN ging einen entscheidenden Schritt weiter. Er erkannte, wie sehr die soziale Struktur einer Gesellschaft durch verschiedene Konsummuster bestimmt ist. Seiner Theorie zufolge ahmen die unteren sozialen Schichten lediglich nach, was die *upper class* schon vorgemacht hat. VEBLEN schildert mit großer Präzision, wie Individuen in ihrem sozialen Umfeld bestimmte Konsumformen einsetzen, um damit soziales Ansehen, also Prestige, zu erlangen.[10] Konsum ist in dieser Theorie höchst bedeutungsvoll für die soziale Ordnung. Im Moment des Konsums und auch durch den dauerhaften Besitz der Güter kommuniziert der Konsument seinen Status. Dabei geht es um materielle Überlegenheit, das Zeigen von Wohlstand und auch um den Anspruch, einer bestimmten Schicht oder Gruppe anzugehören.

Einen ganz ähnlichen Gedanken hat Roland BARTHES in seinen *Mythen des Alltags* aus dem Jahr 1957 ausgeführt (BARTHES 2010[1957]). In dieser Textsammlung erscheinen einzelne Konsumobjekte als Grundlage für die Generierung immer neuer Geschichten, die wechselweise Eigenschaften der Dinge und Qualitäten ihrer Besitzer beschreiben. Objekte werden in der Perspektive von BARTHES zu Medien der Kommunikation. Sie sind als komplexe Zeichen in einen Code eingebunden, der Texte, Bilder und nicht zuletzt Objekte umfasst. Erst in einer unendlichen Kette von Verweisen und Assoziationen, also Denotationen und Konnotationen, können aus Konsumobjekten Mythen werden, deren Macht schließlich weit über die Verbindung zwischen dem Besitzer und seinem Konsum hinausgeht. Ein viel beachtetes Beispiel aus diesem Buch ist die Geschichte des Citroën DS; der „Déesse", die zugleich „Göttin" und ein vielfach in Kinofilmen verwendetes Fahrzeug war. Die Aufladung mit Bedeutungen ist bei diesem Gegenstand so signifikant, dass sie bis hin zum Filmmotiv genutzt werden konnte.

Mary DOUGLAS ist eine der vielen, die ebenfalls in dieser Richtung gearbeitet haben. Ihr kommt der Verdienst zu, die Perspektive „Konsum als Kommunikation" systematisiert und daraus eine „Anthropologische Theorie des Konsums" geformt zu haben, wie der Untertitel des einschlägigen Werkes *The world of goods* aus dem Jahr 1978 lautet. Im Unterschied zu BARTHES fordern DOUGLAS und

---

10 Bezeichnenderweise ist es ein Philosoph aus der Gruppe der Konsumkritiker, der die schärfste Zurückweisung von VEBLENs Theorie veröffentlicht hat: ADORNO (1955[1941]) schildert in einem Kommentar zu VEBLENs Buch, wie in dessen Modell die Menschen zu willenlosen Marionetten des Konsums werden. Kultur, so ADORNO, gibt es im Modell von VEBLEN überhaupt nicht mehr, weil das Diktat des Konsums kein Bekenntnis zur Kultur mehr ermögliche.

ISHERWOOD ein strikt empirisches Vorgehen, indem die Sättigung oder auch die Frequenz ausgewählter Konsumgüter in Haushalten einer bestimmten sozialen Schicht untersucht werden sollte. Ihrem Konzept zufolge können aus dem systematischen Auftreten von einzelnen, ausgewählten Objekten alle relevanten Merkmale der Sozialstruktur einer Gesellschaft bestimmt werden. Bestimmte Formen des Konsums kommunizieren Ansehen, Abgrenzung, Zugehörigkeit und viele weitere sozial relevante Bedeutungen gegenüber der Öffentlichkeit der Gesellschaft.[11] DOUGLAS und ISHERWOOD sind so sehr von der Kommunikationsfunktion des Konsums überzeugt, dass sie dazu auffordern, alle anderen Dimensionen nicht weiter zu beachten: „Forget that commodities are good for eating, clothing, and shelter; forget their usefulness and try instead the ideas that commodities are good for thinking" (DOUGLAS/ISHERWOOD 1978:62).

Dieses Zitat zeigt in pointierter Form das Erkenntnisinteresse von DOUGLAS und ISHERWOOD. Zugleich macht es die problematische Verkürzungen dieser theoretischen Ausrichtung insgesamt deutlich: Die materialen, stofflichen Aspekte des Konsums, Essen, Bekleidung, Unterkunft, scheinen völlig irrelevant geworden zu sein.[12] Auf der Ebene der theoretisch informierten Analyse zählen nur noch die durch Konsumgüter kommunizierten Botschaften. Auch wenn DOUGLAS' Theorie einen signifikanten Fortschritt gegenüber der vereinfachenden Konsumkritik darstellt, so führt sie doch zu einer gefährlichen Verkürzung in der Wahrnehmung des Konsums und der stofflichen Aspekte der Waren. Es ist genau diese Verkürzung, die eine ethnographische Annäherung an das Thema in einem ersten Schritt zu überwinden hat (HAHN 2005b).

Vor einer Erläuterung ethnographischer Zugänge ist die Reihe der allgemein etablierten Theorien noch zu ergänzen. Neben dem Paradigma „Konsum als Kommunikation" gibt es nämlich noch eine zweite, große Tradition sozialwissenschaftlicher Zugänge, die eine ähnlich breite Resonanz gefunden hat. Es geht dabei um die Betrachtung von Bedürfnissen und um die Frage nach dem Zusammenhang von expandierendem Konsum und Bedürfniswandel. Grundlegend dazu ist das Bild der Bedürfnispyramide, der zu Folge verschiedene Bedürfnisse in eine Rangordnung gebracht werden. Der Psychologe Abraham MASLOW (1977[1954]) hat diese Metapher für die Differenzierung von Bedürfnissen eingeführt und auf der untersten Ebene, im Feld der sogenannten „Grundbedürfnisse", bespielhaft Nahrung, Kleidung und Schutz vor Kälte genannt.

---

11 Vor dem Hintergrund der zahlreichen, eher konsumkritisch orientierten Autoren ist es nach MOLOTCH (2011) eine spezifische Leistung von Mary DOUGLAS, auf die gesellschaftsstabilisierende Funktion von Konsum verwiesen zu haben.
12 Könnte es sein, dass infolgedessen der Konsum von Medien, also Filmen, Bildern und Büchern immer wichtiger wird, während die „Dinge als solche" an Bedeutung verlieren? Mit den Dingen als solchen ist der gegenständliche Charakter der Waren gemeint, der in den hier erläuterten Theorien praktisch keine Rolle mehr spielt. Das ist die logische Schlussfolgerung mancher Autoren dieser Richtung (vgl. BAUDRILLARD 1972[1970], DIEDERICHSEN 1987).

Darüber, auf zweiter und dritter Ebene, stehen höhere Bedürfnisse, die erst danach befriedigt werden können und kulturabhängig sind.[13] Dazu könnte zum Beispiel das Interesse an neuen Konsumgütern gerechnet werden. Wie der Ökonom Ragnar NURKSE (1955:58f.) ausführt, ist die Konsumexpansion also weniger der Kommunikation mit Dingen geschuldet, sondern vielmehr auf sich ständig ausweitende Bedürfnisse zurückzuführen. Menschen lernen in allen Gesellschaften neue Konsummuster, die dann in einem historischen Prozess zur scheinbar unverzichtbaren Grundlage ihres Alltags werden (CHAI et al. 2007, WITT 2001). Was vor wenigen Jahren noch ein Luxus war, wird ab einem bestimmten Zeitpunkt als Notwendigkeit angesehen (HUGH-JONES 1992).

Das Anliegen der wichtigsten konsumethnologischen Studien im Feld der Bedürfnistheorien ist deshalb eine Kritik an vereinfachenden statischen Modellen. Der permanente Wandel der Bedürfnisse macht den theoretisch interessanten Aspekt in diesem Feld aus. So hebt Sydney MINTZ in seiner Geschichte des Zukkers gerade den Wandel von Bedürfnishierarchien hervor (MINTZ 1987[1985]). Wie er zeigen kann, führt die Entwicklung eines globalen Marktes für Zucker zur Entstehung eines neuen Grundbedürfnisses (d. i. „Zucker als Grundnahrungsmittel"). Auch wenn es den Konsumenten als ein natürliches Bedürfnis erscheint, ist das neue Muster des Konsums historisch bedingt. In allgemeiner Form lässt sich also sagen, dass auch die Moderne ein breites Spektrum grundlegend verschiedener Bedürfnisstrukturen kennt (GUMBRECHT 1998).

Das Problem eines Zusammenhangs von immer neuen Konsummustern und sich wandelnden Bedürfnissen ist auch das Thema des Soziologen Colin CAMPBELL. In dem Werk *The romantic ethic and the spirit of modern consumerism* aus dem Jahr 1987 untersucht er die enge Verknüpfung zwischen dem modernen Individuum und der hedonistischen Auffassungen vom Ich. Nach CAMPBELL ist die unendliche Steigerung des Konsums in der Gegenwart nur so zu verstehen, dass die romantische Übersteigerung der „Sehnsucht" zu einem konstitutiven Element von Individualität geworden ist. Erst in dem Verlangen nach immer neuen Dingen, die der moderne Mensch als echte Bedürfnisse empfindet, kann er seine Identität finden. Eine Unterscheidung zwischen Bedürfnissen und Wünschen ist nach CAMPBELL (1998) überhaupt nicht mehr möglich, und die Vorstellung einer Bedürfnispyramide wird damit vollends unglaubwürdig.

Wahrscheinlich ist es im Kontext moderner Konsumgesellschaften ohnehin unsinnig, von Bedürfnissen zu reden.[14] Längst haben Wünsche und Motive deren Rolle übernommen. Wenn es noch eine Verhaltensregel für Konsumenten gibt,

---

13 In der Folge von MASLOW entwickelte sich das Bild der Pyramide zu einem Leitmotiv der internationalen Entwicklungskooperation. Insbesondere schien es so, als könnte man für die ärmsten Bevölkerungsgruppen spezielle Bedürfnisse identifizieren (*bottom of the pyramid*, BoP). Die Form der Differenzierung gerät in der jüngsten Zeit jedoch in die Kritik (KARNANI 2009).

14 Für sich genommen ist der Begriff der „Bedürfnisse" ein alter und umstrittener Begriff der geisteswissenschaftlichen Theoriebildung. Grundlegend informiert dazu Johann Baptist MÜLLER (1971). Neuere Einblicke in die widersprüchliche Geschichte des Bedürfnisbegriffes gibt Bertram SCHEFOLD (2010).

dann die, im Sinne von CAMPBELLs „romantischer Ethik" niemals aufzuhören zu wünschen, zu träumen und stets neue Konsummöglichkeiten als die nächste und zugleich die nächstliegende Erlösung zu betrachten. Auch hier wird also in einem mit BENJAMINs These vergleichbaren Sinne die alltägliche Welt durch die Konsumenten und deren Wunsch(-träume) erschaffen. Zugleich, so CAMPBELL weiter, haben die Sehnsüchte der Konsumenten sich von jeder Ordnung frei gemacht. Das „Prinzip des Gefallens" steht über jeder anderen kulturellen Norm. Wünsche und Sehnsüchte nach immer neuen Konsumgütern brauchen nur noch die Freiheit, die umgangssprachlich als die Entscheidungsfreiheit des „Impuls-Käufers" bezeichnet wird. Die Freiheit des Moments stellt jede soziale Einbettung in Frage; sie untergräbt die Bedeutung gesellschaftlicher Institutionen und Normen. Nicht zuletzt macht sie die eigene Handlungsfähigkeit des Individuums irrelevant. In der so erfundenen Traumwelt spielt das tatsächliche Handeln keine Rolle mehr.

In dieser Weise lassen sich die Ansätze CAMPBELLs hervorragend als eine Erweiterung der eingangs erläuterten Überlegungen von BENJAMIN verstehen. Im Kontext dieser Vorstellungen lassen sich auch die bereits erwähnten Ausführungen Zygmunt BAUMANs als eine naheliegende Ergänzung begreifen. Seine These der *Flüchtige[n] Moderne* (BAUMAN 2003) ist wesentlich eine Diagnose einer nur noch von Konsumwünschen und Individualismus angetriebenen Gesellschaft.

Damit sind die zwei wichtigsten, auch von der Ethnologie mit entwickelten und in diesem Fach weithin anerkannten Traditionen der Theoriebildung knapp skizziert: „Konsum als Kommunikation" sowie „Konsum als Ausdruck von Bedürfniswandel". Beide haben ein gemeinsames Defizit: Sie verwenden den Konsum nur, um ihn mit einer spezifischen Funktion zu verknüpfen. Sie erklären also nicht den Konsum, sondern nutzen dieses Phänomen, um andere Problemfelder zu erklären. Der Konsum wird in diesen Theorien instrumentalisiert, indem der Konsum soziale Strukturen, deren Wandel oder gar deren Auflösung expliziert. Konsum ist in diesen Theorien nicht mehr mit einer Verfallsgeschichte der Kultur assoziiert, wie es noch die „Frankfurter Schule" darstellte, sondern er dient an erster Stelle als Indikator für Kulturwandel. Dabei kann für den Zweck der Argumentation in dem vorliegenden Beitrag offen bleiben, welche der beiden Theorien die höhere Überzeugungskraft hat, ob es sich also um eine zunehmende soziale Differenzierung (d. i. Lebensstile) und deren Kommunikation handelt oder um einen Bedürfniswandel.

Wichtig ist als Ergebnis dieser Skizze das gemeinsame Defizit, das herauszustellen ist: Konsum selbst, die Praktiken des Konsums, die damit verknüpften Handlungsfelder und, darauf aufbauend, eine genaue Untersuchung der damit verbundenen Alltagsstrategien kommen in den erläuterten Theorien bestenfalls noch in impliziter Form vor. Die beiden hier skizzierten Theorien des Konsums (vgl. Abb. 1) gelten in ähnlicher Weise auch für die Beschäftigung mit Konsum in den Geschichtswissenschaften, wie sie der britische Historiker Frank TRENTMANN

Konsum als „Erfindung des Alltags"

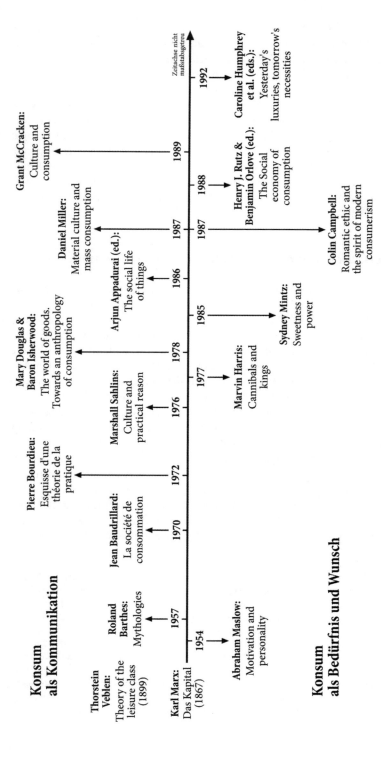

Abbildung 1 Skizze der historischen Entwicklung der beiden wichtigsten Konsumtheorien (veränderte und erweiterte Darstellung nach HAHN 2008a:22). Beide Ansätze, Konsum als Kommunikation sowie Konsum als Bedürfnis, können sich auf Karl MARX berufen. Wenigstens aus der Sicht der *material culture studies* sind beide in den letzten 15 Jahren fragwürdig geworden, weil sie die Materialität der Dinge und die Eigenlogik der Güter nicht hinreichend berücksichtigen.

dargestellt hat.[15] TRENTMANN hebt hervor, dass in den beiden geschichtswissenschaftlichen Traditionen Konsum als begründende Instanz funktionalisiert wurde. Konsum selbst, die Praktiken des Konsums, spielen kaum noch eine Rolle.

Dieses Defizit ist besonders gravierend für eine Ethnologie, die sich als Wissenschaft der Praxis versteht und sich mit der Beschreibung des Alltags in verschiedenen Gesellschaften befasst. Die Alltäglichkeit des Konsums und die Vorstellungen über die Rolle von Konsum aus der Perspektive des Konsumenten werden nämlich in den skizzierten Theoriefeldern kaum beachtet. Sind Ethnologie und Geschichtswissenschaften also an der Aufgabe gescheitert, adäquate Zugänge zum Konsum vorzulegen? Sind gewissermaßen allgemeine gesellschaftliche Probleme (d. i. Statusdifferenzierung, Bedürfniswandel) so sehr in den Vordergrund getreten, dass dabei der genaue Zugang zu Konsum als alltäglichem Geschehen vernachlässigt wird?

Exkurs: Zur Konsumierbarkeit ethnographischen Wissens

Vor die Beantwortung dieser Fragen ist noch ein reflexiver Zwischenschritt vorzunehmen. Dabei geht es um die Position ethnologischen Wissens im Kontext des Konsums. Die Ethnologie versteht sich als Kulturwissenschaft, und sie hat sicher auch ein historisches Erkenntnisinteresse, da die von ihr untersuchten Kulturen ja nur aus der Geschichte zu erklären sind. Von besonderer Bedeutung ist für die Ethnologie die Beschreibung von Kultur als prägende Voraussetzung für den Alltag (HAHN 2000). Kultur ist zugleich das Ergebnis des Handelns von Angehörigen einer Gruppe, wie auch die Voraussetzung für dieses Handeln, wie es z. B. mit Pierre BOURDIEUs Begriff des Habitus deutlich wird (BOURDIEU 1976[1972]:446). Kann die Ethnologie überhaupt einen unabhängigen Zugang zu der in dieser Weise verstandenen Kultur anderer Gesellschaften entwickeln, wenn ethnologisches Wissen zugleich immer auch Gegenstand des Konsums in der eigenen Gesellschaft ist?[16] Die Konsumierbarkeit ethnologischen Wissens hängt unmittelbar zusammen mit der eingangs auf der Grundlage von Benjamin geschilderten Auffassung von Konsum als einer „Art des Sehens". Wenn Konsum, nach Benjamin, die zeitlose und unreflektierte Art des Sehens darstellt, und damit die Erfindung einer Traumwelt ist, was bedeutet das für die ethnologische Hypothese,

---

15 TRENTMANN (2006) verwendet nicht „Konsum als Kommunikation" sowie „Konsum als Ausdruck von Bedürfniswandel"; sondern er hat dafür die Begriffe der „Nationalökonomie", die im 19. Jahrhundert so bedeutsam war, sowie der „Gesellschaftsgeschichte", die Konsum als einen Faktor sozialer Differenzierung auffasst. Konsumgeschichte ist insgesamt eher eine junge Forschungsrichtung in den Geschichtswissenschaften. Grundlegende Werke wie das über *Europäische Konsumgeschichte* (SIEGRIST et al. 1997) oder von BREWER/PORTER (1993) vermitteln einen ersten Eindruck von der historischen Bedingtheit bestimmter Konsummuster.

16 James CLIFFORD (1990, 1997) hat diese provozierenden Gedanken in einer Reihe von Essays zur Praxis musealer Repräsentation entwickelt. „Konsum" aus der Sicht der Ethnologie ist nicht zu erörtern ohne die Idee der konsumierbaren repräsentationalen Strukturen.

Abbildung 2 Exotik als Konsumgut (verändert nach SCHOLZ-HÄNSEL 1987:29). Die Gewerbeausstellung und andere öffentliche Plattformen dienten stets auch einer Ideologie. Sie vermittelten, dass die präsentierten fremden Welten konsumierbar seien. Sie zogen nicht nur große mediale Aufmerksamkeit auf sich, sondern waren oft auch für Philosophen Anlass zur Reflexion über die Gesellschaft jener Zeit (z. B. bei Georg SIMMEL 1990[1896]).

dass Kultur als Praxis zu untersuchen wäre? Wenn die Vermittlung von Bedeutungen und die Einsicht in die historische Bedingtheit als ethnologische Grundanliegen gelten, wie verbindet sich das mit dem Konsum von Kultur? Könnte es sein, dass Ethnologen nicht nur Beobachter des Konsums sind, sondern selbst Konsummöglichkeiten erzeugen?

Genau diesen Aspekt hat Sybille NIEKISCH (2002) in den Mittelpunkt einer Streitschrift gestellt: Sie vermutet, dass die Ethnologie in erster Linie darauf abzielt, einander fremde Kulturen kommensurabel zu machen und damit dem Konsum von Kultur den Weg bereitet. Ihrer Auffassung zufolge ist jede ethnographische Studie stets auch als eine Form des Konsums zu betrachten. Ethnographische Arbeit ist demnach die Transformation von etwas Unverfügbaren zu einem Konsumgut. Die Verfügbarkeit ist die, die auch im Konsum grundsätzlich enthalten ist: Konsum kann nur da stattfinden, wo Waren wenigstens den Anschein erwecken, verfügbar zu sein. Aufbauend auf dieser Überlegung hebt NIE-KISCH hervor, in welchem Maße schon in der frühen Kolonialzeit Ethnographen dazu beigetragen haben, dem Wissen über fremde Kulturen den Charakter des Konsumierbaren zu geben. Sie produzierten „repräsentatives" Wissen, das damit fremde Kulturen zu einer kontrollierbaren und klassifizierbaren Größe machte. Das wiederum war eine entscheidende Grundlage für die damals sich formierende Ideologie des Kolonialismus, der zu Folge die Gesellschaften der unterworfenen Gebiete angeeignet und beliebig verändert werden konnten.[17] Die Übersetzbarkeit des Fremden in europäische Normen wurde also wesentlich getragen von ethnographischen Beschreibungen. Der ethnographische Gegenstand wurde durch die Beschreibung kommensurabel und letztlich damit auch für die Besitzergreifung geöffnet.

Jenseits des kolonialen Kontexts hat insbesondere Ulf HANNERZ das Problem der „Verfügbarmachung von Kulturen" durch die Ethnologie aufgegriffen. In seinem Aufsatz über die *varieties of culturespeak* (HANNERZ 1999) diskutiert er die Rolle von Ethnologen im Umgang mit dem Begriff der Kultur. Er macht der Ethnologie dabei den Vorwurf, nicht deutlich genug Vorstellungen von der beliebigen Konsumierbarkeit der Kultur widersprochen zu haben. Manche gegenwärtigen Vorstellungen über Aneignung, Entlehnung und nicht zuletzt Mischung von Kulturen beruhen nach HANNERZ aber auf einem Missverständnis über die Frage, in welchem Maße Kulturen kommensurabel sind, und wo Widersprüche (d. i. „Unverfügbarkeit") entstehen. Die *culturespeak*, also die Arten, über Kulturen zu sprechen und damit eine Verfügbarkeit herzustellen, fällt zweifellos zunächst in die Kompetenz der Ethnologen. Wenn Kultur nun ohne weiteres zu einer in der Öffentlichkeit genutzten Ressource wird, transformiert sie sich dadurch in eine Ware, deren Konsum scheinbar zulässig ist?

Möglicherweise ist es für solche Fragen aber schon längst zu spät, da die in den letzten Jahrzehnten etablierten Praktiken der Transformation schon längst zu einer Vorstellung der beliebigen Konsumierbarkeit von Kultur geführt haben (GOSS 2004). „Exotische" Kultur ist eine Ware geworden (vgl. auch Abb. 2). Ein herausragendes Beispiel dafür ist der Tourismus und insbesondere der sogenannte Ethnotourismus, dessen Geschäft es ja ist, den Traum vom Eintauchen in exotische Kulturen als allgemein verfügbare Ware zu verkaufen (VAN BEEK 2003). Die Paradoxie dieser neuen Konsumpraxis hat in erster Linie damit zu tun, dass der Konsument explizit etwas erwirbt, das ein Unikat und unverfügbar zu sein behauptet. Nur so lange Authentizität glaubwürdig gespielt wird, ist diese Ware vermehrbar, und damit erfolgreich verkäuflich (KOCKELMAN 2006). Letztlich wird im Ethnotourismus etwas verkauft, das von sich sagt, keine Ware zu sein.

---

17   Die im 19. Jahrhundert so populären Weltausstellungen sind als Schnittstellen der Konsumierbarkeit fremder Welten zu betrachten. Ursprünglich als „Leistungsschauen" etikettiert, wird durch neuere postkoloniale Geschichtsforschung immer deutlicher, wie sie ideologisch die Besitzergreifung der Kolonien als „Ware" präsentierten (BADENBERG 2004, BAYERDÖRFER/ ECKHART 2003, SCHERPE 2010).

Zwei Einsichten ergeben sich aus diesem Exkurs über Kultur und Ethnographie als Konsumgut, die beide an bereits erwähnte Gedanken anknüpfen:

(1) Für den Konsumenten wird aus fremden Kulturen eine Traumwelt konstruiert, die seinen Erwartungen an die Ware „Exotik" entspricht. Die Kontinuitäten von den Weltausstellungen mit Völkerschauen aus der Kolonialzeit, deren Echtheit noch von Ethnologen bescheinigt wurde, bis hin zu den Reisen in den amazonischen Regenwald mit Besuch in „echten Indianerdörfern" sind offensichtlich. Überraschend ist jedoch, wie weitgehend diese Art des Konsums wieder mit BENJAMINS Paradigma zusammenfällt: Die Welt des Konsums wird durch ihren Traumwert gekennzeichnet, der Konsument sieht die Welt aus traumvergessener Perspektive. Letztlich gibt es keinen Raum mehr für rational nachvollziehbare Bedeutungen. Konsum hat, ganz so wie es BENJAMIN voraussah, nur wenig mit der Realität oder irgendwelchen Bedürfnissen zu tun. Anstelle dessen zählt nur noch das eine Ziel, nämlich (wenigstens vorübergehend) ganz in diese Traumwelt zu versinken. Die Macht der neu entstandenen Traumwelt führt zur „Erfindung eines Alltags" aus der der Konsument sich nicht mehr befreien kann.

(2) Soweit die aktuelle ethnologische Debatte um Ethnotourismus (z. B. RICHARDS 2006, SCHOLZE 2009, STRONZA 2001) mit der Frage befasst ist, wie bestimmte Gesellschaften vor den Zumutungen der Tourismusindustrie geschützt werden können und wie schädliche Konsequenzen des Tourismus für die (mehr oder weniger freiwilligen) Gastgeber abzuwenden wären, so überrascht deren Betriebsblindheit. „Tourismus als Form des Konsums" spielt nämlich keine Rolle. Die Eigenlogik des Konsums wird hier hingenommen, so wie die jüngste Entwicklung Fernreisen den Status eines Bedürfnisses zuschreibt. Gibt es einen Anspruch auf den Konsum exotischer Lebensweisen? Solche Fragen werden ausgeblendet. Die im vorangehenden Abschnitt erläuterten wichtigen Theorien des Konsums müssten eigentlich auch zentrale Konzepte in der Diskussion über Ethnotourismus sein. Ist es überhaupt möglich, Ethnotourismus ohne Reflektion über Konsum zu untersuchen? Noch einmal, wie auch schon in der Konsumkritik, erweist sich das Phänomen des Konsums als eine unterschätzte Größe.

Zwischenbilanz: Konsumforschung als problematische Ethnographie des Konsums

Die zunehmend komplexer werdenden Verwicklungen sozial- und kulturwissenschaftlicher Zugänge zu Konsum lassen es als Herausforderung erscheinen, dem Phänomen Konsum wirklich auf die Spur zu kommen. Für die lange in ihrer Bedeutung für den Alltag unterschätzten Praktiken des Konsums fehlt ein angemessener Rahmen der Analyse. Gerade für die Ethnologie ist zu beklagen, wie gering bisher das Interesse an Konsum als grundlegendem Handlungsfeld ist, obgleich heute weltweit keine Kultur ohne den Konsum von Waren auskommt. Das Verhältnis zwischen Konsum und Kultur (bzw. Ethnologie) scheint der Fabel vom Hasen und dem Igel zu gleichen. Der schnelle Hase, die Kulturwissenschaften, glaubt sich dem hässlichen kleinen Igel, dem Konsum, weit überlegen. Am

Ende des Wettrennens aber ruft der Igel (also der Konsum): „Ätsch, ich bin schon da". Konsum ist an allen Orten, er greift in seiner Eigenlogik in fast alle Bereiche des Alltags ein und determiniert gesellschaftliche Domänen, von denen die Wissenschaft gerade noch glaubte, sie seien unabhängig davon. Die Vernachlässigung des Konsums führt zu der Frage, ob es nicht doch andere empirisch orientierte Forschungsrichtungen gibt, die sich schon intensiver mit diesem Feld befasst haben.

Zu den sich unmittelbar anbietenden Kandidaten auf der Suche nach Zugängen zur Alltäglichkeit von Konsum gehört die Konsumforschung. Der alle Bereiche des Alltags durchdringende Konsum ist ja nicht einfach ein spontan und ungeregelt um sich greifendes Phänomen, sondern wenigstens heute ein Ergebnis der sogenannten Konsumforschung. Konsumforschung, hier verstanden als gemeinsames Feld aus verschiedenen Disziplinen, unter anderem Ökonomie und Psychologie, aber auch Soziologie und Ethnologie, ist deshalb einer näheren Betrachtung wert.[18] Wie unter anderem ein Blick in die einschlägigen Fachzeitschriften wie das *Journal of Consumer Research*, das *Journal of Consumer Culture* oder die *Advances of Consumer Research* zeigt, hat sie in den letzten dreißig Jahren eine erstaunliche Karriere erlebt. Die dort publizierten Studien informieren über das Verhalten und die Wertorientierungen von Konsumenten bestimmter Güter[19] und beziehen sich regelmäßig auf die schon erwähnten Autoren Pierre BOURDIEU und Mary DOUGLAS[20]. Ziel dieser Untersuchungen ist es, Zusammenhänge von sozialer Lage und Konsummustern zu beschreiben, die Entstehung neuer Konsumorientierungen, sowie Altersprofile bezüglich des Konsums von Gütern zu dokumentieren. Typische Vergesellschaftungen von Konsumgütern beziehungsweise von sozialen Gruppen gehören zu den weiteren Themen, die stets auf umfänglichen Feldstudien aufbauen. Ganz im Kontrast zu der weitgehend empiriefreien Konsumkritik mangelt es der Konsumforschung nicht an statistischen Daten sowie quantitativen und qualitativen Analysen.

Kalman APPLBAUM (1998, 2003) ist im Hinblick auf die Bewertung der Konsumforschung ein Stück weitergegangen; nach seiner Auffassung stellt diese Forschungsrichtung die einzig wirkliche Ethnographie des Alltags dar. Diese These enthält eine offene Provokation gegenüber der Ethnologie, impliziert sie doch, dass die Konsumforschung eine im Hinblick auf die Anwendbarkeit und ihre Aussagekraft optimierte Form der Ethnographie betreibt. Dies gilt wenigstens im Hinblick auf die sozialen Gruppen, deren Konsum für die Auftraggeber solcher Studien relevant ist. Dennoch entbehrt APPLBAUMs Argument nicht ganz der Plausibilität, angesichts der Intensität und Sorgfalt, mit der solche Studien durchgeführt werden. Ginge es lediglich um das empirische Wissen darüber, wie Konsummuster eine Gesellschaft strukturieren und wie verfügbare Ressourcen für den

---

18 Möglicherweise ist ein Ausgangspunkt dieser Forschungsrichtung das einflussreiche Werk von Günter SCHMÖLDERS über „Verhaltensforschung im Wirtschaftsleben" (1978). SCHMÖLDERS kann sich seinerseits auf David MCCLELLAND (1966[1961]) berufen, der schon vorher die Motive des Individuums in den Mittelpunkt seiner Konsumanalyse gestellt hat.
19 Vgl. MICK (1986), BELK/MEHTA (1991), ARNOULD/THOMPSON (2005).
20 Vgl. z. B. MCCRACKEN (1986), BELK ET AL. (2003), RICHINS (1994).

Konsum von Gütern eingesetzt werden, dann ist nicht an Aussagekraft und Präzision der Konsumforschung zu zweifeln.

Fragen, wie ein bestimmter Lebensstil oder ein soziales Milieu zu kennzeichnen sind und welche Konsummuster und Wertorientierungen damit verbunden sind, werden von der Konsumforschung gründlich untersucht. Auch für die Beschreibung von Bedürfnisstrukturen und des Wandels von Bedürfnissen sind die Konsumforscher die richtigen Ansprechpartner. Die Lebensstilforschung, die sich in der Folge von BOURDIEUs (1982[1979]) „feinen Unterschieden" entwickelt hat, ist zu einem zentralen Feld der Konsumforschung geworden. Auch wenn dies niemals konkret durchgeführt wurde, so wäre es doch denkbar, in der Verbindung von Konsumforschung und Lebensstilforschung eine umfassende „Typologie" von Konsumenten zu entwickeln (COLLOREDO-MANSFELD 2005). Konsumenten werden demzufolge nach Typen und Untertypen eingeteilt, ähnlich wie es auf der Grundlage der sogenannte Sinus-Studie in vielen Bereichen durchgeführt worden ist. Jedem „Konsumententyp" wird dabei ein Konsummuster zugeordnet.[21]

Ist mit diesem fokussierten und für die Praxis hoch relevanten Forschungsfeld nicht die Frage beantwortet, welche Rolle die Ethnologie in diesem Feld spielt? Tatsächlich ist trotz der scheinbar umfassenden Antwort aus der Konsumforschung eine ethnologische Erklärung des Konsums noch nicht gegeben. Es bleibt trotz der Menge der verfügbaren Daten eine wichtige Frage unbeantwortet, die schon bei BENJAMIN im Mittelpunkt gestanden hatte: Was ist Konsum? Offensichtlich fehlt der Konsumforschung jeder Zugang zu dieser Frage. Die Ethnologie wäre allerdings mit ihren Methoden durchaus in der Lage, über die Frage nach den Formen hinauszukommen und das Phänomen des Konsums als solchem zum Gegenstand zu machen.[22] Dabei kann es nicht nur um das „Wie?" des Konsums gehen; vielmehr ist zu erkunden, ob nicht durch Konsumpraktiken eine ganz neue Sicht auf die Welt geschaffen wird, gewissermaßen der Alltag neu erfunden wird. Nur wenn eine Antwort auf grundlegender Ebene gelingt, hat das Thema Konsum eine Berechtigung als ethnologisches Thema. Dann wäre Konsum ein ethnologisches Thema im Sinne einer Anthropologie, bei der die ubiquitäre Gegenwart des Konsums als Teil der *conditio humana* aufgefasst wird. Sie hat damit den Status eines Chronisten der Träume und des passiven Weltverhältnisses. Aber ihr fehlt eine entscheidende Dimension: Sie ist nicht in der Lage, den Blick „von außen" einzunehmen, und damit wirklich eine Anthropologie des Konsums zu präsentieren.

---

21 Ein hervorragendes Beispiel für eine solche Anwendung ist die Korrelation von Lebensmitteleinkauf, Bildung, Einkommen und Ernährungsverhalten. Die mit Hilfe dieser Parameter gebildeten Typen geben – für eine Domäne – ein vollständiges Bild von Konsumenten (STIEß/HAYN 2005). Aber auf diesem Wege ist nicht darüber zu erfahren, was dieser Konsum für die so geschilderten Individuen bedeutet.

22 Die Grundlagen des Konsums als Praxis und als Teil des Alltags muss eine Betrachtung der Materialität mit einbeziehen. Dinge dürfen nicht nur in ihrer Funktion (Lebensstil, Bedürfnisse) gesehen werden, sondern auch als Gegenstände der Lebenswelt (HAHN 2011).

Abbildung 3 Gesellschaften mit geringem Sachbesitz (Foto: HAHN 2003). Wie anhand der Plastik- und der Emaille-Gefäße zu erkennen ist, sind heute auch Haushalte in Gesellschaften mit geringem Sachbesitz überall auf der Welt im globalen System des Konsums integriert. Dennoch haben die Angehörigen solcher Gesellschaften ein anderes, mehr distanziertes Verhältnis zum Konsum, da Waren nicht die Grundlage des Haushalts ausmachen. Der Anteil an selbst hergestellten Gütern (d. i. Subsistenz) ist deutlich höher als der Anteil der als Waren in den Haushalt gekommenen Dinge (d. i. Konsum).

Wie kann es gelingen, die Frage nach dem Besonderen von Konsum umfassender zu beantworten? Die Ethnologie bietet einen spezifischen Weg zur Beantwortung dieser Frage, weil ihr Untersuchungsbereich auch solche Gesellschaften umfasst, die heute an der Schwelle der Konsumgesellschaft stehen (vgl. auch Abb. 3).[23] Die kulturelle Dimension des Konsums ist eigentlich nur aus einer Perspektive vom Rande her, von einer peripheren Position aus zu erkennen. So wie BENJAMIN historisch die Durchsetzung des Konsums um 1900 herum verfolgte und deshalb den Konsum als solchen als etwas Neues erkennen konnte, so haben Ethnologen die Möglichkeit, durch den Vergleich zwischen Gesellschaften mit deutlich gerin-

---

23   Die Untersuchung des oftmals dramatisch verlaufenden Übergangs von Subsistenzgesellschaften hin zu Konsumgesellschaften ist eines der großen Themen in der Ethnologie. Auch wenn sich Ethnologen nicht selten haben beeinflussen lassen von Theorien des Kulturverfalls, so sind doch zahlreiche frühe Studien zur Entwicklung des Konsums zu finden (SCHAPERA 1934, SALISBURY 1962, NURKSE 1955). Eine wichtige theoretische Position nimmt Marshall SAHLINS (1988) ein, indem er die Bedeutung lokaler Weltkonzepte für die Annahme oder Ablehnung von Konsum hervorhebt. Im Gegensatz zu den Weltsystemtheorien, die überall eine vereinheitlichende Logik des Konsums unterstellen, kann er empirisch zeigen, wie lokale Wertvorstellungen bestimmte Konsummuster ermöglichen, andere hingegen ausschließen.

gerem Konsum auf grundlegende Eigenschaften der Konsumwelt hinzuweisen. Ethnologen könnten diesen erweiterten Horizont für eine „Anthropologie des Konsums" nutzen. In einer solchen Anthropologie würde der Konsum nicht als gegeben aufgefasst, sondern als ein Problem behandelt. Was wären wichtige Unterschiede zwischen Konsumgesellschaften und anderen Kulturen, in denen Konsum nur eine geringere Rolle spielt? Wie ist es möglich, sich mit dem Konsum zu beschäftigen, ohne sich mit den endlosen Beschreibungen des „Wie" zu begnügen? Wann immer Ethnographie sich auf die Beschreibung von Lebensstilen im Sinne der oben erwähnten Sinus-Studie beschränkt, ist es ein defizitäres Vorgehen. Eine solche Ethnographie hat ihre Möglichkeiten verfehlt, weil sie die Komplexität verschiedener Lebenswelten, wie auch deren Grenzen nicht berücksichtigt.

Schluss: Die reflektierte Ethnographie des Konsums als dringliche Aufgabe

Der Begriff der „Konsumgesellschaft" ist erst vor etwa einer Generation durch die viel beachtete Studie über die „Geburt der Konsumgesellschaft" zu einem kulturwissenschaftlichen Thema geworden (PLUMB 1982). Wie die Autoren in diesem Buch argumentieren, ist eine Konsumgesellschaft keinesfalls allein durch den Anstieg des Konsums definiert, sondern vielmehr mit wichtigen Transformationen im Hinblick auf das Konzept des Individuums, der Religion, der Bewertung der Technik und der Gesellschaft insgesamt einhergegangen. Dies kann unmittelbar als ein weiteres Indiz für die These gewertet werden, dass Konsum als eine Neuerfindung des Alltags zu bezeichnen ist.

Konsum wird dadurch zu einem historischen Prozess, der – wenigstens in Europa – zu einem bestimmten Zeitpunkt die Gesellschaften insgesamt und irreversibel verändert hat. Der historische oder ethnographische Umweg über eine Betrachtung von Gesellschaften, in denen der Konsum eine marginale Stellung hat, ist offensichtlich ein hervorragend geeigneter Weg, um die Frage nach der „Art des Sehens" in Konsumgesellschaften zu beantworten. Die Ethnologie kann dafür empirische Befunde vorlegen und auf diese Weise wichtige Beobachtungen beisteuern. Dabei geht es zunächst um die Feststellung, dass Gesellschaften, die nicht als Konsumgesellschaften gelten können, in mancher Hinsicht einen anderen Umgang mit den Dingen des Alltags haben.

Um Konsum angemessen zu beschreiben, reicht deshalb eine Ethnographie der Konsumgesellschaften nicht aus. Es ist vielmehr erforderlich, vergleichend vorzugehen und auch solche Gesellschaften mit einzubeziehen, für die Konsum eine deutlich geringere Rolle spielt (HAHN 2006). In solchen Gesellschaften hat der Konsum vielfach nichts Spektakuläres; die Bestimmung einer Traumwelt, in die vollständig einzutauchen wäre, ist dort kaum möglich. Oftmals sind die „wenigen Konsumgüter" durchweg alltägliche Dinge, die aus westlicher Sicht in so hohem Maße selbstverständlich sind, dass sie schlichtweg übersehen werden. Möglicherweise erscheint dieser „embryonale Konsum" in den Augen des Ethnographen auf den ersten Blick als ein Verlust für die lokale Kultur. Umso wichtiger ist es, eine reflektierte ethnographische Perspektive einzunehmen, und diese Kontexte marginalen Konsums als die Entstehung einer Konsumgesellschaft zu begreifen. Es gilt, solche Beobachtungen als Chance wahrzunehmen und sich genauer damit zu befassen, was es eigentlich bedeutet, wenn ein immer größerer Anteil der Dinge in einem Haushalt als Konsumgüter erworben wurde. Eine Ethnographie des Alltags in einer solchen Übergangsgesellschaft muss neben der Beschreibung des Konsums und den damit verbundenen Entscheidungen über Ressourcen auch die Erwartungen und Einstellungen dokumentieren, welche es bei den Männern und Frauen gibt, die gerade dabei sind, Konsumenten zu werden.

Eine solche Ethnographie des alltäglich werdenden Konsums sollte nicht nur das „Wie" des Konsums klären, sondern auch auf die Frage eingehen, was Konsum ist. Nur in der direkten Gegenüberstellung von „selbst erzeugten Gütern" und „Waren" kann es gelingen, die Bestimmung des Konsums als einer „Art des Sehens" mit ethnographischen Beobachtungen zu belegen. Ethnologie kann mehr als andere Wissenschaften dazu beitragen, empirische Befunde beizusteuern zur Beantwortung der Frage: „Was ist Konsum im Kontext einer Kultur?"

Bibliographie

ADORNO, T. W. (1955[1941]): Veblens Angriff auf die Kultur. In: ADORNO, T. W. (Hrsg.): Prismen. Frankfurt a. M., 82–111.

ADORNO, T. W. (1963[1953]): Fernsehen als Ideologie. In: ADORNO, T. W. (Hrsg.): Eingriffe. Neun kritische Modelle. Frankfurt a. M., 81–98.

ADORNO, T. W. (1977a): Kulturkritik und Gesellschaft I. Prismen – Ohne Leitbild. Gesammelte Schriften 10.1. Frankfurt a. M.

ADORNO, T. W. (1977b[1953]): Prolog zum Fernsehen. In: ADORNO, T. W.: Kulturkritik und Gesellschaft II. Eingriffe – Stichworte. Gesammelte Schriften 10.2. Frankfurt a. M., 507–517.

APPLBAUM, K. (1998): The sweetness of salvation. Consumer marketing and the liberal bourgeois theory of needs. In: Current Anthropology 39, 3, 323–349.

APPLBAUM, K. (2003): The marketing era. From professional practice to global provisioning. London.

ARENDT, H. (1960[1958]): Vita activa oder Vom tätigen Leben. München.

ARNOULD, E. J./THOMPSON, C. J. (2005): Consumer culture theory (CCT): twenty years of research. In: Journal of Consumer Research 31, 4, 868–883.

BADENBERG, N. (2004): Zwischen Kairo und Alt-Berlin. Sommer 1896: Die deutschen Kolonien als Ware und Werbung. In: HONOLD, A./SCHERPE, K. R. (Hrsg.): Mit Deutschland um die Welt. Eine Kulturgeschichte des Fremden in der Kolonialzeit. Stuttgart, 190–199.

BARTHES, R. (2010[1957]): Mythen des Alltags. Vollständige Ausgabe. Frankfurt a. M.

BAUDRILLARD, J. (1972[1970]): Fetischismus und Ideologie: Die Semiologische Reduktion. In: PONTALIS, J.-B. (Hrsg.): Objekte des Fetischismus. Frankfurt a. M., 315–334.

BAUMAN, Z. (2003): Flüchtige Moderne. Frankfurt a. M.

BAUMAN, Z. (2009): Leben als Konsum. Hamburg.

BAYERDÖRFER, H.-P./ECKHART, H. (2003) (Hrsg.): Exotica. Konsum und Inszenierung des Fremden im 19. Jahrhundert. Kulturgeschichtliche Perspektiven, 1. Münster.

BELK, R. W./GER, G./ASKEGAARD, S. (2003): The fire of desire. A multisited inquiry into consumer passion. In: Journal of Consumer Research 30, 3, 326–352.

BELK, R. W./MEHTA, R. (1991): Artifacts, identity, and transition. Favorite possessions of indians and indian immigrants to the United States. In: Journal of Consumer Research 17, 4, 398–411.

BENJAMIN, W. (1963[1936]): Das Kunstwerk im Zeitalter seiner technischen Reproduzierbarkeit. Frankfurt a. M.
BENJAMIN, W. (1983): Das Passagen-Werk (1928–1929, 1934–1940, hrsg. v. TIEDEMANN, R.). Frankfurt a. M.
BODE, W. (1904): Die Macht der Konsumenten. Weimar.
BÖHME, G. (2008): Zur Kritik der Ästhetischen Ökonomie. In: MAASE, K. (Hrsg.): Die Schönheiten des Populären. Ästhetische Erfahrung der Gegenwart. Frankfurt a. M., 28–41.
BOURDIEU, P. (1976[1972]): Entwurf einer Theorie der Praxis auf der ethnologischen Grundlage der kabylischen Gesellschaft. Frankfurt a. M.
BOURDIEU, P. (1982[1979]): Die feinen Unterschiede. Kritik der gesellschaftlichen Urteilskraft. Frankfurt a. M.
BREWER, J./PORTER, R. (1993) (Hrsg.): Consumption and the world of goods. London.
BUCK-MORSS, S. (1993): Dialektik des Sehens. Walter Benjamin und das Passagen-Werk. Frankfurt a. M.
CAMPBELL, C. (1998): Consumption and the rhetorics of need and want. In: Journal of Design History 11, 3, 235–246.
CHAI, A./EARL, P./POTTS, J. (2007): Fashion, growth and welfare: An evolutionary approach. In: Advances in Austrian Economics 10, 187–207.
CLIFFORD, J. (1990): Sich selbst sammeln. In: KORFF, G./ROTH, M. (Hrsg.): Das historische Museum. Labor, Schaubühne, Identitätsfabrik. Frankfurt a. M., 87–106.
CLIFFORD, J. (1997): Traveling cultures. In: CLIFFORD, J. (Hrsg.): Routes. Travel and translation in the late twentieth century. Cambridge, 17–46.
COLLOREDO-MANSFELD, R. (2005): Consumption. In: CARRIER, J. G. (Hrsg.): Handbook of economic anthropology. Cheltenham, 210–225.
DIEDERICHSEN, D. (1987): Zeichen statt Materie. Wird sich der zukünftige Konsum von den materiellen Gütern auf zeichenhafte, auf Immaterielles verlagern? In: BURCKHARDT, L. (Hrsg.): Design der Zukunft. Architektur, Design, Technik, Ökologie. Köln, 109–123.
DOUGLAS, M./ISHERWOOD, B. (1978): The world of goods. Towards an anthropology of consumption. London.
FREYER, H. (1923): Prometheus. Ideen zur Philosophie der Kultur. Jena.
GOSS, J. (2004): Souvenir. Conceptualizing the object(s) of tourist consumption. In: LEW, A. A. (Hrsg.): A companion to tourism. London, 327–335.
GUMBRECHT, H. U. (1998): Kaskaden der Modernisierung. In: WEIß, J. (Hrsg.): Mehrdeutigkeiten der Moderne. Intervalle 1. Kassel, 17–41.
HAHN, H. P. (2000): Zum Begriff der Kultur in der Ethnologie. In: FRÖHLICH, S. (Hrsg.): Kultur. Ein interdisziplinäres Kolloquium zur Begrifflichkeit. Halle, 149–164.
HAHN, H. P. (2005a): Materielle Kultur. Eine Einführung. Berlin.
HAHN, H. P. (2005b): Dinge des Alltags – Umgang und Bedeutungen. Eine ethnologische Perspektive. In: KÖNIG, G. M. (Hrsg.): Alltagsdinge. Erkundungen der materiellen Kultur. Tübingen, 63–79.
HAHN, H. P. (2006): Die Sprache der Dinge und Gegenstände des Alltags. In: Sociologia Internationalis 44, 1, 1–19.
HAHN, H. P. (2008a): Consumption, identities and agency in Africa. Introduction. In: HAHN, H. P. (Hrsg.): Consumption in Africa. Anthropological approaches. Beiträge zur Afrikaforschung 37. Münster, 9–41.
HAHN, H. P. (2008b): Konsum und die Ethnographie des Alltags: Eine fragwürdige Ästhetik der Dinge. In: RICHARD, B./RUHL, A. (Hrsg.): Konsumguerilla. Widerstand gegen Massenkultur? Frankfurt a. M., 21–31.
HAHN, H. P. (2011): Konsumlogik und Eigensinn der Dinge. In: DRÜGH, H./METZ, C./WEYAND, B. (Hrsg.): Warenästhetik. Neue Perspektiven auf Konsum, Kultur und Kunst. Frankfurt a. M., 92–110.

HAMMANN, W./KLEIN, J. (1984): Das einfache Leben. Lebensstile in der Krise. Reinbek b. Hamburg.
HANNERZ, U. (1999): Reflections on varieties of culturespeak. In: European Journal of Cultural Studies 2, 3, 393–407.
HAUG, W. F. (1971): Kritik der Warenästhetik. Frankfurt a. M.
HAUG, W. F. (2009): Kritik der Warenästhetik. Gefolgt von Warenästhetik im High-Tech-Kapitalismus. Frankfurt a. M.
HORKHEIMER, M./ADORNO, T. W. (1969[1947]): Dialektik der Aufklärung. Philosophische Fragmente. Frankfurt a. M.
HUGH-JONES, S. (1992): Yesterday's luxuries, tomorrow's necessities: Business and barter in northwest Amazonia. In: HUMPHREY, C./HUGH-JONES, S. (Hrsg.): Barter, exchange and value: An anthropological approach. Cambridge, 42–74.
KARNANI, A. (2009): The bottom of the pyramid strategy for reducing poverty: A failed promise. DESA Working Paper 80. New York.
KOCKELMAN, P. (2006): A semiotic ontology of the commodity. In: Journal of Linguistic Anthropology 16, 1, 76–102.
KORFF, G. (1992): Einleitung. Notizen zur Dingbedeutsamkeit. In: KORFF, G. (Hrsg.): 13 Dinge. Form, Funktion, Bedeutung. Katalog zur gleichnamigen Ausstellung im Museum für Volkskultur in Württemberg. Stuttgart, 8–17.
KRAMER, D. (1996): Konsummuster und Nachhaltigkeit. Die Kluft zwischen der kulturellen Bedeutung der Dinge und den Stoffbilanzen. In: Entwicklungsethnologie 5, 1, 11–24.
LÖFGREN, O. (1994): Consuming interests. In: FRIEDMAN, J. (Hrsg.): Consumption and identity. Studies in Anthropology and History 15. Chur, 47–70.
MASLOW, A. H. (1977[1954]): Motivation und Persönlichkeit. Olten.
MCCLELLAND, D. C. (1966[1961]): Die Leistungsgesellschaft. Psychologische Analyse der Voraussetzungen wirtschaftlicher Entwicklung. Stuttgart.
MCCRACKEN, G. (1986): Culture and consumption. A theoretical account of the structure and movement of the cultural meaning of consumer goods. In: Journal of Consumer Research 13, 1, 71–84.
MICK, G. D. (1986): Consumer research and semiotics: exploring the morphology of signs, symbols, and significance. In: Journal of Consumer Research 13, 2, 196–213.
MILLER, D. (1998): A theory of shopping. Ithaca.
MILLER, D. (2001): The poverty of morality. In: Journal of Consumer Culture 1, 2, 225–243.
MILLER, D. (2010[2009]): Der Trost der Dinge. Frankfurt a. M.
MINTZ, S. W. (1987[1985]): Die süße Macht. Kulturgeschichte des Zuckers. Frankfurt a. M.
MOLOTCH, H. (2011): Objects in sociology. In: CLARKE, A. (Hrsg.): Design anthropology. Object culture in the 21st century. New York, 100–116.
MOSLER, P. (1981): Die vielen Dinge machen arm. Reinbek b. Hamburg.
MÜLLER, J. B. (1971): Bedürfnis und Gesellschaft. Bedürfnis als Grundkategorie im Liberalismus, Konservatismus und Sozialismus. Stuttgart.
NIEKISCH, S. (2002): Kolonisation und Konsum. Kulturkonzepte in Ethnologie und Cultural Studies. Bielefeld.
NURKSE, R. (1955): Problems of capital formation in underdeveloped countries. Oxford.
PLUMB, J. H. (1982): Commercialization and society. In: MCKENDRICK, N./BREWER, J./PLUMB, J. H. (Hrsg.): The birth of a consumer society. The commercialization of eighteenth-century England. London, 263–334.
RECKWITZ, A. (2006): Das Subjekt des Konsums in der Kultur der Moderne. Der kulturelle Wandel der Konsumtion. In: REHBERG, K. S. (Hrsg.): Soziale Ungleichheit. Verhandlungen des 32. Kongresses der Deutschen Gesellschaft für Soziologie vom 4. bis 8. Oktober 2004 in der Ludwig-Maximilians-Universität München. Frankfurt a. M., 424–436.

RICHARDS, S. L. (2006): Who is this ancestor? Performing memory in Ghana's slave castle-dungeons. In: MADISON, D. S./HAMERA, J. (Hrsg.): The SAGE handbook of performance studies. London, 489–507.

RICHINS, M. L. (1994): Valuing things. The public and private meanings of possessions. In: Journal of Consumer Research 21, 3, 504–521.

RUPRECHT, W. (2004): Konsumverhalten in evolutionsökonomischer Perspektive. In: WALTER, R. (Hrsg.): Geschichte des Konsums. Erträge der 20. Arbeitstagung der Gesellschaft für Sozial- und Wirtschaftsgeschichte, 23.-26. April 2003 in Greifswald. Stuttgart, 35–46.

SAHLINS, M. D. (1988): Cosmologies of capitalism. The trans-pacific sector of ‚The World System'. In: Proceedings of the British Academy 74, 1–51.

SALISBURY, R. F. (1962): From stone to steel. Economic consequences of a technological change in New Guinea. Melbourne.

SCHAPERA, I. (1934) (Hrsg.): Western civilization and the natives of South Africa. Studies in culture contact. London.

SCHERHORN, G. (1997): Das Ganze der Güter. In: MEYER-ABICH, K. M. (Hrsg.): Vom Baum der Erkenntnis zum Baum des Lebens. München, 162–251.

SCHERPE, K. R. (2010): Szenarien des Kolonialismus in der Öffentlichkeit des deutschen Kaiserreichs. In: RENNER, R. G. (Hrsg.): Koloniale Vergangenheiten – (post-)imperiale Gegenwart. Berlin, 165–184.

SCHEFOLD, B. (2010): Bedürfnisse und Gebrauchswerte in der deutschen Aufklärung. Zum wechselnden Status der Waren bei Kameralisten, ökonomischen Klassikern und frühen Angehörigen der historischen Schule. Vortrag zur Jahrestagung der Deutschen Gesellschaft für die Erforschung des 18. Jahrhunderts vom 30.9.-3.10.2010 in Halle/Saale: „Die Sachen der Aufklärung".

SCHEUERMANN, E. (1920): Der Papalagi. Die Reden des Südseehäuptlings Tuiavii aus Tiavea. Buchenbach.

SCHMIDBAUER, W. (1972): Homo consumens. Der Kult des Überflusses. Stuttgart.

SCHMÖLDERS, G. (1978): Verhaltensforschung im Wirtschaftsleben. Reinbek b. Hamburg.

SCHOLZ-HÄNSEL, M. (1987): Exotische Welten Europäische Phantasien. Das exotische Plakat. Stuttgart.

SCHOLZE, M. (2009): Moderne Nomaden und fliegende Händler. Tuareg und Tourismus im Niger. Beiträge zur Afrikaforschung 34. Münster.

SCHRAGE, D. (2009): Die Verfügbarkeit der Dinge. Eine historische Soziologie des Konsums. Frankfurt a. M.

SELLE, G. (1997): Siebensachen. Ein Buch über die Dinge. Frankfurt a. M.

SIEGRIST, H./KAELBLE, H./KOCKA, J. (1997) (Hrsg.): Europäische Konsumgeschichte. Zur Gesellschafts- und Kulturgeschichte des Konsums (18. bis 20. Jahrhundert). Frankfurt a. M.

SIMMEL, G. (1990[1896]): Berliner Gewerbe-Ausstellung. In: SIMMEL, G. (Hrsg.): Vom Wesen der Moderne. Hamburg, 167–174.

STIEß, I./HAYN, D. (2005): Ernährungswende. Ernährungsstile im Alltag. Ergebnisse einer repräsentativen Untersuchung. Frankfurt a. M.

STOESSEL, M. (1983): Aura. Das vergessene Menschliche. Zu Sprache und Erfahrung bei Walter Benjamin. München.

STRONZA, A. (2001): Anthropology of tourism. Forging new ground for ecotourism and other alternatives. In: Annual Review of Anthropology 30, 261–283.

TRENTMANN, F. (2006): Knowing consumers. Histories, identities, practices. In: TRENTMANN, F. (Hrsg.): The making of the consumer. Knowledge, power and identity in the modern world. Oxford, 1–27.

VAN BEEK, W. E. A. (2003): African tourist encounters: effects of tourism on two West African societies. In: Africa (Journal of the International African Institute) 73, 2, 251–289.

VEBLEN, T. (1986[1899]): Theorie der feinen Leute. Frankfurt a. M.

WITT, U. (2001): Learning to consume. In: Journal of Evolutionary Economics 11, 1, 23–36.

Vernünftige und unvernünftige Konsumentscheidungen und ihre psychologischen Ursachen

Georg Felser

Der emotionale Konsument

Im Jahr 2008 ging der Wissenschaftspreis des deutschen Marketing-Verbandes (DMV) an eine Arbeit aus dem Bereich des Neuromarketings. Die Arbeit von MÖLL (zit. nach MÖLL/ESCH 2008) zeigt, dass bekannte und starke Marken Hirnregionen aktivieren, die mit positiven Emotionen assoziiert sind. Starke Marken sind solche, zu denen der Konsument verhältnismäßig viel weiß, und die er positiv bewertet. Marken, zu denen wir eher wenig wissen und die wir neutral bewerten, sind nach dieser Logik schwache Marken. MÖLL und ESCH (2008) zeigen, dass diese schwachen Marken nicht etwa neutrale Hirnreaktionen hervorrufen: Sie aktivieren vielmehr jene Regionen, die mit negativen Emotionen assoziiert sind. Darin unterscheiden sie sich nicht von völlig unbekannten Marken. Allem Anschein nach ist bloße Bekanntheit beim Konsumenten für sich genommen noch kein Vorteil: Selbst innerhalb der bekannten Marken profitieren nur die „Spitzenreiter", also die bekanntesten von ihrer Bekanntheit. Nur diese lösen Hirnreaktionen aus, die mit positiven Emotionen einhergehen. Die schwachen werden gemeinsam mit den unbekannten in jenen Regionen verarbeitet, die mit negativen Gefühlen assoziiert sind.

Befunde wie diese verstärken das Interesse der Konsumforschung an den Emotionen der Konsumenten. In der populären Aufarbeitung von MÖLL und ESCH (2008) werden die oben genannten Ergebnisse gar unter der Überschrift: „Emotionen machen den Unterschied" präsentiert. Solche Darstellungen vermitteln den Eindruck, der Mensch werde – da er ja bekanntlich nicht der Vernunft folgt – von den Gefühlen geleitet. Immer wieder tauchen Begriffe wie „emotionale Entscheidung", „Bauchentscheidungen" oder „gefühltes Wissen" auf. Es wird suggeriert, der Gegenbegriff zu „rational" sei „emotional" und die nicht-rationalen Einflüsse auf unser Verhalten seien also Einflüsse der Emotionen.

Ich beziehe mich im Folgenden auf den Rationalitätsbegriff wie er vor allem von den Wirtschaftswissenschaften verwendet wird und wie er auch den klassischen Theorien zum rationalen Entscheiden zu Grunde liegt: Rational ist danach eine Entscheidung dann, wenn sie den subjektiv erwarteten Nutzen maximiert.

Wichtige Elemente, die hierzu beitragen, sind etwa eine unverzerrte Sicht auf die Erträge, die mit einer Entscheidung einhergehen, und auf die Wahrscheinlichkeiten, mit der sich diese Erträge verwirklichen lassen. Dies wird unter anderem dadurch gewährleistet, dass nachweislich wichtige Informationen bei der Entscheidung berücksichtigt und nicht ignoriert werden und dass unwichtige Aspekte (wie z. B. die Form, in der die Entscheidungssituation dargestellt wird) keinen Einfluss haben.[1] Diese Vorstellung der Rationalität wird durch die Befunde des Neuromarketings allem Anschein nach in Frage gestellt. Aus psychologischer Sicht ist allerdings die neurowissenschaftliche Argumentation nur eingeschränkt zu begrüßen. Dass Menschen keine Homini oeconomici sind, ist natürlich längst Botschaft der Psychologie. Dass aber Emotionen nun den neuen Schlüssel zum Verhalten bilden, wo die Ratio nur eingeschränkt nützlich war, dies ist sicherlich eine Zuspitzung, die nicht wirklich weiterführt.

Die folgenden Ausführungen werden zum einen zeigen, dass Abweichungen vom Ideal der rationalen Entscheidung in vielen Fällen nichts mit Emotionen zu tun haben. Zum anderen sollen sie aber auch ein Plädoyer dafür sein, weniger neuronale Vorgänge als vielmehr Prozesse der Informationsverarbeitung zu betrachten, wenn wir Konsumverhalten verstehen wollen. Ich spreche hier von Informationen im Sinne von semantischen Einheiten, also Dingen, die wir auch im Alltagsverständnis „Information" nennen würden – zum Beispiel Vorstellungsbilder, sinnliche Wahrnehmungen, Emotionen und Affekte, Verhalten anderer Menschen in unserer Umgebung oder Erinnerungen. In einem technischen Sinne kann man freilich auch bei der Gehirntätigkeit von „Informationen" sprechen. Auch Laien wissen, dass Nervenzellen miteinander „kommunizieren", also sozusagen „Informationen austauschen". Aber dies ist natürlich ein ganz eigener Informationsbegriff, und daher kann uns die Hirnforschung entweder gar nicht oder nur sehr indirekt zeigen, was Menschen denken, welche Emotionen sie dabei haben und welche Entscheidungen daraus folgen – kurz: welche Informationen (im alltagssprachlichen Sinne des Wortes) der Mensch wie verarbeitet. Tatsächlich hängt aber genau davon und von den dahinterstehenden psychologischen Modellen ab, ob wir über menschliche Entscheidungen überhaupt etwas lernen.

Neuroforschung und Emotionen

Wenn man fragt, was die Neuroforschung mit Emotionen zu tun hat, fällt zunächst eine vielleicht überraschende Tatsache auf: Die vom Neuromarketing reklamierten Emotionen haben mit dem, was man – auch aus wissenschaftlicher Perspektive – normalerweise unter einer Emotion versteht (z. B. ROTHERMUND 2011), gar nicht viel zu tun. Gemeint sind im Neuromarketing nämlich meist neuronale Aktivitäten in unterschiedlichen Gehirnregionen. Für positive Emotionen ist etwa das sogenannte „Belohnungssystem" zuständig, das gleich mehrere evolutionär unterschiedlich alte Gehirnregionen umfasst (z. B. den orbifrontalen Cor-

---

1   Für einen Überblick vgl. z. B. BETSCH et al. (2011), GIGERENZER et al. (1999).

tex wie auch den Mandelkern, die Amygdala, den Nucleus Accumbens). Aktivitäten im Belohnungssystem korrelieren mit der Erwartung und der Erfahrung von positiven Ereignissen und besonders stark mit unerwartet positiven Ereignissen. Mit negativen Emotionen korrelieren Aktivitäten in anderen Regionen, so etwa dem rechten Gyrus frontalis superior und der rechten Insula.[2] Damit enthalten die hier betrachteten Indikatoren zwar in der Tat ein wichtiges Merkmal von Emotionen, nämlich die Bewertungsreaktion. Andere Kriterien bleiben allerdings ausgeblendet, so etwa der Bezug auf einen konkreten Gegenstand (Gefühlsregungen ohne einen Gegenstandsbezug sind keine Emotionen – ein Beispiel wäre etwa eine Stimmung), die Situationseinschätzung der Person (die überhaupt erst entscheidet, um welche Emotion es sich handelt) und das subjektive Erleben der Emotion. Besonders dieser letzte Punkt, also das Erlebnis der Emotion, entspricht eben nicht den gemessenen Gehirnaktivitäten. In der Untersuchung von MÖLL (zit. nach MÖLL/ESCH 2008) etwa zeigte sich, dass weniger bekannte Marken von den Probanden emotional neutral beschrieben wurden. Gleichzeitig zeigten sich aber Aktivitäten in der Insula, einem Gehirnareal, dessen Erregung in anderen Studien mit einem empfundenen Ekel einhergeht. Dieser Befund ist ohne Zweifel hoch interessant – trotzdem ist er natürlich in hohem Maße unklar. Zwar hat die Hirnreaktion den für eine Emotion erforderlichen Gegenstandsbezug – die präsentierte Marke – aber das hilft beim Verständnis nicht viel weiter, denn eine Marke ist für eine Emotion wie Ekel ein eher ungewöhnlicher, vielleicht sogar unverständlicher Gegenstand. Andere definierende Merkmale einer Emotion (Situationseinschätzung und entsprechendes subjektives Erleben) fehlen gleich ganz. Es bleibt also unklar, was durch solche hirnphysiologischen Befunde gemessen wird. Emotionen sind es jedenfalls nicht – oder allenfalls in einer so rudimentären Form, dass es eher in die Irre führt, wenn man hier behauptet, „Emotionen machen den Unterschied".

Im Lichte der genannten Argumente erscheint es also höchst zweifelhaft, ob das Neuromarketing zu recht für sich reklamiert, Emotionen zu untersuchen. Es sei hier nur am Rande erwähnt, dass manche Konsumforscher Bewertungsreaktionen sogar zu den Kognitionen zählen (z. B. FENNIS/STROEBE 2010:12). Würde man dieser Argumentation folgen, könnte man Gehirnaktivitäten im Belohnungssystem mit noch weniger Recht eindeutig „emotional" nennen.

Der kognitive Geizhals

Die vorangegangene Argumentation erscheint verhältnismäßig müßig, dreht sie sich doch allem Anschein nach „nur" um terminologische Fragen. Ich werde weiter unten die Bedeutung solcher Fragen gleichwohl noch einmal hervorkehren. Wichtiger ist mir aber in meinem Beitrag ein anderes Problem, das mit dem überproportionalen Interesse an Neuromarketing und Emotionen einhergeht: Tatsächlich unterliegt ein Großteil unseres Konsumverhaltens Einflüssen, die man

---

2 Für einen Überblick vgl. ESCH et al. (2008).

weder klar als „rational" noch als „emotional" bezeichnen kann. Wenn wir beim Kaufen und Konsumieren nicht den Gesetzen der Rationalität folgen, dann liegt das meist nicht daran, dass wir von Gefühlen getrieben würden. Wir wenden vielmehr Routinen an, die nicht im Lehrbuch für rationales Entscheiden stehen, die uns aber das Entscheiden erleichtern. Diesen Routinen und den psychologischen Regeln dahinter soll sich der Hauptteil dieses Beitrags widmen. Ich werde im Folgenden zeigen, dass ein Großteil der Fälle, in denen wir nicht rational entscheiden, keinem Einfluss der Emotionen unterliegt.

Die Psychologie geht davon aus, dass der Mensch beim Entscheiden und Urteilen ein ausgeprägtes Anstrengungsvermeidungsmotiv besitzt. Der Mensch ist ein kognitiver Geizhals (FISKE/TAYLOR 1984), Entscheidungen und Urteile fällt er mit dem geringstmöglichen Aufwand. Wenn man betrachtet, wie Menschen tatsächlich entscheiden, dann spielen darin also vermutlich weder die Vernunft noch die Emotionen die Hauptrolle. Ein Großteil unserer Entscheidungen und Werturteile besteht aus vereinfachenden Faustregeln bzw. Heuristiken. Die Ergebnisse dieser Heuristiken können, müssen aber nicht zu einem Ergebnis führen, das den Forderungen der Rationalität genügt. Ihre Anwendung kann, muss aber nicht, von Emotionen begleitet sein. Im Folgenden stelle ich eine Reihe solcher Regeln vor. Zum Beispiel verwenden Menschen Namen, um daraus Eigenschaften von Objekten abzuleiten. Sie nutzen nahezu beliebige Zahlenwerte, wenn sie numerische Schätzungen abgeben sollen. Ebenso spielt es eine Rolle in menschlichen Entscheidungen, ob eine Information zu den Optionen sofort verfügbar war oder erst erfragt werden musste. Schließlich kann man zeigen, dass entgegen den ökonomischen Nutzentheorien bei Entscheidungen nicht etwa die Gesamtnutzen von Optionen verglichen werden. Menschen ziehen vielmehr Einzelvergleiche zu bestimmten Merkmalen der Optionen und zählen dann aus, welche der Optionen bei diesen Vergleichen wie oft „gewonnen" hat.

Wo Konsumenten „unvernünftig" sind, ohne „emotional" zu sein

Der Einfluss von Produktnamen

Wenn es um Namen geht, wird – zumindest in der Psychologie – gern die Klage der jungen Julia Capulet angeführt, die sich und ihrem Romeo gerne einreden würde, es sei gleichgültig, ob sie nun Capulet oder Montague heißen (SHAKESPEARE (1994[1599]):60). Diese Passage enthält eigentlich eine prüfbare wissenschaftliche Hypothese: Julia behauptet, dass der sensorische Eindruck beim Schnuppern an einer Rose immer derselbe sei und sich auch dann nicht ändere, wenn man den Namen „Rose" durch einen beliebigen anderen ersetze. So eloquent diese These auch vorgetragen wird, sie ist – psychologisch – offenbar falsch: Sensorische Erlebnisse ändern sich deutlich, wenn ein Name für das zu erfassende Objekt hinzukommt. Nachgewiesen ist das zum Beispiel für Geschmackserlebnisse unter variierenden Bezeichnungen (z. B. HOYER/BROWN 1990) oder im Vergleich von Blindverkostung mit korrekter Bezeichnung (z. B. ALLISON/UHL 1964, BROCHET 2002, MCCLURE et al. 2004).

Einleuchtend, wenn auch nach rationalen Maßstäben nicht erklärbar, ist der Effekt von bedeutungshaltigen Namen: WÄNKE et al. (2007) präsentierten ihren Probanden Schweizer Hotels unter den Namen „Alpina" oder „Edelweiß". Unter dem ersteren Namen erwarteten Konsumenten stets eher ein Sporthotel als unter dem letzteren. Interessanterweise war dieser Eindruck durch keine noch so widersprüchliche Darstellung des Hotels in allen anderen Informationen zu neutralisieren. Eigene Studien (FELSER 2009) zeigen, dass ein Tee aus tropischen Früchten unter dem Namen „Tropical feeling" spritziger und fruchtiger schmeckt als unter dem Namen „Vor dem Kamin".

Effekte auf das Produkterleben finden sich aber auch jenseits der Semantik: KLINK (2003) zeigt, dass die Vokale in Markennamen mit Unterschieden in der Wahrnehmung einhergehen: Vorderzungenvokale (im Deutschen z. B. e, i und a) wurden im Gegensatz zu Hinterzungenvokalen (im Deutschen o und u) mit helleren Farben assoziiert. Vorderzungenvokale in Kombination mit Reibelauten wurden zudem mit kleineren, eher kantigen Figuren (z. B. in Logos) in Verbindung gebracht. In einer weiteren Studie zeigt KLINK (2003), dass zum Beispiel ein Bier stärker, dunkler und „schwerer" erlebt wurde, wenn der Name einen Hinterzungenvokal hatte und das Logo runder, dunkler und größer war.

In einem weiteren Beispiel untersuchten YORKSTON und MENON (2004) die Wirkung zweier fiktiver Markennamen für Eiscreme, „Frish" und „Frosh", auf die Wahrnehmung des Produktes. Die Namen unterschieden sich nur in ihrem Vokal. Da Hinterzungenvokale eher größer, schwerer, weicher und dunkler wahrgenommen werden, wurde das Eis unter dem Namen „Frosh" auch cremiger, weicher und sahniger erlebt. Da dies bei Eiscreme auch wünschenswerte Eigenschaften sind, wurde das Eis zudem bei der Verkostung unter dem Namen „Frosh" auch positiver bewertet als unter „Frish".

Der Ankereffekt

Die scheinbare Unvernunft der Konsumenten zeigt sich jedoch nicht nur in der Wirkung von Produktnamen. Auch numerische Größen können hier einen Einfluss haben. Ein Beispiel dafür ist der so genannte Ankereffekt. Dieser zeigt sich etwa in der Studie ARIELYs (2008): Teilnehmer eines Seminars können eine Flasche Rotwein ersteigern, indem sie ein Gebot auf einen Zettel schreiben. Das höchste Gebot erhält den Zuschlag. Zuvor sollen sie die letzten beiden Ziffern ihrer Sozialversicherungsnummer auf dem Zettel notieren, ein Dollarzeichen davor malen und die Frage beantworten: „Wären Sie bereit, den Betrag $ xx für die Flasche zu bieten?" Die Zahl hatte offensichtlich nichts mit dem Wein zu tun. Trotzdem korrelierten die Gebote deutlich mit der Endziffer der Sozialversicherungsnummer: Im Durchschnitt boten Probanden mit niedriger Endziffer lediglich $ 8,64 und mit hoher Endziffer dagegen $ 27,91.

Verantwortlich hierfür ist der Ankereffekt: Bei numerischen Schätzungen orientieren wir uns an Referenzwerten (Ankern) und entfernen uns nur wenig davon. Bei Preisurteilen können Anker sinnvoll (z. B. bisheriger Preis) oder sinnlos (z. B. Sozialversicherungsnummer) sein, wobei beide wirken. Der Ankereffekt sagt auch vorher, dass Menschen eine höhere Zahlungsbereitschaft haben, wenn sie bereits viel ausgegeben haben. Auch dies ist ökonomisch natürlich unplausibel, denn eine Ausgabe von € 1.000 wird ja nicht kleiner dadurch, dass vorher bereits € 10.000 ausgegeben wurden. Der hohe Anker von € 10.000 lässt jedoch die € 1.000 geringer erscheinen und senkt damit auch die Schwelle, diesen Betrag zusätzlich auszugeben.[3]

Der Ankereffekt ist wirtschaftlich von großer Bedeutung. So beeinflusst er beispielsweise Preisschätzungen. Beeindruckend zeigt sich dieser Effekt in einem Feldexperiment von NORTHCRAFT/NEALE (1987). Hier sollten Makler unter realen Bedingungen den Wert eines Hauses schätzen. Sämtliche wichtigen Informationen waren verfügbar (z. B. Exposé, Besichtigung, Vergleichspreise). Zusätzlich wurden den Maklern unterschiedliche Listenpreise als Anker vorgegeben. Obwohl keiner der befragten Makler den Einfluss der mitgeteilten Preise erkannte, variierten die Expertisen in Abhängigkeit von den Ankern um mehr als 10 % des Wertes.

Ein anderer wirtschaftlich bedeutender Faktor ist der Einfluss von Ankern bei Verhandlungen: Das endgültige Ergebnis einer Verhandlung liegt dabei stets näher am ersten als am zweiten Gebot. Die berichteten Korrelationen zwischen erstem Gebot und dem Ergebnis variieren zwischen $r = 0{,}70$ und $r = 0{,}90$. Das bedeutet, dass mindestens die Hälfte der Varianz in den Verhandlungsergebnissen durch das erste Gebot bereits determiniert ist: Das erste Angebot fungiert als Anker, wer zuerst bietet, ist daher immer im Vorteil (z. B. GALINSKY/MUSSWEILER 2001).

Der Ankereffekt ist extrem stabil. Es spielt keine Rolle, ob der Anker mit einer Schätzung etwas zu tun hat oder nicht, wie am Beispiel der Sozialversicherungsnummer zu sehen war. Genauso wie Laien unterliegen auch Experten dem Ankereffekt, dies zeigt das Beispiel der Immobilienmakler. Selbst Anker, die völlig außerhalb des gewöhnlich Erwartbaren liegen, haben einen Einfluss: Probanden sollten schätzen, ob der indische Politiker Mahatma Gandhi jünger oder älter als 140 oder 9 Jahre sei. Bei hohem Anker schätzten sie 67, bei niedrigem Anker 50 Jahre. Es hilft dabei auch nicht, wenn man vom Ankereffekt schon weiß und ihn aktiv zu unterdrücken sucht (MUSSWEILER/STRACK 2001:146).

Wie nun wird der Ankereffekt theoretisch erklärt? Dass der Ankereffekt nicht darauf zurückgeht, dass Probanden den Anker wirklich für valide halten, sieht man schon an den Beispielen, bei denen unrealistische oder zufällige Vorgaben wirken. Stattdessen unterstellen MUSSWEILER et al. (1997), dass die Vorgabe eines Ankers selektiv besonders solche Werte gedanklich verfügbar macht, die in der Nähe des Ankers liegen. In der Folge werden dann, wie in vielen anderen Situ-

---

3   Vgl. hierzu auch CHRISTENSEN (1989).

ationen auch[4], bevorzugt Informationen genutzt, die besonders leicht verarbeitet werden und kognitiv hoch verfügbar sind. Aus diesem Modell folgt zum Beispiel, dass der Ankereffekt verschwinden oder sich zumindest abschwächen müsste, wenn man in Konkurrenz zum Anker auch Informationen verfügbar macht, die mit dem Anker nicht verträglich sind. Dies ist in der Tat der Fall, wie MUSSWEILER et al. (2000) für Preisschätzungen bzw. GALINSKY/MUSSWEILER (2001) für Verhandlungen nachweisen. Dem einzelnen Konsumenten kann man daher z. B. raten, die Preisvorstellungen einer Gegenpartei durch gezielte eigene Überlegungen in Frage zu stellen. Damit lässt sich der Ankereffekt zwar nicht vollständig überwinden, es mildert ihn allerdings ab.

Ankereffekten unterliegen wir immer dort, wo wir Zahlenwerte angeben sollen, die wir nicht berechnen können. Eine für das Konsumverhalten besonders wichtige Anwendungssituation für dieses Problem ist immer gegeben, wenn wir sagen müssen, was uns ein Gut wert ist. Die Entscheidung, ob man bei einer Internetauktion bieten oder einen Urlaub buchen soll, enthält so gut wie immer solche Aufgaben. Tatsächlich haben Menschen keinen Sinn für „viel" und „wenig" und sind außerstande, ohne Rückgriff auf Vergleichswerte – nur durch Rückbezug auf ihre Wünsche und Präferenzen – zu sagen, was sie zu zahlen bereit sind. Hier unterliegen Menschen stets dem Effekt von Ankern, die sie oft, aber nicht immer, selbst gewählt haben. Wer zum Beispiel die Zahlungsbereitschaft von Kunden erforscht und dabei keine Ankereffekte berücksichtigt, wird seine Ergebnisse falsch interpretieren. In diesen Forschungen werden Fragen gestellt wie zum Beispiel: „Was ist dir diese Sache wert? Was bist du bereit zu zahlen?" Was Konsumenten auf die Frage antworten, ist in erster Linie eine Folge ihrer spezifischen Ankerwerte und kann daher nicht unbesehen als Ausdruck ihrer Präferenz gedeutet werden.

Nutzung irrelevanter Informationen

Menschen schwanken darin, wie sie bei einer Entscheidung die Informationen zu den Optionen nutzen. Dasselbe Attribut kann unter der einen Bedingung uninteressant und irrelevant sein, und unter einer anderen mit hohem Gewicht in die Entscheidung einfließen. Dies zeigt sich anschaulich in folgendem Experiment (RÖPCKE et al. 2006): Studentische Probanden sollen sich vorstellen, dass sie eine Wohnung suchen. Unter den Vor- und Nachteilen, die sie dabei beachten sollen, ist auch eine Internet-Flatrate enthalten. In dem einen experimentellen Szenario erklärt der Makler zu einem Angebot, dass bei der betreffenden Wohnung eine Internet-Flatrate im Mietpreis inbegriffen sei. Gemeinsam mit anderen, nicht so attraktiven Eigenschaften der Wohnung führt die Beschreibung des Maklers dazu, dass das Angebot von 27 % der Probanden angenommen wird (vgl. „Kontrollgruppe" in Tab. 1). Allem Anschein nach stellt die Flatrate für 73 % der Proban-

---

4 Vgl. z. B. TVERSKY/KAHNEMAN (1973).

den keinen ausreichenden Grund dar, die Wohnung zu mieten – insofern ist für diese Probanden der Vorteil durch die Flatrate „irrelevant".

Einem anderen Teil der Probanden wird erzählt, die Frage nach dem Internet sei unklar – es gebe vielleicht einen Gratis-Zugang, das müsse der Makler aber erst erfragen. Diese Probanden konnten sich entweder sofort für oder gegen die Wohnung entscheiden, sie konnten aber auch die Auskunft über die Flatrate abwarten. Die oben genannten 73 %, die die Wohnung auch mit Flatrate nicht mieten würden, sollten freilich keinen Grund haben, auf die Information zu warten. Tatsächlich aber warten die weitaus meisten Probanden, nämlich 66 %, nun erst einmal auf die Auskunft zur Flatrate. Nur noch 26 % sagen sofort „nein" zu dem Angebot und nur noch acht Prozent stimmen zu, auch ohne die Information zur Flatrate zu haben.

Allem Anschein nach hat die Ungewissheit über diesen Vorteil die Information plötzlich aufgewertet: Ein erheblicher Teil der Konsumenten (im Experiment 47 %) wartet auf eine Information, die ihnen egal wäre, wenn sie sie sofort hätten.

Im weiteren Verlauf des Experiments wird die Situation aus der Anfangsbedingung wieder hergestellt: Der Makler erhält die Auskunft, dass in der Tat die Wohnung eine Gratis-Flatrate enthält. Die Probanden, die auf diese Information gewartet haben, sollen nun ihre Entscheidung treffen. Da sich nun die Angebote von Experimental- und Kontrollbedingung nicht mehr unterscheiden, sollte sich auch das gleiche Entscheidungsmuster einstellen: Etwa ein Viertel mietet die Wohnung und drei Viertel nicht. Dies geschieht aber keineswegs: Nachdem sie erfahren haben, dass die Wohnung eine kostenlose Flatrate enthält, entscheidet sich nunmehr die überwiegende Mehrheit derer, die abgewartet haben, für das Angebot. Gemeinsam mit denen, die auch ohne Abwarten dem Angebot zustimmen, beträgt der Anteil der Mieter nunmehr 63 % (gegenüber 27 % in der Kontrollgruppe, vgl. Tab. 1).

Tabelle 1 Anteil an Mietern in Abhängigkeit vom Entscheidungszeitpunkt im Experiment (verändert nach RÖPCKE et al. 2006). Probanden, die auf eine vorteilhafte Information zu dem Angebot gewartet haben, sind gegenüber Probanden, die die Information sofort hatten, deutlich eher bereit, das Angebot anzunehmen.

	Entscheidung	Entscheidungszeitpunkt		insgesamt
		sofort	abwarten	
Kontrollgruppe	mieten	27 %	-	27 %
	nicht mieten	73 %	-	73 %
Experimentalgruppe	mieten	8 %	55 %	63 %
	nicht mieten	26 %	11 %	37 %

Effekte dieser Art finden sich selbstverständlich auch für die Nachteile einer Option. BASTARDI/SHAFIR (1998) zeigen in einer Reihe von Experimenten, dass sich Personen, die den Nachteil einer Wahlmöglichkeit erst später und durch Nachfragen erfahren, deutlich seltener für diese Option entscheiden, als Personen, die von dem Nachteil von Anfang an wussten.

Das Gewicht, mit dem eine Information in eine Entscheidung einfließt, kann also von Faktoren abhängen, die sachlich irrelevant sind und die die Eigenschaften der Optionen nicht verändern. Informationen, um die man sich selbst bemüht hat, werden nämlich bei der Entscheidung eher genutzt als Informationen, über die man ohne weiteres Bemühen sofort verfügen konnte.

Die Kontrastierung gegenüber kontrafaktischen Alternativen

Bei Konsumentscheidungen und ihrer Bewertung kann über die Einschätzung des Produktes, den Kontext seiner Auspreisung sowie die zur Verfügung stehenden Informationen hinaus auch die Art und Weise eine Rolle spielen, wie der Preis eines Gutes interaktiv zustande kommt. Dies zeigt sich etwa in dem aus der Verhandlungspsychologie bekannten „Fluch des Gewinners [*winner's curse*]" (z. B. SAMUELSON/BAZERMAN 1985): Eine Person entdeckt auf dem Flohmarkt ein Gemälde für das sie sich interessiert. Sie weiß nicht, ob das Bild etwas wert ist und bietet € 150. Der Verkäufer schlägt sofort ein. Diese Akzeptanz führt üblicherweise nicht dazu, dass der Käufer nun zufrieden den Kauf abschließt, eher führt sie zu Ärger und Reue (GALINSKY et al. 2002). Der „Fluch des Gewinners" besteht dabei in dem Phänomen, dass der Verkäufer in diesem Beispiel möglicherweise mehr über das Bild weiß als der Käufer und diesen Wissensvorsprung dazu ausnutzt, jedes Angebot abzulehnen, das für ihn ungünstig, für den Käufer aber günstig ist. In einer solchen Situation kann der Käufer an der Tatsache, dass sein Angebot angenommen wird, erkennen, dass er ein schlechtes Geschäft gemacht hat – darin besteht sein „Fluch".

Hier interessiert vor allem die intrapersonale Facette des Phänomens: Konsumenten sind mit einem Verhandlungsergebnis weniger zufrieden, wenn ihr erstes Angebot sofort akzeptiert wird, als wenn ihm „harte Verhandlungen" vorausgegangen sind. Das gilt sogar dann, wenn das Ergebnis nach einer Verhandlung schlechter ist als die Akzeptanz des ersten Angebots gewesen wäre: Zum Beispiel hätte der Verkäufer zunächst € 250 verlangen und sich dann auf € 190 herunterhandeln lassen können. Dies hätte dem Käufer immer noch besser gefallen, als die € 150, die er bei der ersten Lösung bezahlt hätte (GALINSKY et al. 2002). Er bezahlt € 40 mehr, ist aber zufriedener. Aus einer Perspektive der Nutzenmaximierung ist dies natürlich paradox.

Dieser paradoxe Effekt geht nicht (nur) darauf zurück, dass Menschen zufriedener mit Ergebnissen sind, die sie selbst herbeigeführt haben (obwohl auch dieser Effekt nachgewiesen ist[5]). Die Unzufriedenheit mit der Situation beruht wohl vor

---

5 Vgl. BENTON et al. (1972).

allem darauf, dass die sofortige Akzeptanz eines Angebotes kontrafaktisches Denken auslöst – im Beispiel etwa mit dem Inhalt: „Das hätte ich auch billiger haben können."

Als kontrafaktisches Denken kann man jede Form von Nachdenken bezeichnen, das sich auf Dinge bezieht, die nicht der Fall sind. Beim kontrafaktischen Denken führen sich Menschen vor Augen, wie die Realität aussehen könnte, wenn bestimmte andere Dinge nicht (der Fall) wären. Theoretisch könnten diese Überlegungen darin bestehen, dass Menschen über ungünstige Ereignisse oder Unglücksfälle nachdenken, die nicht eingetreten sind. Tatsächlich bezieht sich kontrafaktisches Denken aber meistens auf die grüblerische Auseinandersetzung mit „besseren" Varianten der Wirklichkeit, nur selten mit „schlechteren" (ROESE/OSLON 1995).

Kontrafaktisches Denken hängt eng mit Emotionen zusammen. Der Gedanke, dass man sich in einer bestimmten Situation lieber anders entschieden hätte, geht mit dem Gefühl der Reue einher. Dies bedeutet allerdings nicht, dass Emotionen hier „den Unterschied machen": Das kontrafaktische Denken selbst ist und bleibt ein kognitives Phänomen, das auf das oben angesprochene Problem zurückgeht, dass wir ohne einen Vergleichsmaßstab schwerlich zu einer Bewertung kommen können. Ob € 150 für ein Gemälde viel oder wenig ist, können wir eben nicht durch Rückbezug auf unsere Bedürfnisse und Präferenzen sagen, wie ein ökonomischer Blickwinkel es vielleicht nahelegen würde. Diese Frage beantworten wir vielmehr durch Kontrastierung zu alternativen Versionen der Realität – wie das Beispiel zeigt.

Irrational erscheint hierbei übrigens nicht nur die gegenläufige Bewertung der € 150 als teuer (bei sofortigem Akzeptieren) und der € 190 als günstig (nach harten Verhandlungen). Probanden, deren erstes Angebot sofort akzeptiert wurde, neigen zudem in der Folge weniger dazu, bei einer vergleichbaren Situation wieder das erste Angebot abzugeben (GALINSKY et al. 2002). Dies verringert ihren Nutzen erheblich: Die Probanden geben damit einen wichtigen Verhandlungsvorteil preis, nämlich den Ankereffekt, der immer denjenigen begünstigt, der in einer Verhandlung das erste Gebot abgibt (GALINSKY/MUSSWEILER 2001).

Die Bildung relativer Einzelurteile

Ökonomische Entscheidungstheorien gehen in der Regel davon aus, dass Menschen Optionen nach ihrem Gesamtnutzen bewerten, dass sie also sozusagen von jeder Option feststellen, was sie ihnen bringt, und auf dieser Grundlage – also dem Vergleich mehrerer solcher Gesamtnutzenwerte – eine Entscheidung treffen. Diese idealtypische Annahme wird durch das tatsächliche Entscheidungsverhalten von Konsumenten häufig „verletzt", wie sich in den Experimenten von BAUER (2000) zeigt. Probanden werden mit folgendem Szenario konfrontiert: Ein Freund zeigt ihnen ein Angebot für ein neues Automobil. Das Grundmodell kostet rund € 22.000. Hinzu kommen noch einige Extras und zwar: Allradantrieb für € 689, Klimaanlage für € 519, Leichtmetallfelgen für € 349. Die Probanden sollen beurteilen, ob dies ein günstiges Angebot ist. Die meisten Konsumenten wissen, dass Allradantrieb und Klimaanlagen nicht eben günstige Ausstattungselemente eines Automobils sind. Die Preise von € 689 und € 519 klingen vor diesem Hintergrund nicht übertrieben. Dies führt dazu, dass das Angebot tendenziell als eher günstig bewertet wird.

In der Untersuchung wurden zwei Angebotsversionen für das Automobil erstellt. Sowohl der effektive Preis als auch die Ausstattung waren identisch. Der Unterschied der Angebote bestand nur darin, wie sich der Preis zusammensetzt (vgl. Abb. 1). Die Probanden sollen nach dem Betrachten des Angebotes unter anderem angeben, wie günstig sie dieses Angebot finden. Obwohl Preis und Leistung in beiden Fällen exakt identisch waren, wurde das linke der beiden Angebote, bei dem die „Extras" aus Elementen bestanden, die normalerweise aufwendig und teuer sind, deutlich günstiger erlebt. Dieser Unterschied geht nicht darauf zurück, dass der tatsächliche Preis in den beiden Bedingungen unterschiedlich erinnert wird. Zusätzlich wurden die Probanden nämlich danach gefragt, wie hoch nach ihrer Erinnerung der Preis war. Die Schätzungen unterschieden sich nicht. Es wurde also offenbar ein identischer Preis für dieselbe Sache entweder als hoch oder als niedrig empfunden.

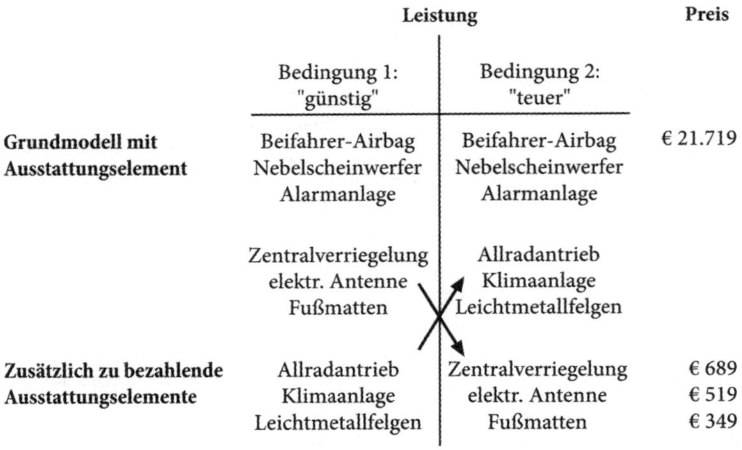

	Leistung		Preis
	Bedingung 1: "günstig"	Bedingung 2: "teuer"	
Grundmodell mit Ausstattungselement	Beifahrer-Airbag Nebelscheinwerfer Alarmanlage	Beifahrer-Airbag Nebelscheinwerfer Alarmanlage	€ 21.719
	Zentralverriegelung elektr. Antenne Fußmatten	Allradantrieb Klimaanlage Leichtmetallfelgen	
Zusätzlich zu bezahlende Ausstattungselemente	Allradantrieb Klimaanlage Leichtmetallfelgen	Zentralverriegelung elektr. Antenne Fußmatten	€ 689 € 519 € 349

Abbildung 1 Unterschiedliche Angebotsversionen für das gleiche Automobil (verändert nach BAUER 2000:174).

Dieser Effekt wird plausibler, wenn man sich die Regeln vor Augen führt, mit denen Menschen sich solche Einschätzungsaufgaben erleichtern. Wir haben oben schon gesehen, dass Konsumenten nicht in der Lage sind, absolut, also ohne einen Referenzpunkt zu sagen, was ein Gut wert ist. Im Falle des Automobils bedeutet dies, dass vor allem die Preiselemente zur Bewertung herangezogen werden, zu denen man solche Referenzpunkte hat – also eher die klar umrissenen Elemente wie Klimaanlage und Fußmatten und nicht das eher abstrakte Grundmodell.

Die nächsten Schritte der Vereinfachung beschreibt BAUER (2000) in seiner „Theorie der relativen Einzelurteile": Menschen berechnen nun nicht den Gesamtnutzen, den sie bei einer Transaktion realisieren. Sie bilden vielmehr eine Reihe von (relativen) Einzelurteilen. Zur Gesamtbewertung kommen sie, indem sie diese Einzelurteile kompensatorisch und gleichgewichtig integrieren. „Kompensatorisch" bedeutet, dass ein positives Element durch ein negatives aufgewogen werden kann. Bei dem Automobilangebot sind insgesamt vier Einzelurteile möglich. Dabei zeigt sich zum Beispiel in Bedingung 2 (vgl. Abb. 1), also der vermeintlich „teuren", dass drei von vier Elementen deutlich „überteuert" sind. Das kann durch einen günstigen Grundpreis nicht aufgewogen werden, womit das Angebot insgesamt als teuer erscheint. Aus dieser Beschreibung wird bereits deutlich, was es bedeutet, dass die Einzelurteile gleichgewichtig integriert werden: Offenbar bleibt dabei völlig unberücksichtigt, dass der Gesamtpreises zu 93 % aus dem Preis für das Grundmodell besteht und dass die drei Einzelelemente, die zu der Bewertung als „teuer" führen, jeweils nur zwischen zwei und drei Prozent des Gesamtpreises ausmachen.

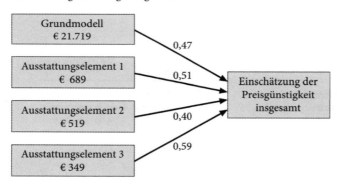

Abbildung 2 Bivariate Korrelationen einzelner Bewertung mit der Gesamtbewertung im Automobilexperiment (eigene Darstellung nach BAUER 2000:179).

Diesen Befund illustriert Abbildung 2 noch einmal in beeindruckender Weise. Die Probanden wurden gebeten, zu jedem einzelnen Element wie auch zum Gesamtangebot anzugeben, wie billig oder teuer sie diese jeweils fanden. Die Korrelation der Einzelbewertungen mit dem Gesamturteil lässt sich dabei als das Gewicht interpretieren, mit dem die Einzelbewertung in die Gesamtbewertung einfließt. Ökonomisch sinnvoll wäre es, wenn hierbei die Bewertung des Grundmodells das größte Gewicht erhält, denn der Preis des Grundmodells hat den bei weitem größten Anteil am Gesamtpreis. Tatsächlich aber findet sich von einer solchen Differenzierung keine Spur. Wie es scheint, geht in der Tat jedes Einzelurteil mit dem gleichen Gewicht in das Gesamturteil ein. Offenbar sind hier die Konsumenten weniger daran interessiert, wie viel, sondern nur, wie oft sie sparen.

Um den Eindruck von Preisgünstigkeit zu erwecken, empfiehlt es sich aus Anbietersicht also, Preise zu bündeln, die teuer erscheinen und Preise zu splitten, die günstig wirken. Wichtig ist hierbei der Grundgedanke, dass Menschen bei ihren Entscheidungen in der Regel nicht alle Aspekte integrieren und ihre Möglichkeiten nicht auf der Basis eines Gesamtnutzens beurteilen. Letzteres ist zwar eine zentrale Annahme ökonomischer Theorien, sie ist aber psychologisch unplausibel und empirisch nicht gedeckt (z. B. BAUER 2000).

Intuitive Entscheidungen

Viele Konsumentscheidungen werden nicht in aller Ausführlichkeit abgewogen. Oft entscheiden Konsumenten, ohne dass sie darüber viel hätten nachdenken müssen. Sie folgen dann einer Ahnung oder plötzlichen Erkenntnis, die von dem starken Gefühl begleitet ist, dass die Entscheidung richtig ist, ohne dass sie sich über die Gründe hierfür Rechenschaft geben könnten. Dies könnte man als die Hauptmerkmale einer solchen Intuition bezeichnen[6]:

- Rasches Auftauchen im Bewusstsein,
- fehlende Einsicht in die tieferen Gründe dahinter und
- hinreichende Stärke und Überzeugungskraft, um trotzdem danach zu handeln.

Es entspricht sicher nicht dem Idealbild von einer rationalen Entscheidung[7], aber in manchen Situationen bewährt es sich nachweislich, einer solchen Ahnung zu folgen. Sowohl aus einer Außenperspektive als auch im Empfinden der Entscheider selbst bewähren sich intuitive gegenüber reflektierten Entscheidungen in mindestens drei Dimensionen: Zufriedenheit, Qualität der gewählten Option und Stabilität der Entscheidung:

- *Zufriedenheit:* Probanden sollten ein Produkt bewerten und konnten eines davon für sich selbst wählen. Wer über die Gründe für seine Präferenzen nachdachte, war drei Wochen später weniger zufrieden mit seiner Wahl als Personen, die ihr Urteil spontan bzw. intuitiv abgaben (WILSON et al. 1993).
- *Qualität der gewählten Option*: Probanden, die über ihre Präferenz nachdachten, wählten auch ein qualitativ weniger hochwertiges Produkt als Probanden, die ohne Nachdenken intuitiv wählten (WILSON/ SCHOOLER 1991).
- *Stabilität der Entscheidung*: Probanden, die über ihre Präferenzen bewusst nachdachten, änderten diese Präferenzen häufiger als Probanden, die ohne Nachdenken spontan wählten (LEVINE et al. 1996).

---

6   Vgl. GIGERENZER (2008:25).
7   Vgl. etwa BETSCH et al. (2011).

Entsprechend können sich intuitive Entscheidungen von reflektierten unterscheiden und diesen auch „überlegen" sein. Aus welchen Gründen und unter welchen Bedingungen dies so ist, wird kontrovers diskutiert. WILSON et al. (1993) etwa gehen davon aus, dass die bewusste Überlegung den Prozess der Präferenzbildung stört, indem sie die Aufmerksamkeit von wichtigen Attributen der Optionen ablenkt und dadurch unwichtige Attribute zu stark gewichtet. Andere Überlegungen stellen die beschränkten Verarbeitungskapazitäten unseres kognitiven Arbeitsspeichers (im Sinne von BADDELEY 2009) in den Vordergrund und machen dieses Ressourcenproblem dafür verantwortlich, dass bewusstes Nachdenken nicht immer zur besseren Wahl führt. Diese Position unterscheidet sich deutlich von der oben geschilderten und wird im Folgenden noch einmal anhand eines Beispiels betrachtet:

In einem Experiment ließ DIJKSTERHUIS (2004) seine Probanden zwischen verschiedenen Automobilen wählen. Die Angebote waren unterschiedlich komplex: Einige Probanden mussten Angebote mit vier Attributen bewerten, andere Probanden verglichen Angebote mit je zwölf Attributen. Außerdem unterschieden sich die Automobile objektiv in ihrer Qualität: Die Menge an positiven gegenüber negativen Merkmalen variierte zwischen 25 und 75 %. Die positiven und negativen Merkmale bestanden aus normierten Attributen. Als positive Merkmale zählten etwa: „verbraucht wenig Sprit", „ist leicht zu bedienen", „ist ganz neu", „hat guten Service"; als negative Merkmale galt das jeweilige Gegenteil. Bevor sie sich für ein Angebot entscheiden sollten, hatten die Probanden vier Minuten Zeit. Ein Teil der Probanden sollte die Frist als Bedenkzeit nutzen. Ein anderer Teil wurde während der vier Minuten von der Entscheidungsaufgabe abgelenkt: Sie sollten in dieser Zeit Anagramme lösen. Als Ergebnis wurde betrachtet, wie häufig die Probanden das „bessere" Automobil wählten, also das Automobil, das mehrheitlich positive Merkmale aufwies. Wenn die Probanden nicht allzu viele Informationen zu beachten hatten, profitierte die Entscheidung von der Bedenkzeit: Hier wählten die Personen am besten, die ihre Frist zum Nachdenken nutzen konnten. Bei den komplexen Angeboten allerdings schien das Nachdenken letztlich wirkungslos zu sein: Die Probanden verfehlten unter dieser Bedingung das „beste" Automobil sogar besonders häufig. „Erfolgreich" wählten dagegen jene Probanden, die sich in der Zeit bis zur Entscheidung mit einem anderen Problem beschäftigt hatten und ihre Entscheidung dann mehr oder weniger intuitiv trafen.

Es ist vermutlich eine alltägliche Erfahrung, dass Menschen eine Entscheidung oder die Lösung eines Problems leichter fällt, wenn sie „eine Nacht darüber geschlafen" haben. Die Experimente von DIJKSTERHUIS sollten genau diese Erfahrung hinterfragen. Die Entscheidungsfrist unter Ablenkung simuliert die Situation, die entsteht, wenn man das Problem eine Zeit lang ruhen lässt und sich mit anderen Dingen beschäftigt.

Warum sollte es nun aber vorteilhaft sein, Zeit vergehen zu lassen, ohne sich mit dem Problem zu beschäftigen? DIJKSTERHUIS (2004) erklärt dies mit Kapazitätsunterschieden zwischen bewussten und unbewussten Prozessen. Bewusste Informationsverarbeitung hat den großen Vorteil, flexibel und präzise zu sein. Sie kann auf veränderte Rahmenbedingungen reagieren, so dass wir mit ihrer Hilfe auch komplexeren Regeln folgen können (z. B. beim Rechnen). Ihr großer Nachteil ist dabei aber die begrenzte Kapazität des kognitiven Arbeitsspeichers (BADDELEY 2009): Wir können nur eine begrenzte Menge von Informationen simultan verarbeiten. Unsere unbewussten Prozesse haben dieses Problem nicht. Unbewusst können wir viel höhere Mengen an Informationen parallel verarbeiten, wenngleich das Unbewusste dabei verhältnismäßig unflexibel ist.

Aus diesen Überlegungen folgt, dass eine bewusste Problemlösung durch Nachdenken erleichtert wird, solange die Aspekte, die zu bedenken sind, die Kapazität des kognitiven Arbeitsspeichers nicht übersteigen. Sobald dies geschieht, nimmt die Qualität der bewussten Problemlösung ab.[8] Die unbewusste Problemlösung ist dagegen relativ unempfindlich gegenüber einer Zunahme an Komplexität. Hier sinkt die Qualität mit der Menge an Informationen nicht ab – solange die Lösung nicht wesentlich flexiblere Leistungen erfordert als etwa bloße Mustererkennung. In der Zeit des Schlafs oder der Ablenkung können unbewusste Prozesse mit ihren deutlich höheren Kapazitäten am Problem arbeiten. Was dabei geschieht, entspricht einem Erwägen von Vor- und Nachteilen, ist also dem bewussten Prozess nicht unähnlich. Dies betont auch DIJKSTERHUIS (2004), der dies als „deliberation without attention effect" bezeichnet. Es findet also auch unbewusst ein Abwägen statt, nur eben wesentlich effizienter als über bewusste Prozesse. Dieser Abwägungsprozess braucht zum einen die Freigabe der kritischen Information, etwa durch Ablenkung oder Schlaf, und zum anderen braucht er Zeit. In der Tat zeigt DIJKSTERHUIS (2004) in anderen Experimenten, dass die Vorteile der intuitiven Wahl nicht mehr bestehen, wenn die Personen weder Zeit zu bewusstem noch zu unbewusstem Nachdenken hatten, sondern ohne eine Frist sofort wählen mussten.

Die Besonderheiten des psychologischen Blickwinkels

Die genannten Beispiele sollen zwei Besonderheiten eines psychologischen Blickwinkels auf das Konsumentenverhalten illustrieren. Zum einen weiten sie den Blick für eine wichtige Tatsache, die aus Sicht der Ökonomie oder der Hirnforschung oft übersehen wird: Viele Fälle, in denen Entscheidungen von ökonomischen Rationalitätskriterien abweichen, funktionieren frei von Affekten und Emotionen. Es trifft also nicht zu, dass bei Konsumentscheidungen „Emotionen den Unterschied machen", wie etwa MÖLL/ESCH (2008) suggerieren. Zum anderen lässt sich an den aufgeführten Beispielen ebenfalls zeigen, welcher Erkenntnisgewinn daraus gezogen werden kann, wenn man menschliche Entscheidungen nicht unter dem Gesichtspunkt ihrer hirnphysiologischen Korrelate, sondern als

---

8 „Qualität" kann hier verstanden werden als die langfristige Entsprechung mit den eigenen Präferenzen (WILSON et al. 1993), als die Wahl einer Option, die mit großer intersubjektiver Übereinstimmung als die bessere gelten kann (DIJKSTERHUIS 2004), aber auch als die Genauigkeit, mit der eigenes zukünftiges Verhalten vorhergesagt wird (WILSON et al. 1984).

Prozesse der Informationsverarbeitung beschreibt. Beides soll in den folgenden Abschnitten noch etwas näher betrachtet werden.

„Irrational" ist nicht gleich „emotional"

Beginnen möchte ich mit dem Punkt, der am Anfang meines Beitrags stand und der auch die Auswahl der Beispiele bestimmt hat: Keines der vorgetragenen Phänomene steht im Verdacht, ein Musterbeispiel rationalen Entscheidens zu sein: Dasselbe Produkt anders zu bewerten, bloß weil sein Name einen anderen Vokal enthält, sein Urteil über „viel" und „wenig" nicht von der Sache selbst, sondern von zufälligen Randbedingungen bestimmen zu lassen – dies sind Urteilseinflüsse, die aus einer klassischen ökonomischen Perspektive vermutlich als irrational bezeichnet werden würden. Jedoch spielen Emotionen und Affekte darin offensichtlich keine Rolle.

Damit ist gezeigt, dass dort, wo ökonomische Überlegungen an ihre Grenzen stoßen, noch weitere Prozesse wirken als affektive und emotionale. Die populäre These vom emotionsgesteuerten Konsumenten ist mindestens verkürzt und lenkt den Blick von wichtigen Erkenntnissen ab. Worauf genau die beschriebenen psychologischen Urteilsphänomene zurückgehen und welche Prozesse dafür verantwortlich sind, ist damit freilich noch nicht gesagt. Die eingangs beschriebene These vom kognitiven Geizhals bietet noch keine befriedigende Erklärung, sondern allenfalls einen groben Rahmen: Es könnten in der Tat mentale Effizienz und Arbeitsersparnis sein, die uns dazu bewegen, valide wie invalide Ankerwerte für unsere Urteile, Namen als Hinweise auf Merkmale zu verwenden oder relative Einzelurteile völlig unabhängig von ihrem ökonomischen Gewicht zu einem Gesamturteil zu integrieren. Die Psychologie fragt aber letztlich auch nach den Mikroprozessen hinter den Phänomenen – was dann übrigens häufig zu der Erkenntnis führt, dass Phänomene, die äußerlich ähnlich aussehen, auf unterschiedlichen Mechanismen beruhen.

Wie eine psychologische Erklärung aussehen kann, deutet sich in meinen Ausführungen zum Ankereffekt oder zu den letzten vorgestellten Fällen an, etwa am Automobil- und Euro-Beispiel oder bei den intuitiven Entscheidungen im Sinne von DIJKSTERHUIS (2004). In allen Fällen versucht die Psychologie, Annahmen darüber zu formulieren, wie Menschen Informationen bewusst oder unbewusst verarbeiten. Das Beispiel intuitiver Entscheidungen zeigt deutlich, wie weit einige psychologische Erklärungen davon entfernt sind, Emotionen für unsere unbewussten und vermeintlich irrationalen Prozesse verantwortlich zu machen. Tatsächlich wären ja, wenn DIJKSTERHUIS' (2004) Erklärung plausibel ist, die Grundlage der Entscheidung ganz offensichtlich kognitive Prozesse des Abwägens, in die Emotionen allenfalls insofern einfließen, als dass die betrachteten Optionen natürlich mit Emotionen einhergehen können und durch die Wahl letztlich auch positive Affekte erhöht und negative verringert werden sollen. Der Prozess der Entscheidung selbst wäre aber ein kognitiver. Auch das viel zitierte

"Gefühl", dass X die richtige Wahl wäre, ist dann keineswegs im Sinne einer *Emotion*, sondern eher als eine *Ahnung* zu paraphrasieren.

Selbstverständlich haben auch Affekte, Emotionen oder Motive in psychologischen Erklärungen für Prozesse der Informationsverarbeitung einen prominenten Platz.[9] Es sind aber eben nicht die einzigen, und auch nicht die dominierenden Erklärungsmuster.

Die Priorität der individuellen Informationsverarbeitung

Das Denken in Prozessen der Informationsverarbeitung wird natürlich nur möglich, wenn man das Konsumentenverhalten vor allem aus der Perspektive des Individuums betrachtet. Dies ist der zweite Punkt, auf den ich aufmerksam machen möchte: Die Psychologie betrachtet sich vielleicht als die „Königsdisziplin", was die Untersuchung von menschlichem Verhalten betrifft. Hierzu fokussiert sie meist das Individuum, gelegentlich auch die Gruppe, selten dagegen die Gesellschaft als Ganzes oder andere größere Einheiten wie etwa Märkte. Der methodische Ansatz der Psychologie ist naturwissenschaftlich und ihr Ideal der Erkenntnisgewinnung das Experiment. Dieses Ideal lässt sich in der Konsumentenpsychologie, so wie ich sie oben dargestellt habe, auch in der Regel verwirklichen: So gut wie alle der oben genannten Phänomene sind im Rahmen von Experimenten untersucht worden. Das bedeutet unter anderem: Die gefundenen Zusammenhänge dürfen in aller Regel kausal interpretiert werden. Die Gewissheit, mit der kausale Schlüsse gezogen werden können bzw. die Häufigkeit, mit der Erkenntnisse dieser Qualität gewonnen werden, unterscheidet die Psychologie von Wissenschaften, die ihren Gegenstand nicht experimentell untersuchen können.

So gesehen kann uns die Psychologie dank ihres naturwissenschaftlichen Paradigmas, ihrer theoretischen Konzepte und überhaupt ihrer ganzen Fragestellung eigentlich mehr über das menschliche Verhalten lehren als jede andere wissenschaftliche Disziplin. Sie sollte damit nicht zuletzt auch die theoretische und konzeptuelle Referenz für die Neuroforschung sein, die nur insofern Erkenntnisse über das Verhalten liefert, als sie sich dabei auf psychologische Konzepte und Theorien bezieht, und die ohne diesen Rückgriff nichts weiter wäre, als die Wissenschaft von Neuronen.

Andererseits wirken die Beiträge der Psychologie zum Verständnis von gesellschaftlichen Phänomenen wie eben dem Konsumverhalten oft wie kleine Mosaiksteinchen, bei denen man nicht so schnell ein Bild für das Große und Ganze erhält. Die Lektüre der führenden wissenschaftlichen Journale, im Konsumbereich etwa das *Journal of Consumer Research* oder das *Journal of Consumer Psychology*, wird kaum gesellschaftliche Strömungen, kulturelle Phänomene oder makroökonomische Marktgesetze erhellen. Die Fragestellungen sind meist auf einzelne, am Individuum beobachtbare Prozesse konzentriert. Der gesellschaftliche Nutzen muss darum nicht gering sein: Große menschliche Katastrophen wie etwa das

---

9 Vgl. z. B. KUNDA (1990).

Unglück in Tschernobyl, die Ausschreitungen im Guantanamo-Gefängnis oder die Finanzkrise 2008/2009 lassen sich eben auch psychologisch erklären – und daraus ergeben sich klare Handlungsanweisungen. Zum Beispiel zeigt DÖRNER (1992) in einer Analyse des Tschernobyl-Unglücks, dass wesentliche Teile der Katastrophe auf den Versuch zurückgehen, Prozesse, die nicht nach einer linearen Funktion verlaufen, von Hand zu regulieren. Für die Praxis lässt sich daraus ableiten, dass man dynamische Systeme jenseits einer bestimmten Komplexität nicht der menschlichen Intuition überlassen darf. Manche Katastrophen sind nicht nur im Nachhinein verstehbar – mit Hilfe der Psychologie hätte man sie auch vorhersagen können. Beeindruckend zeigt sich das am Guantanamo-Beispiel, das in erschreckend fahrlässiger Weise die Randbedingungen des berühmten Stanford-Prison-Experiments von Philipp ZIMBARDO (z. B. HANEY/ZIMBARDO 1976) replizierte. Die Absicht dieses Experiments war es, zu zeigen, wie Individuen reagieren, wenn man sie in bestimmte soziale Situationen bringt. Eine wichtige Erkenntnis hierbei war, dass der Effekt der Situation (hier die Rollenverteilung als Gefangener und Wärter) relativ unabhängig ist von der Person des einzelnen, also von seinem Temperament, seiner Intelligenz oder seinen Werthaltungen. Dieses Wissen sollte eigentlich genügen, um zu prognostizieren, dass unter den Bedingungen, die im Experiment spezifiziert und dann in Guantanamo – anscheinend unwissend – wieder implementiert wurden, das von ZIMBARDO beobachtete Verhalten von praktisch jedem Individuum gezeigt wird.

Finanzkrisen schließlich sind vielleicht nicht reduzierbar auf das Verhalten der im Markt agierenden Individuen. Es besteht aber andererseits auch kaum ein Zweifel daran, dass intrapsychische Phänomene – wie der oben geschilderte Ankereffekt oder andere Urteilsanomalien – das Marktverhalten prägen. Die vielzitierte „Behavioral Finance", die mit dem Anspruch auftritt, das Geschehen auf den Finanzmärkten zu erklären, besteht im Wesentlichen aus der Beschreibung genau solcher psychologischer Phänomene (z. B. GOLDBERG/VON NITZSCH 2004, KIEHLING 2004).[10]

Die individuumszentrierte Sichtweise der Psychologie verhilft also durchaus zu einem Wissen von weitreichender gesellschaftlicher Relevanz und möglicherweise auch großem praktischen Nutzen. Gleichwohl bietet die Psychologie keine soziologische oder kulturwissenschaftliche Perspektive. Werbung, Kaufen und Konsum als Kulturphänomene zu betrachten, ist mit Hilfe der vorgestellten Beispiele und Untersuchungen mühsam und unangebracht. Die Psychologie braucht die Kulturwissenschaften, und das nicht nur, weil die individuumsfokussierte Perspektive für manche Fragestellungen zu aufwendig wäre. Ein viel wichtigerer Grund ist der, dass in vielen Fällen die Gesellschafts- und Geisteswissenschaften der Psychologie überhaupt erst die Fragestellungen vorgeben. Die Frage, was überhaupt Gegenstand einer empirischen Psychologie sein kann, muss in vielen Fällen aus geisteswissenschaftlicher Perspektive beantwortet werden.

---

10 Vgl. auch ARIELY (2008) für einen ähnlichen Ansatz, den er selbst als „Verhaltensökonomik" bezeichnet.

Dies zeigt auf einer „Mikro-Ebene" zum Beispiel BRANDTSTÄDTER (1982) in einer viel beachteten Argumentation zum empirischen Gehalt psychologischer Forschungsergebnisse. Das oben angeführte Beispiel der Emotionen ist ein besonders augenfälliges Anwendungsgebiet für diese Argumentation, die ich im Folgenden kurz ausführen möchte: Zum Beispiel unterscheiden sich Stolz und Dankbarkeit darin, wie die Person, die die jeweilige Emotion erlebt, Ursachen in ihrer Umwelt zuschreibt. Ein positives Ereignis kann nur dann Stolz auslösen, wenn sich das Subjekt mit dem Ereignis assoziiert sieht. Dankbarkeit kann es dagegen nur auslösen, wenn die Ursache für das Ereignis bei anderen (jedenfalls außerhalb der eigenen Person) liegt. Diese Form der Ursachenzuschreibung wird in der Psychologie als „Kausal-Attribution" bezeichnet.

Wie Menschen Ursachen zuschreiben, von welchen Faktoren bestimmte Kausalattributionen abhängen und welche emotionalen und interpersonellen Folgen diese Attributionen haben, ist Gegenstand der Attributionsforschung. Selbstverständlich bedient sich auch diese psychologische Disziplin nach Möglichkeit des Experiments, um ihre Erkenntnisse zu gewinnen. Die Frage allerdings, ob eine „internale Attribution" (also die Lokalisation von Ursachen in der eigenen Person) eher Stolz zur Folge hat und ob eine „externale Attribution" eher zu Dankbarkeit führt, ist nicht mit Hilfe von Experimenten zu klären. Wie sollte dies auch geschehen? Daten, die diese Thesen widerlegen würden, nämlich Stolz als Folge eines fremdverursachten Ereignisses oder Dankbarkeit für das, was man selbst geleistet hat, können *a priori* ausgeschlossen werden. Beides hätte den Status eines „verheirateten Junggesellen": Der Emotionsbegriff selbst zwingt schon dazu, bestimmte Kognitionen, in diesem Fall Kausalattributionen, zu unterstellen. Dies weiß der Forscher aber nicht aus Daten, sondern weil er die Sprache beherrscht. Die entsprechenden Erkenntnisse ergeben sich aus einer Begriffsanalyse, also eher einer Technik der Linguistik oder Sprachphilosophie. BRANDTSTÄDTER (1982, 1984) zeigt, dass psychologische Forschungsprogramme immer wieder solche empirisch gar nicht prüfbaren Annahmen enthalten, ohne dass der erkenntnistheoretische Status dieser Annahmen erkannt wird.[11]

Eine mögliche Folge davon ist, dass Forscher versuchen, empirisch zu prüfen, was gar nicht empirisch geprüft werden kann. Ein jüngeres Beispiel hierfür bezieht sich auf den Konsumbereich: ZEELENBERG und PIETERS (1999) zeigen, dass Konsumenten, die ihre Reaktion auf einen Fehlkauf als „Reue" beschreiben, eher bei sich selbst die Schuld suchen, als Konsumenten, die ihre Reaktion bloß als Unzufriedenheit oder Enttäuschung charakterisieren. Auch hier ist offensichtlich, dass man für diese Erkenntnis keine Daten braucht: Man kann nur bereuen, wofür

---

11 Vgl. auch SMEDSLUND (1979).

man sich selbst auch verantwortlich fühlt und dass dies so ist, weiß man, wenn man die Verwendungsregeln für den Begriff „Reue" kennt.[12]

Eine andere mögliche Folge einer unreflektierten Empirieorientierung besteht darin, dass man an den Phänomenen vorbei forscht. Wie wir oben gesehen haben, deckt das, was vom Neuromarketing als „Emotion" reklamiert wird, nur Teilaspekte dessen ab, was eine Emotion ausmacht. Man darf daher bezweifeln, dass in diesen Fällen tatsächlich Emotionen beobachtet bzw. erforscht wurden. Man kann freilich das, was die Neuroforschung betrachtet, einfach offensiv „Emotionen" nennen. Allerdings dürfen wir als kompetente Mitglieder einer Kultur- und Sprachgemeinschaft nicht übersehen, dass dadurch nicht etwa der Emotionsbegriff bereichert, sondern schlichtweg das Thema gewechselt wurde. Was die Neurologen oder Vertreter des Neuromarketings meinen, ist eben nicht das, was man mit dem Begriff der Emotion normalerweise (im alltäglichen Sprachgebrauch) meint. Offensichtlich tun Psychologen wie Neuroforscher gut daran, ihre Begrifflichkeiten und ihr Emotionsverständnis geisteswissenschaftlich zu schärfen.[13]

Das genannte Beispiel betrifft zugegeben einen kulturwissenschaftlichen Beitrag, der eher klein dimensioniert scheint, eben die Begriffsanalyse im Vorfeld der empirischen Forschung. Die vorangegangene Argumentation zeigt aber, dass gerade dieser Beitrag entscheidend ist; auf ihn jedenfalls trifft in besonderer Weise die Behauptung zu, die Geisteswissenschaften bestimmen, was Gegenstand der Psychologie ist. Auch andere Gegenstände der Psychologie brauchen als Referenz kulturwissenschaftliche Begriffe. Gesellschaften oder Märkte sind jedenfalls aus psychologischer Sicht weniger der Gegenstand der Disziplin als vielmehr wesentliche Bedingungen, denen der eigentliche Gegenstand, das wahrnehmende, urteilende und handelnde Individuum unterworfen sind.

Die vorangegangenen Überlegungen sollen zeigen: Ein erschöpfendes Verständnis des menschlichen Verhaltens ist aus psychologischer Perspektive allein wohl nicht zu erreichen. Dass hierzu die Makro-Perspektive der Kulturwissenschaften nötig ist, ergibt sich auch aus dem alten aristotelischen Gedanken, dass ein Ganzes ja oft nicht angemessen beschrieben ist, wenn man es als bloße Summe seiner Teile ansieht. Die Überzeugung: „Das Ganze ist mehr als die Summe seiner Teile" ist bekanntlich seit gut hundert Jahren das Motto der Gestaltpsychologie.

---

12 Es sei der Redlichkeit halber erwähnt, dass ZEELENBERG und PIETERS (1999) weiterhin zeigen, welche Verhaltenskonsequenzen die jeweiligen Reaktionen haben: Reue mündet weit häufiger in einen Wechsel der Marke als bloße Unzufriedenheit, die dann ihrerseits stärker zu einer Beschwerde beim Anbieter motiviert. Dies ist dann schon eher ein empirischer Zusammenhang und insofern ein substantieller Wissensfortschritt. Allerdings besteht der Erkenntnisgewinn in erster Linie in den Zahlen, also etwa der Angabe, wie viele enttäuschte Kunden sich wirklich beschweren. Der Zusammenhang der Motivation mit der Emotion ist seinerseits bereits wieder trivial, denn wo ich selbst versagt habe, tendiere ist selbstverständlich stärker dazu, mein eigenes Verhalten zu ändern als wo ich andere für verantwortlich halte.
13 Im Übrigen hilft hier die Auseinandersetzung mit WITTGENSTEIN (1984).

Bibliographie

ALLISON, R. J./UHL, K. P. (1964): Influence of beer brand identification on taste perception. In: Journal of Marketing Research 1, 3, 36–39.
ARIELY, D. (2008): Denken hilft zwar, nützt aber nichts. München.
BADDELEY, A. (2009): Working memory. In: BADDELEY, A./EYSENCK, M. W./ANDERSON, M. C. (Hrsg.): Memory. Hove, 41–68.
BASTARDI, A./SHAFIR, E. (1998): On the pursuit and misuse of useless information. In: Journal of Personality and Social Psychology 75, 1, 19–32.
BAUER, F. (2000): Die Psychologie der Preisstruktur. Entwicklung der „Entscheidungspsychologischen Preisstrukturgestaltung" zur Erklärung und Vorhersage nicht-normativer Einflüsse der Preisstruktur auf die Kaufentscheidung. München.
BENTON, A. A./KELLEY, H. H./LIEBLING, B. (1972): Effects of extremity of offers and concession rate on the outcome of bargaining. In: Journal of Personality and Social Psychology 24, 1, 73–83.
BETSCH, T./PLESSNER, H./FUNKE, J. (2011): Denken – Urteilen, Entscheiden und Problemlösen. Berlin.
BRANDTSTÄDTER, J. (1982): Apriorische Elemente in psychologischen Forschungsprogrammen. In: Zeitschrift für Sozialpsychologie 13, 4, 267–277.
BRANDTSTÄDTER, J. (1984): Apriorische Elemente in psychologischen Forschungsprogrammen Weiterführende Argumente und Beispiele. In: Zeitschrift für Sozialpsychologie 15, 2, 151–158.
BROCHET, F. (2001): Tasting. Chemical object representation in the field of consciousness. <www.francescoannibali.it/writable/uploadfile/chimica%20della%20degustazione.pdf> (Letzter Zugriff: 18.04.2012).
CHRISTENSEN, C. (1989): The psychophysics of spending. In: Journal of Behavioral Decision Making 2, 2, 69–80.
DIJKSTERHUIS, A. (2004): Think different. The merits of unconscious thought in preference development and decision making. In: Journal of Personality and Social Psychology 87, 5, 586–598.
DIJKSTERHUIS, A./BOS, M. W./NORDGREN, L. F./VAN BAAREN, R. B. (2006): On making the right choice. The deliberation-without-attention effect. In: Science 311, 5763, 1005–1007.
ESCH, F.-R./MÖLL, T./ELGER, C. E./NEUHAUS, C./WEBER, B. (2008): Wirkung von Markenemotionen: Neuromarketing als neuer verhaltenswissenschaftlicher Zugang. In: Marketing ZFP 30, 2, 111–129.
FELSER, G. (2009): Geschmackssachen. Kognitive Einflüsse auf sensorisches Erleben. Unveröffentlichter Vortrag auf der 6. Tagung der Fachgruppe Arbeits- und Organisationspsychologie der DGPs, Universität Wien.
FENNIS, B. M./STROEBE, W. (2010): The psychology of advertising. Hove.
FISKE, S. T./TAYLOR, S. E. (1984): Social cognition. Reading.
GALINSKY, A. G./MUSSWEILER, T. (2001): First offers as anchors: The role of perspective taking and negotiator focus. In: Journal of Personality and Social Psychology 81, 4, 657–669.
GALINSKY, A. G./SEIDEN, V. L./KIM, P. H./MEDVEC, V. H. (2002): The dissatisfaction of having your first offer accepted. The role of counterfactual thinking in negotiations. In: Personality and Social Psychology Bulletin 28, 2, 271–283.
GIGERENZER, G. (2008): Bauchentscheidungen. Die Intelligenz des Unbewussten und die Macht der Intuition. München.
GIGERENZER, G./TODD, P. M./ABC RESEARCH GROUP (1999): Simple Heuristics that make us smart. New York.
GOLDBERG, J./VON NITZSCH, R. (2004): Behavioral Finance: Gewinnen mit Kompetenz. München.
HANEY, C./ZIMBARDO, P. G. (1976): Social roles and role-playing: Observations from the Stanford prison study. In: HOLLANDER, E. P./HUNT, R. G. (Hrsg.): Current perspectives in social psychology. New York, 266–274.

HOYER, W. D./BROWN, S. P. (1990): Effects of brand awareness on choice for a common, repeat-purchase product. In: Journal of Consumer Research 17, 3, 141–148.

KIEHLING, H. (2004): Börsenpsychologie und Behavioral Finance: Wahrnehmung und Verhalten am Aktienmarkt. München.

KLINK, R. R. (2003): Creating brand names with meaning: The use of sound symbolism. In: Marketing Letters 11, 1, 5–20.

KUNDA, Z. (1990): The case for motivated reasoning. In: Psychological Bulletin 108, 3, 480–498.

LEVINE, G. M./HALBERSTADT, J. B./GOLDSTONE, R. L. (1996): Reasoning and the weighting of attributes in attitude judgments. In: Journal of Personality and Social Psychology 70, 2, 230–240.

MCCLURE, S. M./LI, J./TOMLIN, D./CYPERT, K. S./MONTAGUE, L. M./MONTAGUE, P. R. (2004): Neural correlates of behavioral preference for culturally familiar drinks. In: Neuron 44, 2, 379–387.

MÖLL, T./ESCH, F.-R. (2008): Emotionen machen den Unterschied. In: Absatzwirtschaft 51, 7, 34–37.

MUSSWEILER, T./FÖRSTER, J./STRACK, F. (1997): Der Ankereffekt in Abhängigkeit von der Anwendbarkeit ankerkonsistenter Information. Ein Modell selektiver Zugänglichkeit. In: Zeitschrift für Experimentelle Psychologie 44, 4, 589–615.

MUSSWEILER, T./STRACK, F./PFEIFFER, T. (2000): Overcoming the inevitable anchoring effect: Considering the opposite compensates for selective accessibility. In: Personality and Social Psychology Bulletin 26, 9, 1142–1150.

NORTHCRAFT, G. B./NEALE, M. A. (1987): Experts, amateurs and real estate. An anchoring-and-adjustment perspective on property pricing decisions. In: Organizational Behavior and Human Decision Processes 39, 1, 84–97.

ROESE, N. J./OLSON, J. M. (1995): Counterfactual thinking: A critical overview. In: ROESE, N. J./OLSON, J. M. (Hrsg.): What might have been: The social psychology of counterfactual thinking. Mahwah, 1–55.

RÖPCKE, K./LÄNTZSCH, C./LEHNER, E./PÖTZSCH, A./FELSER, G. (2006): Entscheidungsmanipulation durch Attrappen. Über unsere Vorliebe für nutzlose Informationen. Unveröffentlicher Vortrag auf dem 45. Kongress der Deutschen Gesellschaft für Psychologie, Nürnberg.

ROTHERMUND, K. (2011): Emotion. In: SCHÜTZ, A./SELG, H./BRAND, M./LAUTENBACHER, S. (Hrsg.): Psychologie: Eine Einführung in ihre Grundlagen und Anwendungsfelder. Stuttgart, 155–172.

SAMUELSON, W./BAZERMAN, M. H. (1985): The winner's curse in bilateral negotiations. In: SMITH, V. (Hrsg.): Research in Experimental Economics 3. Greenwich, 105–137.

SHAKESPEARE, W. (1994[1599]): Romeo and Juliet. London.

SMEDSLUND, J. (1979): Between the analytic and the arbitrary: A case study of psychological research. In: Scandinavian Journal of Psychology 20, 1, 129–140.

TVERSKY, A./KAHNEMAN, D. (1973): Availability. A heuristic for judging frequency and probability. In: Cognitive Psychology 5, 2, 207–232.

WÄNKE, M./HERRMANN, A./SCHAFFNER, D. (2007): Brand name influence on brand perception. In: Psychology and Marketing 24, 1, 1–24.

WILSON, T. D./DUNN, D. S./BYBEE, J. A./HYMAN, D. B./ROTONDO, J. A. (1984): Effects of analyzing reasons on attitude-behavior consistency. In: Journal of Personality and Social Psychology 47, 1, 5–16.

WILSON, T. D./LISLE, D. J./SCHOOLER, J. W./HODGES, S. D./KLAAREN, K. J./LAFLEUR, S. J. (1993): Introspecting about reasons can reduce post-choice satisfaction. In: Personality and Social Psychology Bulletin 19, 3, 331–339.

WILSON, T. D./SCHOOLER, J. W. (1991): Thinking too much. Introspection can reduce the quality of preferences and decisions. In: Journal of Personality and Social Psychology 60, 2, 181–192.

WITTGENSTEIN, L. (1984): Bemerkungen über die Philosophie der Psychologie, 7. Frankfurt.

YORKSTON, E. A./MENON, G. (2004): A sound idea. Phonetic effects of brand names on consumer judgments. In: Journal of Consumer Research 31, 1, 43–51.

ZEELENBERG, M./PIETERS, R. (1999): Comparing service delivery to what might have been. Behavioral responses to regret and disappointment. In: Journal of Service Research 2, 1, 86–97.

Zum Verhältnis musikalischer Konsumtion und Produktion

Christoph Mager

Einleitung

Seit Beginn des 20. Jahrhunderts ermöglichen Neuerungen der Aufnahme-, Übertragungs- und Wiedergabetechnologien eine Verbreitung und Vermittlung von populärer Musik mit großer räumlicher und sozialer Reichweite. Entsprechend früh versuchten kultur- und sozialwissenschaftliche Studien zu klären, welche Wirkungen Musik außerhalb ihres sozialen und räumlichen Entstehungskontextes entfaltet, wie also musikalische Produktion und Konsumtion in Beziehung gesetzt werden können. Das Spektrum der Antworten reicht von kulturpessimistischen Arbeiten, die populäre Musik als Teil einer homogenisierenden Massenkultur verstehen, welche passive Rezipienten durch kulturindustrielle Waren manipuliert sehen (HORKHEIMER/ADORNO 1993), bis hin zu kulturalistischen Interpretationen von Musik als Ressource, welche im Konsumtionsprozess unterschiedliche Bedeutungszuschreibungen zulässt (SHEPHERD 1991). Gemeinsam ist vielen dieser Ansätze die Grundannahme, dass die sozialen Strukturen und Wertvorstellungen von Konsumenten in den Eigenschaften musikalischer Produktionen reflektiert und reproduziert werden.

Als Ausgangspunkt der folgenden Überlegungen dienen empirische Befunde, die im Rahmen einer Studie über die Ausbreitung von Rap-Musik als populärem Genre gesammelt wurden (MAGER 2007). Im Mittelpunkt stand die Frage, wie Musik außerhalb des sozialen und räumlichen Entstehungskontextes konsumiert und produktiv genutzt wird. Was geschieht mit Musik, die ihren „authentischen" sozialen und geographischen Ort verlässt und an anderen Orten von anderen Personen konsumiert und reproduziert wird? Wie kann das Verhältnis musikalischer Konsumtion und Produktion gefasst werden, wenn es keine eindeutigen Passungen zwischen Sozialstruktur und Musik (mehr) gibt?

Vor diesem Hintergrund wirbt der Beitrag für ein Verständnis von Konsumtion und Produktion, das weniger von trennscharfen Momenten in einem als linear oder zyklisch gedachten Modell kultureller Kommunikation ausgeht, sondern vielmehr die dynamische Verbindung von Aspekten der Herstellung, der Verbreitung und des Gebrauchs von Kulturgütern innerhalb eines kontextsensitiven Rahmens unterstreicht. Besonders deutlich tritt dieser Zusammenhang hervor, wenn konsumtive Praktiken populärer Musik auf verschiedene Arten und Weisen produktiv genutzt werden. Hier rücken neben textuellen Bedeutungen von Musik Verwendungen ihrer affektiven, nicht leicht zu artikulierenden Wirkungen in den Fokus, die Musik als eigenes Verständigungsmedium ausweisen.

Der Beitrag argumentiert am interdisziplinären Überschneidungsbereich von *cultural studies*, Populärmusikwissenschaften und Sozialgeographie in drei Schritten. Zunächst stehen einflussreiche Ideen auf dem Prüfstand, die Produktion und Konsumtion populärer Musik als sequentielle Stadien in einem Kommunikationsprozess textueller Bedeutungen zwischen Einzelpersonen und Gruppen verstehen. Es zeigt sich, dass die affektive Intimität der Verknüpfung von und das Verwischen der Grenze zwischen produktiven und konsumtiven Aspekten zentrale Merkmale von Musik darstellen. Weshalb es bislang kaum gelungen ist, diese musikalischen Eigenschaften analytisch angemessen zu fassen, soll in einem zweiten Schritt geklärt werden. Unterschiedliche Sozial- und Kulturwissenschaften unterstellen häufig einen direkten Zusammenhang zwischen Musik und Gesellschaft, der sich an Auffassungen von Ursprünglichkeit und Echtheit der Produktion oder an der strukturellen und funktionalen Übereinstimmung von als getrennt gedachten Momenten der Produktion und der Konsumtion festmacht. Abschließend zeigen einige empirische Beispiele, wie Jugendliche und junge Erwachsene in den 1980er und 1990er Jahren vor dem Hintergrund materieller Rahmenbedingungen konsumtive und produktive Praktiken von Rap-Musik in Deutschland verbinden konnten. Dabei steht weniger die textuelle Kommunikation von Bedeutung im Mittelpunkt, als eine kontextspezifische Artikulation von Musik, die Konsumtion als Produktion überführt.

Kulturelle Kommunikation und das intime Verhältnis musikalischer Konsumtion und Produktion

Bis weit in das 20. Jahrhundert hinein folgten sozial- und kulturwissenschaftliche Analysen kultureller Kommunikation in der Regel einer einfachen, linearen und unidirektionalen Logik. Die analytische Dreiteilung des Kommunikationsprozesses in der Form Sender – Text/Vermittlung – Empfänger spiegelte sich in der Arbeitsteilung akademischer Disziplinen wider. Im Bereich populärer Musik beispielsweise zeichneten die Musiksoziologie für Aspekte der institutionellen Herstellung musikalischer Waren, die Musikwissenschaften für die notationsbasierte Analyse musikalischer Texte und die Musikethnologie für die Beschreibung und die Untersuchung der Verwendung von Musik verantwortlich. Musiker, Hörer, Kontexte und Texte waren hier verschiedene, voneinander getrennt zu analysierende Aspekte von Musik (HERMAN et al. 1998:4f.). Der Konsument stand am Ende eines Abhängigkeitsverhältnisses, das ihm die Rolle des passiven Adressaten zuvor produzierter Artefakte und Botschaften zuwies. Für viele frühe Studien im US-amerikanischen Kontext wurden medial produzierte Inhalte gleichsam subkutan in den Konsumenten injiziert, der als bloßer „Zuschauer" oder „Hörer" ein willfähriges Opfer des populären Spektakels abgab. In der bekannten Diktion von Theodor W. ADORNO (1941) konnte populäre Musik nur „falsche Bedürfnisse" von zu Kindern rückentwickelten Konsumenten befriedigen, deren äußerst geringes Maß an individueller Wahlfreiheit durch Konzentration und Kontrolle einer umfassenden Kulturindustrie geschickt maskiert wurde.

Jüngere Studien bestimmen indes das Verhältnis von Produktion und Konsumtion neu und verlagern das Augenmerk von determinierenden Inhaltsanalysen auf den tatsächlichen Gebrauch populärer Kultur. Eine grundlegende Arbeit von David RIESMAN aus dem Jahr 1950 fokussiert populäre Musik als das zentrale Sozialisationsmedium junger US-Amerikaner, welches durch Rückkopplungsprozesse grundsätzlich form- und wandelbar ist. Für ihn steht fest: „it is the audience which manipulates the product (and hence the producer), no less than the other way around" (RIESMAN 1990[1950]:6). RIESMAN unterscheidet zwei Gruppen jugendlicher Musikhörer. Die Mehrheit folgt den vorgefertigten Geschmacksbildern der Musikindustrie und den Verhaltensvorstellungen der Erwachsenenwelt eher passiv, eine Minderheit aber entwickelt als aktive Konsumenten und Fans eigene Vorstellungen bezüglich Qualität und Funktion von Musik. Jugendliche und junge Erwachsene können durch die Nutzung von Musik Haltungen von Distinktion und „Rebellion" zum Ausdruck bringen und verorten sich damit in sozioökonomischen, ethnischen und geschlechterspezifischen Gesellschaftsstrukturen.

Einen entscheidenden Schritt weiter gehen die Arbeiten am *Centre for Contemporary Cultural Studies (CCCS)* der Universität Birmingham, dessen Mitarbeiter seit Mitte der 1960er Jahre unter der Leitung von Stuart HALL ein theoretisches und forschungspragmatisches Gerüst entwerfen, das die Komplexität von kommunikativem Austausch in den Mittelpunkt von Kulturforschung rückt. Produktion und Konsumtion bleiben auch hier zwei unterscheidbare Momente im Kommunikationsprozess, sie stehen aber über zirkulierende Bedeutungen in einer ganzheitlichen, komplexen Beziehung (HALL 1987). Entscheidend ist das Repertoire an Codes, das es sowohl den Sendern als auch den Empfängern einer Botschaft ermöglicht, die Zeichen und Zeichenstrukturen mit sinnbehafteten Inhalten zu verknüpfen. Kommunikation erfolgt demnach in diskursiven Formen, welche die vom Sender eingeschriebenen Bedeutungen tendenziell von den ausgelesenen Bedeutungen des Empfängers entkoppeln und differenzierte kognitive, emotionale oder ideologische Effekte hervorrufen können. Für HALL sind Kodieren und Dekodieren folglich asymmetrische Momente von Kommunikation. Dem Verfasser eines Zeitungsartikels, dem politischen Redner oder dem Redakteur einer Nachrichtensendung ist es nicht möglich, die Bedeutung seines Textes für Konsumenten zu determinieren. Zu groß sind die Freiheitsgrade der individuellen Wahl der Referenzcodes, und zu groß sind die Spielräume der Konnotationen – Mitbedeutungen –, die eine kontextspezifische Mehr- und Umdeutung konventioneller und weit verbreiteter denotativer Bedeutungsgehalte erlauben. Zugleich ist Kommunikation kein machtfreier Raum. Sender haben eher die Möglichkeit, ihre Sujets auszuwählen, die Referenzcodes zu beeinflussen und gezielt Sendekanäle anzusteuern. Eine Analyse anhand dieses Modells lässt damit Rückschlüsse zu auf soziale Ordnungen, ökonomische Machtverhältnisse und politische Ideologien. So kann eine Nachricht in Bezug auf den eingeschriebenen Referenzcode innerhalb einer idealtypischen dominant-hegemonialen Position dekodiert werden, aber auch Zuschreibungen innerhalb subversiv-oppositioneller Codes sind möglich, „to make a more negotiated application to ‚local conditions'" (HALL 1987:137).

Richard JOHNSON (1986) greift die Idee des *encoding/decoding* auf und arbeitet in Anlehnung an den Grundgedanken der Kapitalzirkulation bei Karl MARX den Aspekt eines nie abgeschlossenen Kreislaufs kultureller Waren heraus. In seinen *circuits of culture* stellen Produktion, Texte, Lesarten und Verwendungen in der alltäglichen Lebenswelt unabdingbare Momente stetiger Schleifen von Kultur dar. Jedes Stadium des Kreislaufs verändert die Bedeutung des kulturellen Objekts und wirkt damit auf die anderen Stadien ein. So ist die kulturelle Produktion zugleich Bedingung des Entstehens eines Objekts und Rahmen für den gesamten kulturellen Kreislauf. Die Lesarten durch Spezialisten und Laien richten sich nach den sozial relevanten Formen der Produkte und bleiben beispielsweise nicht beim Partitur-Studium der traditionellen Musikwissenschaften stehen. Die Fähigkeiten des Dekodierens der Texte und damit die Auswirkungen auf die konkreten Lebensäußerungen der Menschen sind abhängig von zugänglichen Ressourcen, Wissensbeständen, technologischen Möglichkeiten und sozialen Machtpotenzialen. Dabei ist jedes der Stadien vor dem Hintergrund gesellschaftlicher Produktionsbedingungen und Faktoren wie Ethnizität, Geschlecht oder sozialer Schichtung sowie unter Berücksichtigung von Rahmenbedingungen der Rezeption in seiner Spezifik zu analysieren und in einen größeren Gesamtzusammenhang einzubetten.

Mit der Konzeption der *circuits of culture*, so konstatiert HEPP (2009:249), gelingt es JOHNSON, sowohl die Determiniertheit strukturalistischer Ideen zu umschiffen als auch der absoluten Pluralität poststrukturalistischer Ansätze zu entgehen. Für JOHNSON stehen die immer wieder neu geknüpften, mehr oder weniger stabilen Beziehungen der vier Stadien des Kreislaufs im Mittelpunkt, die auf das grundsätzlich reziproke Verhältnis kultureller Konsumtion und Produktion verweisen. Allerdings unterstellt auch diese Vorstellung eine gerichtete, sequentielle Abfolge von Stadien, die in JOHNSONs eigener grafischer Umsetzung (1986:284) durch Folgepfeile verbunden sind: Produktion (1), vor Produkten als bedeutungstragende Texte (2), vor Lesarten (3) und vor der Einbettung in gelebte Kultur (4).[1] In Anlehnung an den „Kunstwerk-Aufsatz" von Walter BENJAMIN argumentiert etwa John MOWITT (1987) am Beispiel populärer Musik im Zeitalter der elektronischen Reproduzierbarkeit, dass je stärker Musik technologisch vermittelt erscheine, desto deutlicher Aspekte der Rezeption denen der Produktion vorangingen. Produktion sei stets durch den Umstand und die Vorwegnahme von Wiederholung geprägt. Nicht die Genialität des autonomen Künstlersubjekts bilde unter gegenwärtigen Bedingungen regelmäßig Aus-

---

[1] Vgl. aber die Konzeption der sich stärker gegenseitig durchdringenden Stadien in der Studie von DU GAY et al. (1997:3).

gangspunkt von Musik, sondern Überlegungen zu Veröffentlichungsstrategien, Übertragungs- und Abspielkanälen, musikjournalistischen Rezeptionsweisen, sich ändernden Geschmackspräferenzen potenzieller Konsumenten oder zu Praktiken, Räumen und Situationen des Hörens. Außerdem sei der musikalische Produktionsprozess mittlerweile notwendigerweise auf Erinnerung und ein klangliches Gedächtnis von zuvor aufgeführter und aufgenommener Musik angewiesen. Musizieren ist dann Handeln innerhalb eines klanglichen Referenzfeldes aus elektronischen Spuren, historischen Fährten und persönlichen Erinnerungen. Bei der Analyse der Organisation und Strukturierung von Klang als Musik gelte es demnach, die Richtung des klassischen Zusammenhangs Produktion – Text – Konsumtion umzukehren und „to take account of the radical priority of reception" (MOWITT 1987:176f.).

Eine weitere Schwierigkeit der Modelle kultureller Kommunikation stellt der Fokus auf die Vermittlung textueller Bedeutungen dar, die Produkte und deren Konsum über semiotische Regeln in Beziehung setzen. Inhaltliche Vielfalt und Vielgestalt von Kultur werden reduziert auf Lesarten, d. h. über Sprache vermittelte und vermittelbare Bedeutungsgehalte. Besonders deutlich wird diese Schwäche, wenn es um die Fragen geht, wie Musik Bedeutungen schafft und welche Inhalte Musik kommuniziert. Methodisch stehen Textanalysen vor dem Problem, Musik als bloße Zeichen und damit letztlich als textliches Kommunikationsmittel konzipieren zu müssen. Klänge allerdings entziehen sich in mancher Hinsicht einer Einordnung in symbolisch oder sprachlich fassbare Signifikationssysteme, sie vermitteln durch Melodie, Rhythmus, Harmonie, Stimmmodulation oder Klangfarbe ein Mehr an Inhalten, die außerhalb des sprachlich zu Artikulierenden liegen. Musik zu produzieren/zu konsumieren ist zugleich Kreation, Erfahrung und Verständnis der Welt, die sich jenseits textueller Repräsentationen fassen lassen als performative Prozesse im Hier und Jetzt (SMITH 2000, ANDERSON et al. 2005).

Aufgrund ihrer phänomenologisch-klanglichen Eigenschaften wirkt Musik scheinbar transparent und unmittelbar auf die Sinne des Körpers und verschafft beispielsweise Vergnügen, Erfüllung oder Gefühle von Zartheit und Erhabenheit (POCOCK 1993). In diesem Verständnis ergänzt Musik Sprache und Schrift als ein Kommunikationsmedium, das affektiv und emotional eher Erfahrung denn Bedeutung vermittelt (KATZ 1999). „Affect", schreibt Lawrence GROSSBERG (1992: 80f.), „is closely tied to what we often describe as the ‚feeling' of life […] Affect operates across all our senses and experiences, across all the domains of effects which construct daily life. Affect is what gives ‚color,' ‚tone' or ‚texture' to the lived". Affekte vermitteln keine Bedeutungen, sondern Leidenschaft, Willen und die Bereitschaft zum Engagement. Sie organisieren auf diese Weise das Maß an Energie, die der Einzelne für subjektiv relevante Belange aufzubringen bereit ist und schaffen Momente, an denen Menschen Identität verankern können.

> „People actively constitute places and forms of authority (both for themselves and others) through the deployment and organization of affective investments. By making certain things matter, people ‚authorize' them to speak for them, not only as a spokesperson but also as a surrogate voice (e.g., when we sing along a popular song). People give authority to that which

they invest in; they let the objects of such investment speak for and in their stead" (GROSSBERG 1992:83f.).

Affekt löst nicht ausschließlich emotionale Effekte aus, sondern kann, als eine Form kulturellen Kapitals, sozialen Funktionen dienen. Darüber hinaus ermöglichen Affekte musikalischen Produzenten und Konsumenten, anderen Personen Identifikationsangebote zu unterbreiten. Durch den Einsatz von Energie für Dinge, die einem persönlich relevant erscheinen, haben andere Menschen die Gelegenheit, sich mit diesen Belangen zu (oder nicht zu) identifizieren und sich selbst für (oder gegen) diese einzusetzen. Kulturelle Formen wie Musik können auf diese Weise affektive Allianzen schaffen, die Menschen mehr oder weniger dauerhaft verbinden. Affektive Allianzen, die beispielsweise verschiedene Musikstücke, Images, Verhaltensweisen, Tanzstile, Drogen, Musikmagazine, Fans, Profi- und Amateurmusiker umfassen, ermöglichen Verknüpfungen zwischen räumlich entfernten Orten und zwischen Menschen auch ohne Ko-Präsenz. Affekte spannen damit einen gemeinsamen Referenzraum für Konsumenten wie Produzenten von Musik auf, der jenseits textueller Signifikation funktioniert und der die Intimität des Verhältnisses musikalischer Konsumtion und Produktion rahmt.

Die Mischung von Produktion und Konsumtion und das Verwischen der Grenzen zwischen ihnen kann als Form dessen interpretiert werden, was der französische Ökonom Jacques ATTALI in seiner Studie *Bruits: Essai sur l'économie politique de la musique* als *composer* bezeichnet (ATTALI 1977). Für ihn lässt sich die historische Entwicklung der Menschheit am deutlichsten an der gesellschaftlichen Organisation von Klang ablesen, die abhängig ist von sozioökonomischen Bedingungen und verfügbaren Technologien. Nach den Zeitaltern des *sacrifier*, der rituellen Ordnung durch Musik, und des *représenter*, der Ordnung und Harmonisierung von Musik als Ware für das bürgerliche Publikum des 19. Jahrhunderts, stellt die Welt des 20. Jahrhunderts eine Ära des massenmedialen *répéter* dar, in der es Individuen durch elektronische Reproduktionsmedien möglich wird, Musik ubiquitär und dadurch auch außerhalb kollektiver sozialer Räume in der Privatsphäre zu nutzen. ATTALIS *composer* schließlich stellt eine Utopie autonomer Kreativität dar, mit deren Hilfe das eigene Leben komponiert – im Wortsinn „zusammengesetzt" – wird. Hören ist integraler Teil produktiver Praxis des eigenen Lebens, die musikalische Elemente außerhalb systemischer Bewertungen nach eigenen Präferenzen arrangiert. Musik ist dann Ausdruck für das Neuordnen von Klang, dessen Referenz nicht länger ästhetische Werte oder soziale Kommunikationsstrukturen sind, sondern der Rhythmus des Körpers und der Wunsch nach sinnlicher Erfüllung (ATTALI 1977:265ff.).

Musikalische Homologien oder: die verzweifelte Suche nach Authentizität

Die wechselseitige und intime Beziehung zwischen musikalischer Konsumtion und musikalischer Produktion wird wissenschaftlich bislang erst ansatzweise in den Blick genommen. Ziel dieses Kapitels ist zu klären, wie das Verhältnis von Musik und ihren Konsumenten in verschiedenen kulturwissenschaftlichen Disziplinen gefasst worden ist und warum dieses Verhältnis als unproblematisches Nebeneinander und Nacheinander thematisiert werden konnte. Musikethnologie, kritische Musiksoziologie und die frühe Theorie jugendlicher Subkulturen sollen als knappe Beispiele dienen. Es zeigt sich, dass die Beziehung zwischen Musikproduktion und Musikkonsumtion lange Zeit als deterministische, funktionale oder strukturelle Homologie gefasst wurde. Homologie meint im vorliegenden Zusammenhang, dass Musik soziale und ökonomische Strukturen reflektiert oder reproduziert. Es wird eine Passung der Eigenschaften und Bedeutungen musikalischer Produktionen mit den Werten, Einstellungen und sozialen Lagen der Konsumenten angenommen. Notwendigerweise geht diese unterstellte Beziehung einher mit der Suche nach musikalischer Authentizität, die sich an Kriterien wie Genialität, Ehrlichkeit, Glaubwürdigkeit oder sozialräumlicher Verwurzelung festmacht (MIDDLETON 1990:127).

Eine zentrale traditionelle Aufgabe der Musikethnologie ist die Suche nach dem authentischen Ursprungsort bestimmter Musik. Volksmusik und tradierte Lieder gelten als direkter Ausdruck der Gefühle und des Geschmacks einer Volksgruppe, die klar als eigenständige soziale Entität in ihrer geographischen Verortung identifiziert wird. Prägnant formuliert der Folklorist Cecil SHARP die sozial- und kulturdeterministische Sicht der Disziplin zu Beginn des 20. Jahrhunderts: „*Folk music* [...] *is the product of a race, and reflects feelings and tastes that are communal rather than personal*" (SHARP 1965[1907]:20). Bis heute lassen sich ähnliche Argumentationsmuster nachweisen, wenn beispielsweise die Rede ist von *urban blues* als Musik der afroamerikanischen Arbeiterschicht oder von *hillbilly* als authentischer *country music* der weißen Appalachenbewohner. Ungeklärt bleiben dabei die konkreten Zusammenhänge des unterstellten Verhältnisses von musikalischer Produktion und sozialer Gruppe. Wie drückt Musik Gefühle und Geschmacksmuster einer Ethnie aus? Wann ist Musik ethnisch „weiß" und wann „schwarz"?

Auch der Versuch, mit einem als „cantometrics" bezeichneten musikanthropologischen Projekt, verschiedene Aspekte von Musik zu quantifizieren, um damit computergestützt auf globaler Ebene Liederareale abzugrenzen, entstammt dieser Tradition (LOMAX 1968). Die resultierende „world song style map" unterstellt einen Zusammenhang zwischen musikalischer Komplexität – gemessen anhand des tonalen Umfangs, der melodischen Fülle und der rhythmischen Vielfalt lokaler Musik – und dem gesellschaftlichen Entwicklungsstand vor Ort, erfasst u. a. als Art der Sexualmoral, Grad der sozialen Schichtung und Maß der politischen Organisation. Für Alan LOMAX (1968:122) lässt sich verallgemeinern: Je komplexer die soziale, politische und ökonomische Organisation einer Gesellschaft ist, desto komplexer sind ihre musikalischen Ausdrucksweisen und umgekehrt.

Hier wird ein homologer Kausalzusammenhang zwischen Sozialstrukturen und vorgeblich indigener Musik errechnet, der keinen Spielraum für die Analyse spezifischer Praktiken belässt. Wo und wann wird Musik warum gemacht und gehört? Zudem liegt der Argumentation ein Zirkelschluss zugrunde, da musikalische Artefakte als typisch für eine verortete Kultur erachtet werden, die zu Beginn der Studien aufgrund eben dieser (und anderer) Artefakte identifiziert und räumlich abgegrenzt worden ist – die homologe Relation ist der Methodik immanent. Dieses Verfahren verwenden auch frühe Arbeiten der Musikgeographie, die Kulturregionen oder naturräumliche Einheiten als die geeignete Ordnungseinheit betrachten, musikalische Eigenschaften und Praktiken zu aggregieren (z. B. NASH 1968). Die Resultate stellen eher beschreibende und inventarisierende Darstellungen von Kulturlandschaften und Regionen denn Versuche der Erklärung und Analyse sozialer Praktiken dar. Das entscheidende Bewertungskriterium ist dabei Authentizität, als das Maß der Übereinstimmung sozialkultureller oder physisch-geographischer Faktorenkomplexe mit den Eigenschaften von Klangorganisation und musikalischer Produktion. Als offene Frage dieser Konzeption bleibt: Wie und warum wird diese Musik auch von Personen gehört und gemacht, die nicht dem authentischen Herstellungskontext entstammen?

Die musiksoziologischen Diskussionen um den Zusammenhang von Herstellung und Gebrauch von Musik waren zunächst von einer grundsätzlichen Unterscheidung in Ernste Musik, Volksmusik und Unterhaltungsmusik geprägt. Der ökonomische und ideologische Erfolg populärer Musik wurde im Rahmen der Kritischen Theorie durch die spezifischen Produktionsbedingungen erklärt, die auf technologischen Entwicklungen der Massenmedien sowie auf organisatorisch-administrativen Konzentrationsprozessen der Kulturindustrie beruhten (HORKHEIMER/ADORNO 1993). Ähnlich wie Industrieerzeugnisse im Rahmen fordistischer Massenproduktion seien populäre Songs in melodischer, struktureller und rhythmischer Hinsicht einer Standardisierung unterworfen, die der Fragmentierung kapitalistischer Produktionsweisen und der Austauschbarkeit industrieller Waren und Arbeitskräfte entspreche. „Structural standardization aims at standard reactions. Listening to popular music is manipulated by the inherent nature of music itself, into a system of response-mechanisms wholly antagonistic to the idea of individuality in a free, liberal society" (ADORNO 1941:21f.). Nur marginale Abweichungen im Aufbau des prinzipiell immer Gleichen genügten, diese Standardisierungen gegenüber den Hörern zu verschleiern und ihnen das Gefühl individueller Wahlmöglichkeiten zwischen vermeintlich verschiedenen Musikstücken und populären Genres zu geben. Der Pop-Hörer muss in dieser Formulierung passiv bleiben, er verliert in der Masse von Konsumenten seine Individualität und die Fähigkeit, kritisch zu reflektieren. Seine Rolle ist die des regredierten und passiven Konsumenten standardisierter Unterhaltungsmusik, welche die kapitalistischen Lebens- und Arbeitsverhältnisse geschickt maskiert und zugleich re-produziert. Demgegenüber steht der Gebrauch bestimmter Ernster Kunstmusik der Klassik und Avantgarde, die mit ihrer Autonomie politischen Ideologien und kulturindustriellen Marktmechanismen entgehen kann. Das „Wahre, Schöne, Gute" zeige die befreiende Kraft menschlicher Kreativität. Die Musik in der Tradition Ludwig van Beethovens biete beispielsweise entsprechend intellektuelle Stimulation, fordere die Kontemplation des selbstreflexiven Individuums und entspreche den „realen Bedürfnissen" wirklich aufgeklärter Subjekte einer freien Gesellschaft. Diese Annahmen einer homologen Beziehung zwischen musikalischen und sozialen Strukturen und den damit verbundenen Praktiken impliziert eine Hierarchie von Musik, die den spezifischen Kanon der musikalischen Klassik im Europa des 18. und 19. Jahrhunderts als zeitlich wie räumlich universelle, normative und autonome Musik gegenüber der vermeintlich sozial spezifischeren populären Musik angloamerikanischer Provenienz im 20. Jahrhundert privilegiert (LEYSHON et al. 1998:9).

Sehr deutlich expliziert wird das Konzept von Homologie als Passung kultureller Artefakte und sozialer Praktiken in Arbeiten des CCCS in Birmingham zu jugendlichen Subkulturen in den 1970er Jahren. In einem klassischen Text definieren CLARKE et al. (1976:56) Homologie als die Übereinstimmung der „focal concerns, activities, group structure and collective self-image" von jugendlichen Angehörigen einer Subkultur mit „objects in which they could see their central values held and reflected". Dabei verwenden die Jugendlichen in der Regel bereits vorhandene kulturelle Materialien, denen durch *bricolage*, die Umordnung und Re-Kontextualisierung von Kultur, neue, in Teilen subversive Bedeutungen zugewiesen werden. Paul WILLIS identifiziert in seiner Studie zu Hippies und Rockern Arten von Musik „differentially sought out and pursued by, rather than simply randomly proximate to, a social group" (WILLIS 1978:191). Subkulturen wählen in diesem Verständnis populäre Musik bewusst aus und nutzen Klänge, um ihre Anliegen subversiv vorzubringen. Für WILLIS wirkt diese Beziehung zudem in beide mögliche Richtungen: die Lebensführung beeinflusst Musik, und Musik beeinflusst die Lebensführung. Diese bidirektionale Determiniertheit von Konsumtion und Produktion lässt das Verhältnis noch enger erscheinen, und es zeichnet sich ein Kreislauf von Homologien ab, der nur wenig Spielraum lässt für soziale Differenzierungen und musikalische Diskontinuitäten.

Neben Paul WILLIS sucht insbesondere Dick HEBDIGE nach regelhaften Übereinstimmungen zwischen Klassenlage, Handlungen und musikalischen Präferenzen verschiedener Jugendkulturen. In *Subculture: The meaning of style* beschreibt HEBDIGE (1979:113) „the symbolic fit between the values and lifestyles of a group, its subjective experience and the musical forms". Die symbolische Übereinstimmung von subkulturellen Lebensentwürfen, subjektiven Erfahrungen und musikalischen Formen wird nach seiner Einschätzung sehr anschaulich durch die Subkultur der Punks illustriert. Kleidung, Haartracht, Tanz, Drogenkonsum, Sprache, Alltagspraxis und Klang bilden hier ein stimmiges Ganzes:

> „The subculture was nothing if not consistent. There was a homological relation between the trashy cut-up clothes and spiky hair, the pogo and amphetamines, the spitting, the vomiting, the format of the fanzines, the insurrectionary poses and the ‚soulless', frantically driven music. The punks wore clothes which were the sartorial equivalent of swear words, and they swore as they dressed – with calculated effect, lacing obscenities into record notes and publicity releases, interviews and love songs. Clothed in chaos, they produced Noise in the calmly orchestrated Crisis of everyday life in the late 1970s" (HEBDIGE 1979:114).

Kulturelle und musikalische Formen stimmen so passgenau mit den sozialen Erfahrungen überein, dass (Sub-)Kultur als ein „whole way of life" (WILLIAMS 1958) begriffen wird. Die homogenisierende Betrachtung subkultureller Gruppen und ihrer musikalischen Ausdrucksweisen erschwert damit den Blick auf Individuen und deren wandelbare musikalische Praktiken. Was geschieht, wenn Subkulturen ihre Geschmackspräferenzen plötzlich ändern? Wie sind subkulturelle

Spezifika an unterschiedlichen Orten zu verstehen? Dem Einfluss sozialräumlicher Zirkulationssysteme, institutioneller Konstellationen, materieller Prädispositionen und historischer Pfade auf musikalische Praktiken bleibt die Anerkennung meist versagt (STAHL 2003:27f.). Zudem hat die Theorie der Subkultur sehr wenig über Musik und ihre spezifischen Eigenschaften zu sagen. Musikalische Bedeutung bezieht sich entweder auf Inhaltsanalysen von Liedertexten oder auf einen allgemeinen Symbolismus von „Klasse", „Ethnizität", „Subversivität" oder „Exklusivität". Akustische Eigenschaften, affektive Wirkungen oder genrespezifische Charakteristika werden schlicht übergangen (MIDDLETON 1990:166).

Hinter allen drei wissenschaftlichen Diskursen von Musikethnologie, kritischer Musiksoziologie und Subkulturtheorie verbirgt sich die Annahme, dass Musik „zugrunde liegende" soziale Strukturen reflektiert, wiederholt und damit reproduziert. Traditionelle musikethnographische Arbeiten gehen davon aus, dass Volksmusik direkter Ausdruck gesellschaftlicher Norm-, Moral- und Wertvorstellungen einer abgegrenzten kulturellen Gruppe sei. Die musikwissenschaftliche Argumentation der Kritischen Theorie hebt Ernste Musik hierarchisch über populäre Unterhaltungsmusik, die ein kulturelles Abbild der gesellschaftlichen Produktionsbedingungen im Zeitalter des Massenkonsums darstelle und zur konsumtiven Reproduktion der bestehenden Verhältnisse beitrage. Die *cultural studies* schließlich sehen in der umfassenden Alltagserfahrung insbesondere von Subkulturen die entscheidende Erkenntnisquelle. Als Maß der Glaubwürdigkeit dient die Kongruenz von Handlungen, Sozialstrukturen und musikalischen Ausdrucksweisen einer Gruppe. All diese Auffassungen von Homologie machen sich an Vorstellungen von Authentizität fest, nach denen Ursprünglichkeit und Echtheit die herausragenden Bewertungsmerkmale musikalischer Produktion und Konsumtion sind. Ein solch einfaches und verallgemeinerndes Verständnis von Authentizität wird der Komplexität kultureller Praktiken jedoch nicht gerecht und kann die Spezifika von Musik nur unangemessen reflektieren. Homologien verstellen den Blick auf das intime Wechselverhältnis von musikalischen Praktiken des Konsumierens und Produzierens.

Die geographische Artikulation musikalischer Konsumtion und Produktion

Musikalische Form und soziale Erfahrung folgen, so die hier vertretene These, keiner determinierten Abhängigkeit, sie werden als Praxis immer wieder neu, kontextbezogen artikuliert. Zu diesen Praktiken zählen u. a. die sprachliche Adaption populärer Musik und das Entwickeln eigener Liedertexte, der Kauf, das Sammeln und Archivieren von Tonträgern, das individuelle und gemeinsame Goutieren von Sounds, das Ergründen musikalischer Samples, die Rezeption von Musikzeitschriften, Tanzen und Entspannen, das Üben an kompliziertem technischen Gerät, die Manipulation zuvor aufgenommener Klänge, das Organisieren von Musikaufnahmen und das Erstellen eigener Tonträger, Vertragsverhandlungen mit Studios, Musik- und Vertriebsunternehmen, Konzertbesuche und Bühnenauftritte. Diese Vielfalt zeigt sich insbesondere für Formen populärer

Musik, die im Laufe einer zunehmenden „Demokratisierung" und „Rationalisierung" musikalischer Praktiken seit den 1980er Jahren entstanden sind (GOODWIN 1992). Vergleichsweise günstige Aufnahmetechnologien im Heimstudio oder am Computer, die Möglichkeiten der einfachen Bearbeitung und Verbreitung digitaler Klänge sowie die weiträumige Verfügbarkeit von Musik sind charakteristisch für neuere Genres wie HipHop oder elektronische Dance-Musik. Dass es zunehmend schwer fällt, für diese Musik eindeutige Übereinstimmungen zwischen klanglichen und sozialen Strukturen zu identifizieren und Konsumenten klar von Produzenten zu trennen, soll anhand empirischer Beispiele nachvollzogen werden. Im Mittelpunkt stehen verschiedene musikalische Praktiken von Jugendlichen und jungen Erwachsenen in Deutschland während der späten 1980er und frühen 1990er Jahre, als das neue popkulturelle und musikalische Genre HipHop weitläufig bekannt wurde (MAGER 2007). Ziel ist es, alltägliche musikalische Konsumtion als musikalische Produktion zu überführen (und umgekehrt) und die jeweiligen kontextspezifischen Bedingungen dieser Artikulationen herauszuarbeiten. Der Fokus liegt dabei weniger auf textuellen Bedeutungen, als auf materiellen Kontexten und affektiven Wirkungen, die singuläre Verbindungen von Konsumtion und Produktion hervorbringen.

Der Sprechgesang in Reimform (*to rap*) gilt als ein zentrales Merkmal von HipHop- oder Rap-Musik, das zu ihrer weiten sozialen und räumlichen Verbreitung beiträgt. Ein Mitmachen und Mitsingen ist ohne Vorwissen, ohne spezielle Schulung der Stimme und ohne die Anschaffung von Instrumenten möglich. Hinzu tritt die potentielle Offenheit der Inhalte der gereimten Texte, die von banaler Alltagskommunikation und der Beschreibung des eigenen Lebensumfeldes über blanke Angeberei bis hin zu ausgetüftelten und verschachtelten Botschaften mit hohem künstlerischem Anspruch oder politischer Intention reichen können. TORCH, Gründungsmitglied der Heidelberger Formation *Advanced Chemistry*, berichtet von seinen ersten Schritten als Rapper in den frühen 1980er Jahren:

> „Die Rapper nennen ihre Namen, es ist was sehr Persönliches. Es gibt keinen Kurtis Blow-Song, wo er nicht kurz sagt ‚Kurtis Blow' [...] Ich hab' den Text auswendig gelernt, und immer wenn ‚Kurtis Blow' kam, wollte ich natürlich meinen Namen einsetzen. Nur: der hat sich nicht mehr gereimt, und dann musste ich den Text umschreiben" (TORCH im Interview, Heidelberg, Juli 2001).

Als orale Praxis ermöglicht Rap das Einbauen, Anpassen und Neukreieren von Texten, das beim *freestyle*, dem Texten aus dem Stegreif, ausgesprochen wendig und spontan vollzogen werden muss. Beim *battle* werden die Texte gar aus der Situation heraus gegen den ko-präsenten Reimgegner gerichtet, der seinerseits mit möglichst gelungenen Antworten reagiert, indem er noch während des produktiven Prozesses des Gegners dessen Klänge produktiv in seine Antwort integriert. Insbesondere die *jams* der frühen 1990er Jahre-Partys, zu denen HipHop-begeisterte Jugendliche für das Wochenende aus ganz Deutschland in einem Jugendzentrum oder einer Sporthalle zusammenkamen – boten die Möglichkeit, HipHop in einer ungezwungenen Atmosphäre zu feiern, die eigenen Fähigkeiten zu verbessern und sich mit anderen zu messen (HOYLER/MAGER 2005).

Über die Stimme des Rappers, dessen Betonung, Klangfarbe, Lautstärke oder Tonhöhe entfaltet sich eine zusätzliche musikalische Kommunikationsebene. Auch andere Klangqualitäten spielen als eindrückliche Markierungen eine wichtige Rolle im Vermittlungsprozess. Die Intensitäten der Basslinien als treibende oder bremsende Rhythmuselemente überlagern sich mit Wirkungen beigemischter Klangschichten, die den musikalischen Fluss wahlweise betonen oder in einer Bruchhaftigkeit konterkarieren können. Die Quellen der zusammengefügten Soundbestandteile reichen von Refrains bekannter Disco- oder Rock-Hits über Alltagskonversationen bis hin zu urbanen Umweltgeräuschen wie Sirenen, Schreie, Schüsse oder zersplitterndes Glas. Auf die Frage, was genau der Grund für seine Begeisterung für HipHop-Musik Mitte der 1980er Jahre war, nimmt TEXTOR vom Ulmer Duo *Kinderzimmer Productions* im persönlichen Gespräch rückblickend Bezug auf solch intensive affektive Erfahrungen mit Klang:

> „Ich glaube, es hatte ganz viel mit dieser unglaublichen Vehemenz zu tun. Diese unglaublich offensive, körperliche, teilweise auch aggressive Musik, die jetzt nicht darauf aus ist, irgendwie klavierstundenkompatibel zu sein, sondern wirklich auf die Zwölf geht. Die Sensation, das Offensive, das Körperliche. [...] Es ist aber damals total unmittelbar gewesen, es hat kein Textverständnis gebraucht" (TEXTOR im Interview, Heidelberg, November 2005).

Ein weiteres Indiz zur Überführung von Konsumtion als Produktion liefert die Nutzung von Musiktechnologie. Eine grundlegende Innovation der frühen Hip-Hop-*discjockeys* war der parallele Gebrauch von zwei Plattenspielern, die mit Vinylplatten desselben Titels bestückt waren. Durch einen zwischengeschalteten Mixer war es während des Abspielens einer Musiksequenz auf dem ersten Plattenteller möglich, die Abspielnadel des zweiten Plattentellers an den Beginn derselben Sequenz zu setzen, um so übergangslose Schleifen besonders eingängiger und zum Tanzen animierender Liederteile, der *breakbeats*, zu schneiden. Wie diese Plattenspieler, aus denen Instrumente der Produktion werden, sind viele elektronische Musiktechnologien reversibel, sie lassen sich für Klangwiedergabe wie für Klanggenerierung nutzen. Noch einmal berichtet TORCH von seinen Anfängen als HipHop-Konsument und -produzent:

> „Also angefangen hat's damit, dass man einen Kassettenrekorder hatte. Mein Vater hatte ein Doppelkassettendeck, mit dem konnte ich Sachen loopen. Das heißt, ich habe irgendwo eine Passage gehört, die mir gefallen hat und hab' sie einfach immer wieder hinkopiert. Und manchmal hat's genau gesessen, das hab' ich dann meinen ganzen Freunden vorgespielt. Und so hat man ein eigenes Instrumental geschaffen, worüber ich dann rappen konnte. Und nach dem Kassettenrekorder hat man am Plattenspieler versucht, irgendwie zu scratchen [...] Und dann hab' ich irgendwann mal von meinem Musiklehrer ein Effektgerät für Gitarren ausgeliehen [...] Und da hab ich meine Kopfhörer reingesteckt, weil ich rausbekommen hab', dass wenn man den Kopfhörer reinsteckt, kann man ihn genauso als Mikrofon benutzen. Das ist faszinierend [...] Wir haben uns dann einfach was zu recht gesponnen, alles Mögliche, was einen Ton erzeugt. Alles: Beatbox, Human Beatbox, mit dem Mund [...] Einfach alles Mögliche, scheißegal, Hauptsache es kommt irgendwo ein Ton raus" (TORCH im Interview, Heidelberg, Juli 2001).

Elektronische Musiktechnologie eröffnet Möglichkeiten des Gebrauchs von Geräten, der nicht unbedingt den Zwecken entspricht, für die diese ursprünglich konzipiert wurden. Aus einem Kassettenspieler wird ein Bandmischgerät, Kopfhörerlautsprecher lassen sich problemlos in Mikrofone verwandeln, und Radioempfänger sind potenzielle Radiosender. Zur Veröffentlichung eines eigenen Musikstücks allerdings bedarf es einer umfangreichen produktionstechnischen Ausstattung, die für die Vorproduktion zumindest Sampler, Mixer, Plattenspieler, Steuergeräte und einen Rekorder zur Mehrspuraufzeichnung umfasst.

Für die Jugendlichen war die Beschaffung dieser Apparate zunächst kein leichtes Unterfangen, da diese vergleichsweise teuer und nur schwer in Deutschland erhältlich waren. Zudem war das eigene Wissen um Produktionstechniken äußerst rudimentär, und Informationen waren nur spärlich zu erhalten, beispielsweise von befreundeten, in Deutschland stationierten US-Soldaten oder über die wenigen eigenen Kontakte nach Übersee (CUTMASTER GB im Interview, Frankfurt, Mai 2002). Im peripheren Kontext der Nordeifel beispielsweise erarbeiteten sich die Mitglieder der Gruppe *L(egally) S(pread) D(ope)* ihr spezifisches musikalisches Wissen autodidaktisch, typischerweise im zum „Troop TNT Studio" erweiterten Jugendzimmer (MAGER/HOYLER 2007). DJ RICK SKI erinnert sich an diesen Prozess Mitte der 1980er Jahre:

> „Ohne jegliches Hintergrundwissen begannen wir, erste Demos aufzunehmen. Vom Schneiden von Breakbeat-Loops über diverse Scratch-Techniken bis zum Arrangement der Songs brachten wir uns alles selbst bei. Zu dieser Zeit gab es weder das Internet, noch irgendwelche anderen Informationsquellen, die offenlegten, wie der angestrebte HipHop-Sound denn nun entstehen sollte" (RICK 2010:1).

Durch Ausprobieren und Imitieren erfanden die vier Mitglieder der Gruppe HipHop-Musik für sich noch einmal neu. Zu den regelmäßigen Praktiken zählten das stundenlange Üben an Plattentellern, das Studium rarer englischer Dance-Magazine und die Suche nach musikalischem Rohmaterial, das als mögliche Sample-Quellen benutzt werden konnte. Meist unbefriedigende Ansatzpunkte bot die heimische Plattensammlung der Eltern oder das intensive Studieren der Quellenangaben auf Tonträgern. Nach und nach ergänzten eigene Vorlieben, „diverse Fehlkäufe" und „Insiderinformationen aus Londoner Plattenläden" das Archiv (RICK 2010:3). Auf die Frage, wie stark die eigenen frühen Musikproduktionen von US-amerikanischen Vorbildern geprägt waren, antwortet RICK SKI:

> „Überhaupt nicht, überhaupt nicht. Das haben viele andere gemacht. Die haben ein *Public Enemy*-Instrumental genommen und drüber gerappt, so. Das war überhaupt nicht unser Ding. Wir wollten halt von Anfang an was Eigenes, Authentisches machen. Das war uns wichtig. Und von daher glaub' ich auch, hat das die Leute so vor den Kopf gestoßen, wie wir unsere erste Platte rausgebracht haben 89. Die kam aus dem Nichts. Die kam von so 'nem Kaff, und keiner kannte uns. Auf einmal kommt da so 'ne Platte, die halt nicht nach ‚wir samplen *Public Enemy* und covern die Texte' geklungen hat. Die halt recht eigenständig war, so" (RICK SKI im Interview, Köln, November 2001).

Den Wissens-, Konsumtions- und Produktionsvorsprung gegenüber anderen Jugendlichen in Deutschland verdanken *LSD* einer intensiven konsumtiven und produktiven Auseinandersetzung mit Musik. Der beherzte Schritt von frühen Demo-Mitschnitten in einer *do it yourself*-Ästhetik zu professionellen Aufnahmen im *Rooftone*-Studio im Dachgeschoss eines Mehrfamilienhauses in Zülpich erweiterte das eigene konsumtiv-produktive Wissen und die Qualität der Aufnahmen in einem Maße, dass *LSD* vom Musiklabel *Rhythm Attack Productions* in Köln unter Vertrag genommen wurden. Dieser Umstand ist umso bemerkenswerter, als das Label bis dato ausschließlich US-amerikanische HipHop-Künstler im Vertrieb hatte, und zum ersten Mal eine deutsche Gruppe für einen Beitrag auf einer sonst rein US-amerikanischen Kompilation vorgesehen war (RICK 2010:5). Selbstbewusst nennen *LSD* 1989 ihre erste EP *Competent*.

Fazit

Auf der Basis empirischer Befunde zu Praktiken früher HipHop-Musiker in Deutschland hinterfragt der vorliegende Beitrag das sozial- und kulturwissenschaftliche Verständnis von Produktion und Konsumtion als voneinander separierte und aufeinander folgende Momente der Vermittlung „authentischer" Bedeutungen. Erstens zeigt der Fokus auf konkrete musikalische Praktiken eine Vielfalt von Handlungen, die mit „Musik konsumieren" und „Musik produzieren" allenfalls oberflächlich bestimmt sind. Die niedrige Einstiegsschwelle für eigene Textbeiträge, die wachsende „Demokratisierung" elektronischer Musiktechnologie und ein wachsender Strom verfügbarer Musikaufnahmen seit den 1980er Jahren erlaubte eine kreative Kontinuität im Umgang mit Musik, die als ineinander verschachtelte Zyklen individueller und gemeinsamer Handlungen erscheint: Diskutieren, Hören, Auswählen, Kaufen, Aufnehmen, Produzieren, Abspielen, Tüfteln, Verhandeln, Testen, Verwerfen, Veröffentlichen usw. Zweitens werfen die Beispiele ein Licht auf die spezifischen materiellen Bedingungen von Musik. Musik ist immer erst dann Bedeutung, Kommunikation und Affekt, wenn körperliche oder instrumentelle Objekte der Klangerzeugung und -wahrnehmung sowie Geräte der Wiedergabe, Verbreitung und Aufzeichnung zum Einsatz kommen. Drittens ergänzen phänomenologische und affektive Wirkungen des HipHop-Sounds textuelle Bedeutungselemente der Musik. Sehr viele der frühen HipHop-Musiker sind zugleich Breakdancer, die (eigene) Musik in Tanzbewegungen umsetzen. Sensibilitäten gegenüber Musik schaffen Stimmungen und Vergnügen, strukturieren das Alltagsleben der Jugendlichen und helfen, individuelle und kollektive Selbstentwürfe zu entwickeln. Viertens zeigen sich die Zusammenhänge von Form und Inhalt, von Klang und Affekt nicht determiniert, sondern ortsspezifisch variabel. Auch wenn viele der deutschen HipHop-Protagonisten die gleichen musikalischen Vorbilder aus den USA benennen, so reichen die Bezüge von reinen Textanleihen über „nachgespielte", technisch perfektionierte Aufnahmen bis hin zu Kompositionen aggressiv übersteigerter Musik mit eigenen, politisch ambitionierten Botschaften. Die ausdifferenzierte Verfügbarkeit musikalischen Materials, die Disparitäten des Wissens um ihren Gebrauch und die zur Verfügung stehenden Handlungsoptionen sind zentrale Faktoren für das Verständnis musikalischer Praktiken. Musik produzieren/konsumieren findet an Orten statt, die Maßstabsebenen wie lokal, national und global immer wieder neu verknüpfen.

Nicht eine textuelle oder funktionale Entsprechung von Musik und sozialen, ökonomischen und räumlichen Strukturen klärt die Ausgangsfrage nach der Mobilität von Kultur, sondern der kontextspezifische Zusammenhang von Konsumtion und Produktion. Homologe Annahmen verstellen den Blick auf Musik als Prozess und auf die Spezifität singulärer Artikulationen von musikalischer Produktion und musikalischer Konsumtion an geographischen Orten. Musik erscheint als sozialwissenschaftliches Untersuchungsobjekt besonders dann interessant, wenn sie gerade nicht passgenau funktioniert, wenn sie „verstimmt" ist, zur „falschen" Zeit am „falschen" Ort erklingt und dabei Möglichkeiten der affektiven Involviertheit eröffnet. In diesem Verständnis ist Musik dann authentisch, wenn sie konsumtiv angeeignet und zugleich produktiv in bedeutsame Praktiken des sozialen, ökonomischen und politischen Alltags überführt wird.

Bibliographie

ADORNO, T. W. with the assistance of SIMPSON, G. (1941): On popular music. In: Zeitschrift für Sozialforschung 9, 1, 17–48.
ANDERSON, B./MORTON, F./REVILL, G. (2005): Practices of music and sound. In: Social & Cultural Geography 6, 5, 639–644.
ATTALI, J. (1977): Bruits. Essai sur l'économie politique de la musique. Paris.
CLARKE, J./HALL, S./JEFFERSON, T./ROBERTS, B. (1976): Subcultures, cultures and class. A theoretical overview. In: HALL, S./JEFFERSON, T. (Hrsg.): Resistance through rituals. Youth subcultures in post-war Britain. London, 9–74.
DU GAY, P./HALL, S./JANES, L./MACKAY, H./NEGUS, K. (1997): Doing cultural studies. The story of the Sony Walkman. London.
GOODWIN, A. (1992): Rationalization and democratization in the new technologies of popular music. In: LULL, J. (Hrsg.): Popular music and communication. Newbury Park, 75–100.
GROSSBERG, L. (1992): We gotta get out of this place. Popular conservatism and postmodern culture. New York.
HALL, S. (1987): Encoding/decoding. In: CCCS (CENTRE FOR CONTEMPORARY CULTURAL STUDIES) (Hrsg.): Culture, media, language. Working papers in cultural studies, 1972–1979. Birmingham, 128–138.
HEBDIGE, D. (1979): Subculture. The meaning of style. London.
HEPP, A. (2009): Richard Johnson. Kreislauf der Kultur. In: HEPP, A./KROTZ, F./THOMAS, T. (Hrsg.): Schlüsseltexte der Cultural Studies. Wiesbaden, 247–256.
HERMAN, A./SWISS, T./SLOOP, J. (1998): Mapping the beat. Spaces of noise and places of music. In: SWISS, T./SLOOP, J./HERMAN, A. (Hrsg.): Mapping the beat. Popular music and contemporary theory. Malden, 3–29.
HORKHEIMER, M./ADORNO, T. W. (1993[1947]): Kulturindustrie. Aufklärung als Massenbetrug. In: HORKHEIMER, M./ADORNO, T. W.: Dialektik der Aufklärung. Philosophische Fragmente. Frankfurt a. M., 128–176.
HOYLER, M./MAGER, C. (2005): ‚HipHop ist im Haus'. Cultural policy, community centres, and the making of hip-hop music in Germany. In: Built Environment 31, 3, 237–254.
JOHNSON, R. (1986): The story so far. And further transformations? In: PUNTER, D. (Hrsg.): Introduction to contemporary cultural studies. London, 277–313.
KATZ, J. (1999): How emotions work. Chicago.
LEYSHON, A./MATLESS, D./REVILL, G. (1998): Introduction. Music, space, and the production of place. In: LEYSHON, A./MATLESS, D./REVILL, G. (Hrsg.): The place of music. New York, 1–30.
LOMAX, A. (1968): Folk song style and culture. New Brunswick.

MAGER, C. (2007): HipHop, Musik und die Artikulation von Geographie. Sozialgeographische Bibliothek 8. Stuttgart.
MAGER, C./HOYLER, M. (2007): HipHop als Hausmusik. Globale Sounds und (sub)urbane Kontexte. In: HELMS, D./PHLEPS, T. (Hrsg.): Sound and the city. Populäre Musik im urbanen Kontext. Bielefeld, 45–63.
MIDDLETON, R. (1990): Studying popular music. Milton Keynes.
MOWITT, J. (1987): The sound of music in the era of its electronic reproducibility. In: LEPPERT, R./MCCLARY, S. (Hrsg.): Music and society. The politics of composition, performance and reception. Cambridge, 173–197.
NASH, P. H. (1968): Music regions and regional music. In: The Deccan Geographer 6, 2, 1–24.
POCOCK, D. (1993): The senses in focus. In: Area 25, 1, 11–16.
RICK, D. (2010): Die Entstehung des Albums Watch Out for the Third Rail der Band LSD. In: ASPM-Samples 9, 1–18. <www.aspm-samples.de/Samples9/Rick.pdf> (Letzter Zugriff: 20.12.2011).
RIESMAN, D. (1990[1950]): Listening to popular music. In: FRITH, S./GOODWIN, A. (Hrsg.): On record. Rock, pop and the written word. London, 5–13.
SHARP, C. (1965[1907]): English folk song. Some conclusions. London.
SHEPHERD, J. (1991): Music as social text. Cambridge.
SMITH, S. J. (2000): Performing the (sound)world. In: Environment and Planning D: Society and Space 18, 5, 615–637.
STAHL, G. (2003): Tastefully renovating subcultural theory. Making space for a new model. In: MUGGLETON, D./WEINZIERL, R. (Hrsg.): The post-subcultures reader. Oxford, 27–40.
WILLIAMS, R. (1958): Culture is ordinary. In: MACKENZIE, N. (Hrsg.): Conviction. London, 74–92.
WILLIS, P. (1978): Profane culture. London.

Konsumgesellschaft als Selbstbeschreibung: eine Kritik

Jonathan Everts

Einleitung

Das sozialwissenschaftliche Konzept der Konsumgesellschaft ist Teil der Konsumkulturen, da durch sie bestimmte Denkmuster vorbereitet oder kodifiziert werden. Der Begriff der Konsumgesellschaft sollte also nicht nur als eine Diagnose verstanden werden, die dem Umstand Rechnung trägt, dass Konsum ein immer wichtiger werdender Bereich gesellschaftlicher Teilhabe geworden ist. Stattdessen sollte eine Begrifflichkeit wie „Konsumgesellschaft" auch als ein Versuch der Selbstbeschreibung gesehen werden, die einen gesellschaftlichen Zustand nicht nur benennt, sondern auch produziert. Damit ist gemeint, dass eine entsprechende Selbstbeschreibung bei ausreichendem Bekanntheitsgrad benutzt werden kann, um Handlungen mit spezifischen Bedeutungen zu versehen und zu rechtfertigen.

Konsumgesellschaftliche Selbstbeschreibungen können beispielsweise als Interpretationsangebot Eingang in Alltagspraktiken finden. Das kann unter anderem der Fall sein, wenn im Alltag Vorlieben für „kleine", inhabergeführte Geschäfte, Wochenmärkte oder „regionale" Produkte mit einer konsumkritischen Haltung begründet werden. Bestimmte Konsumformen werden zum Gegenentwurf einer alles umschließenden Konsumgesellschaft konstruiert. Möglich wird diese Herauslösung einzelner Konsumpraktiken aus der Gesamtmenge konsumtorischen Handelns nur durch eine Abgrenzung zu der Idee der Konsumgesellschaft. Die strukturierenden Effekte sozialwissenschaftlicher Theoriebildung auf die Alltagspraxis werden so zu einem weiteren Betätigungsfeld für die Konsumforschung. Im Folgenden sollen einige der dafür infrage kommenden konzeptionellen Grundlagen diskutiert werden.

Narrative der Konsumgesellschaft

Wird der Begriff der Konsumgesellschaft durch den der Konsumkultur ersetzt, dann ergeben sich zwar neue konzeptionelle Herausforderungen, aber auch bedeutende Möglichkeiten. Zunächst wird das grundlegende historisch-geographische Problem umgangen, wann eine Gesellschaft beginnt, Gesellschaft zu sein und wo sie, durchaus auch räumlich gesehen, wieder aufhört. Gleichzeitig kann der Begriff der Konsumgesellschaft einer grundlegenden Kritik zugeführt werden. Folgt man dem Historiker Frank TRENTMANN, dann wird es immer wichtiger, neue Narrative jenseits des Modells der Konsumgesellschaft zu finden, um die eigentlichen Geschichten des Konsums erzählen zu können. Allerdings müssten wir uns dafür zunächst von der „Zwangsjacke" des Begriffs der Konsumgesellschaft befreien (TRENTMANN 2011:31). Dafür ist es zunächst wichtig, Subjektpositionen und sozialwissenschaftliche Kategorien nicht als a priori zu verstehen, die im wissenschaftlichen Diskurs lediglich wiedergegeben werden. Vielmehr sind Begriffe wie „Konsumenten" oder „Konsumgesellschaft" selbst als kulturelle Innovationen innerhalb spezifischer lokal-historischer Kontexte entstanden und haben als kollektive Modi der Selbstbeschreibung performative Macht entfalten können. Daraus folgt die Notwendigkeit einer wissenschaftskritischen Aufarbeitung derjenigen Arbeiten, die Entstehung und Entwicklung sogenannter Konsumgesellschaften zum Inhalt haben.

Etwas pointiert sind zwei wichtige Narrative auszumachen, welche die Entstehung sogenannter Konsumgesellschaften beschreiben. Beide Narrative erklären die Geschichte der Konsumgesellschaft teleologisch und stufentheoretisch. Das heißt, dass aktuelle Konsumformen als logischer Endpunkt einer sich stufenweise entwickelnden Konsumgesellschaft erscheinen. Unterschiedliche Akzente setzen die beiden Narrative aber hinsichtlich des historischen Ablaufs und der als wesentlich angesehenen Prozesse.

Das erste Narrativ setzt den Beginn der Konsumgesellschaft (frühestens) in das 19. Jahrhundert, was mit der Zahl der verfügbaren Güter und der Masse an gehandelten Waren begründet wird (z. B. HAUPT 2003, KÖNIG 2000). Dieser Darstellung folgend gelang im 19. Jahrhundert einer bürgerlichen Konsumgesellschaft der Durchbruch. Verwiesen wird dabei auf die Ausbreitung des stationären Kleinhandels und die Ausweitung des Marktes auf die ärmeren Bevölkerungsschichten mit der Folge, dass Bürgerlichkeit auf dem Konsumweg für immer mehr Menschen zumindest annäherungsweise verfügbar wurde (SIEGRIST 1997). Bekannte zeitgenössische Theoretisierungen und Kritiken dieser Entwicklungen, vor allem im Hinblick auf das Phänomen der „Mode" und den Nachahmungseffekt, welcher der Konsum von Luxusgütern (*conspicuous consumption*) bei ärmeren Bevölkerungsteilen auslöst, finden sich bei Thorstein VEBLEN (1934[1899]) und Georg SIMMEL (1919:25ff.). Vom Einzelhandelshistoriker SPIEKERMANN (1999) wird diese Zeit auch als Epoche des Prä-Massenkonsums bezeichnet und in drei Phasen unterteilt, wobei er den Beginn der ersten Phase um 1800 ansetzt, die zweite Phase von 1860 bis 1890 und die dritte zu Beginn des Ersten Weltkrieges enden lässt. Im Wesentlichen sieht er die erste Phase durch einen generellen Aufstieg des Kleinhandels gekennzeichnet, die zweite Phase durch eine Diversifizierung (Konsumvereine, Filialen, Versand) und Maßstabsvergrößerung (Kauf- und Warenhäuser). Die dritte Phase zeichne sich aus durch die massive Ausweitung des Angebotes an Konsumprodukten (z. B. Fahrräder, Grammophone, Pharmazeutika) und einen ebenfalls rasanten Anstieg der Beschäftigtenzahlen im Einzelhandel bei gleichzeitig abgeschwächter oder stagnierender Entwicklung der Betriebszahlen, was als Folge erster Rationalisierungsprozesse gedeutet wird.

Weiterhin dem ersten Narrativ folgend, das Konsumgesellschaft als einen sich beschleunigenden historischen Prozess von Warenproduktion, -distribution und -konsum beschreibt, wird die nächste Stufe der Konsumgesellschaft durch die Begriffe Massenkonsum und Fordismus charakterisiert und dem Zeitraum von 1920 bis 1960 zugeordnet. Hier habe es ausgehend von den USA vor allem einen quantitativen Sprung gegeben, bei dem eine massive Ausweitung des Marktes auf alle Bevölkerungsschichten und die massenhafte Verfügbarkeit von ehemaligen Luxusprodukten zu beobachten sei (KÖNIG 2000). Ab den 1960er Jahren wird dann die vorläufig letzte Epoche als Postfordismus bezeichnet. Zuweilen wird Postfordismus auch mit dem Begriff Postmoderne gleichgesetzt. Gekennzeichnet sei diese Epoche durch Diversifizierung in der Produktion und die milieuspezifische Differenzierung konsumtiver Bedürfnisse sowie daraus resultierend durch die Entstehung neuer Klassengrenzen (HAUPT 2003, JAYNE 2006).

Damit ist ein Narrativ in der Konsumforschung knapp skizziert, welches die Konsumgesellschaft als die Folge der Industrialisierung und damit als Nachfolgerin der Industriegesellschaft sieht. Dieses stufentheoretische Narrativ wird durch ein zweites Narrativ ergänzt und gleichzeitig kritisch erweitert. Dieses setzt zum einen den historischen Beginn der Konsumgesellschaft wesentlich früher an. Zum anderen wird Konsum im zweiten Narrativ weniger ausgehend von der quantitativen Ausweitung von Konsumgüterproduktion und -verfügbarkeit definiert, sondern als eine Form gesellschaftlicher Deutungsmuster und Praxis. Demnach ist nicht die absolute Menge an verfügbaren Gütern ein Indikator für eine entstehende Konsumgesellschaft, sondern das Maß, in dem Gesellschaften den Konsum selbst als einen zentralen Bestandteil gesellschaftlicher Teilhabe verstehen und inszenieren. Diesem zweiten Narrativ folgend liegt der Beginn der Konsumgesellschaft deutlich vor der Industrialisierung (z. B. im Venedig der Renaissance oder dem England des 16. Jahrhunderts). Der Nachweis wird hier vor allem mit Blick auf Distinktionspraktiken und die Verbreitung spezieller modischer Güter geführt (GLENNIE/THRIFT 1992, MCKENDRICK et al. 1982, PRINZ 2003, WELCH 2005). Allerdings ist auch dieses alternative Narrativ gekennzeichnet durch das Bemühen, die als realhistorisch existierend angesehene Konsumgesellschaft mit einem Geburtstermin zu versehen.

Es handelt sich aber bei der „Konsumgesellschaft" sowie dem „Konsumenten" nicht um natürlich gegebene Kategorien, sondern beide sind das Produkt einer historischen Identitätsformation, ähnlich wie dies bei Nationalitäten oder sozialen Schichten der Fall ist (TRENTMANN 2006:50). Nach TRENTMANN (ebd.) hat der Begriff des Konsumenten als Selbstbeschreibungskategorie eine Geschichte, die eigentlich erst im 19. Jahrhundert beginnt, auch wenn es schon vorher Selbstbeschreibungen und Identitätspositionen gab, die sich aus demselben Kriterienkatalog bedienten, der später dem Begriff „Konsument" zugeordnet wurde. Der Begriff des Konsumenten selbst taucht vermehrt seit den 1840er Jahren auf. Zum einen trägt dazu die Entstehung und Verbreitung von „Konsumvereinen" in Europa bei. Zum anderen sind es die Steuerzahler (besitzende männliche Haushaltsvorstände), die sich selbst zunehmend sowohl als Bürger mit Rechten als auch als souveräne Konsumenten wahrnehmen (TRENTMANN 2006). Damit entsteht eine neue Subjektposition, gekoppelt an eine spezifische Subjektkultur, die selbst Gegenstand der Untersuchung werden kann.

Das Konsumsubjekt

Wird der Beginn der „Konsumgesellschaft" als der Beginn einer konsumgesellschaftlichen Selbstbeschreibung verstanden, so entsteht ein neues, drittes Narrativ. Dieses Narrativ versucht die historischen Quellen zu rekonstruieren, innerhalb derer sich diese Selbstbeschreibungen manifestieren. Hier bietet sich ein Rückgriff auf eine Subjektanalyse an, wie sie von Andreas RECKWITZ (2008) vorgeschlagen wird. Unter Subjektanalyse versteht RECKWITZ einen kulturwissenschaftlichen Vorgang, der untersucht, wie einzelne Menschen oder Gruppen bestimmte Merkmale sich selbst zuschreiben oder wie ihnen diese von Anderen zugeschrieben werden. Subjektanalyse fragt „nach der spezifischen kulturellen Form, welche die Einzelnen in einem bestimmten historischen und sozialen Kontext annehmen, um zu einem vollwertigen, kompetenten, vorbildlichen Wesen zu werden, nach dem Prozess der ‚Subjektivierung' oder ‚Subjektivation', in dem das Subjekt unter spezifischen sozial-kulturellen Bedingungen zu einem solchen ‚gemacht' wird" (RECKWITZ 2008:9f.). Speziell versteht RECKWITZ das Konzept „Subjekt" als eine „analytische Strategie", die dabei hilft, „gesellschaftliche und kulturelle Ordnungen, Praktiken und Diskurse unter dem Gesichtspunkt zu betrachten, welche Formen und Modelle des Subjekts, seines Körpers und seiner Psyche sie produzieren" (RECKWITZ 2008:11).

An einer Genealogie des Konsumsubjektes versucht sich RECKWITZ (2006) in einer historisch-kultursoziologischen Skizze der Entstehung des „konsumtorischen Subjektes". Nach RECKWITZ ist das „konsumtorische Subjekt" Ergebnis einer vielschichtigen Transformation, „die den Status des Konsums für die moderne Lebensführung entscheidend verändert und von der diskreditierten Peripherie in das Zentrum des modernen Lebensstils verschiebt" (RECKWITZ 2006:425). Verantwortlich für diese Transformation seien drei Sinnalternativen zu den jeweils dominanten Subjektkulturen seit dem frühen 19. Jahrhundert. Der Wandel vollziehe sich von der anti-konsumistischen bürgerlichen Kultur des 19. Jahrhunderts[1] über die Angestelltenkultur des 20. Jahrhunderts, die ein sozial kontrolliertes Konsumsubjekt hervorbringt, hin zu einer als hochmoderne Kultur bezeichneten Formation, die ein gegenwärtiges individualästhetisches Konsumsubjekt in den Mittelpunkt stellt. Die drei Gegenkulturen, die eine solche Trans-

---

1   Obwohl Konsum zum Erreichen der Bürgerlichkeit als ein wichtiges Mittel galt (SIEGRIST 1997), so war es doch wichtig für die (selbstverständlich) konsumierende bürgerliche Schicht sich von dem Konsumverlangen der ärmeren Schichten abzuheben. Unter anderem wurde z. B. das Interesse an Kosmetika und Mode von weiblichen Bediensteten als „Putzsucht" diskreditiert, während das modische Interesse der bürgerlichen Damen als Teil gesellschaftlicher Pflichten gesehen wurde.

formation ermöglichten, sind nach RECKWITZ die ästhetischen Gegenbewegungen der Romantik (frühes 19. Jahrhundert), des Avantgardismus (um die Jahrhundertwende) und des Postmodernismus (seit den 1960er Jahren). Im Ergebnis entsteht schließlich ein Konsumsubjekt, das sich auszeichnet durch „die Prämierung des inneren Erlebens gegenüber dem äußeren Handeln, der Individualität des Besonderen gegenüber dem Standard des Allgemeinen, der Grenzüberschreitung des Neuen gegenüber der Tradierung der durchschnittlichen Normalität, des spielerischen Stils gegenüber der Ernsthaftigkeit der Perfektion" (RECKWITZ 2006:432f.). Damit ist ein neuer sozialer Anforderungskatalog skizziert, bei dem Ästhetisierung, Genussfähigkeit und individuelle Stilisierungsfähigkeit zur Norm wird (RECKWITZ 2006:433f.).

Auch wenn sich RECKWITZ' Genealogie des Konsumsubjektes anderen teleologischen Historien einer sich stufenweise entwickelnden Konsumgesellschaft annähert, so ist doch deutlich zu sehen, wie ein stärker auf Subjektkulturen ausgerichteter Ansatz auf die Praktiken der Selbstbeschreibung und die Hervorbringung der entsprechenden Begrifflichkeiten die Reden von der Geburt „der" Konsumgesellschaft unterminiert und letztlich den Boden entzieht. Wichtig ist, dass Subjektkulturen als temporäre und ständig im Wandel begriffene Phänomene angesehen werden, die zudem relational sind und sich durch Unbestimmtheit, Parallelität, Kompatibilität und Konkurrenz auszeichnen. Daher kann auch nicht von der Entstehung *einer* konsumtorischen Subjektkultur gesprochen werden. Stattdessen haben wir es mit verschiedenen konsumtorischen Subjektkulturen zu tun, die nur teilweise einer historischen Periodisierung standhalten. Eine präzise historische Einteilung in vor-konsumgesellschaftliche und konsumgesellschaftliche Zustände sowie in verschiedene Stufen konsumtorischer Subjektkulturen ist nicht möglich. Stattdessen sollte im Vordergrund stehen, wie sich verschiedene Subjektkulturen entwickeln, in Austausch und eventuell Konkurrenz treten und sich weiter transformieren. Dabei sollten auch die Kontinuitäten über historische Epochengrenzen hinweg nicht aus den Augen verloren werden. Andernfalls droht durch die Anwendung von „Stufentheorien" auf die Konsumgeschichte, dass wesentliche Kontinuitäten in den Distinktionspraktiken, Wunschstrukturen oder Alltagsroutinen übersehen werden (TRENTMANN 2009:199). Auch aus diesem Grund ist es wichtig, sich vom Begriff der Konsumgesellschaft als sozialwissenschaftliche Diagnose zu lösen und stattdessen dessen Relevanz als Selbstbeschreibung weiterhin aufzuklären.

Diagnose: Konsumgesellschaft

Die Verwendung des Begriffs der Konsumgesellschaft wird als sozialwissenschaftliche Form der gesellschaftlichen Selbstbeschreibung in den 1960er und 1970er Jahren intensiviert und erfährt (nimmt man einfach die Folge der thematisch entsprechend ausgerichteten Veröffentlichungen als Maßstab) eine zunehmende Beschleunigung (PRINZ 2003). VEBLEN, SIMMEL, BENJAMIN und andere haben zwar bereits Ende des 19. und Anfang des 20. Jahrhunderts konsumgesellschaftliche

Zustände diagnostiziert (HORKHEIMER/ADORNO 1947, KYRK 1923), allerdings taucht Konsum als Forschungsgegenstand für die breiten Kultur- und Sozialwissenschaften erst in den 1970er und 1980er Jahren vermehrt auf und erfährt, z. B. in den britischen Sozialwissenschaften der 1990er Jahre, einen immensen Bedeutungszuwachs (GREGSON 1995, MILLER 1995, MILLER et al. 1998).

Es ließe sich argumentieren, dass die Zunahme an Untersuchungen und Veröffentlichungen einen Reflex auf sich verändernde soziale und kulturelle Verhältnisse darstellt. Immerhin sind weite Teile der 1960er Jahre gekennzeichnet von einer beispiellosen Ausweitung der Verfügbarkeit massenproduzierter Konsumgüter und einer beginnenden postmodernen Individualisierung der Lebensstile. In vielen Ländern wurden diese Veränderungen getragen durch Vollbeschäftigung, höhere Löhne und einen allgemeinen gesellschaftlichen Aufstieg, den sogenannten „Fahrstuhl-Effekt" (BECK 1986:124). Versteht man wissenschaftliche Literatur aber auch als das Ergebnis von Praktiken, die innerhalb einer sehr spezifischen *community of practice* entwickelt und tradiert werden, dann sollte der wissenschaftliche Diskurs über Konsum auch als eine wissenschaftsinterne Entwicklung betrachtet werden, bei der verschiedene Vorarbeiten sich schließlich zu einer konsumwissenschaftlichen Perspektive verdichten. Daher sollten nicht nur die offensichtlichen Vorläufer der Konsumforschung in eine entsprechende Genealogie miteinbezogen werden. Vielmehr sollte der Blick auch auf solche Literatur ausgeweitet werden, die diejenigen Themen reflektiert, die später zum festen Bestandteil der Konsumforschung werden.

Mindestens drei Aspekte sind zu nennen, welche die konsumgesellschaftliche Selbstbeschreibung ausmachen. Erstens wird Konsum meist verstanden als ein Prozess des Gebrauchens und Verbrauchens. Damit sind Aktivitäten und Praktiken gemeint, die im Zusammenhang mit der biologischen Reproduktion des menschlichen Körpers stehen, der Nutzung „natürlicher" Ressourcen, der Gebrauch von Dingen und der Inanspruchnahme von Dienstleistungen sowie der Zeit, die mit nicht-produktiven Aktivitäten verbracht wird, wie Musikhören oder Fernsehen. Zweitens werden diese Aktivitäten ausgeführt von Menschen, die mit der Subjektposition „Konsument" versehen werden. Drittens sind Konsumenten nicht nur Benutzer von Dingen sondern von „Waren". Ware kann dabei alles sein, von Felsen und Landschaften über Häuser und Autos hin zu Ideen und Bildern. Alles, was der Logik des Marktes unterworfen wird, kann zur Ware werden (APPADURAI 1986). Zur Ware wird, was getauscht, gehandelt, gekauft oder erfahren und durch irgendeine Form von Bezahlung vergütet werden kann. Die Zunahme der Warenförmigkeit von Dingen ist ein Teilaspekt der Modernisierung. Daran zeigt sich auch, dass Modernisierung nicht nur als ein Projekt der technologischen Entwicklung verstanden werden darf, sondern auch als eine Restrukturierung materieller Kulturen unter kapitalistischen bzw. marktwirtschaftlichen Vorzeichen.[2]

Alle drei Aspekte konsumgesellschaftlicher Selbstbeschreibung finden sich an der Schnittstelle zwischen Belletristik und wissenschaftlicher Literatur bereits in

---

2 Vgl. SLATER (1997:8).

den 1940er und 1950er Jahren. Französischsprachige Schriftsteller und Theoretiker wie Albert CAMUS (2000) oder Roland BARTHES (2003) beispielsweise nahmen sich der Freizeitkulturen und Alltagspraktiken ihrer Zeit mit gesellschaftstheoretischem Interesse an und versuchten diese zu beschreiben. In den 1950er und 1960er Jahren entstand der berühmte Aufsatz von Clifford GEERTZ über den Hahnenkampf auf Bali, eine beispielhafte, sogenannte „Dichte Beschreibung" einer nicht-westlichen Konsum- und Freizeitkultur (GEERTZ 1973). Innerhalb der britischen *cultural studies* wurden seit den 1950er Jahren zudem Untersuchungen über die Geschichte der britischen Arbeiter- und Populärkultur durchgeführt (HOGGART 1957). Nach diesen wichtigen Vorarbeiten begann sich dann in den 1970ern langsam die Vorstellung durchzusetzen, dass Konsum und Konsumkultur nicht zufällige Nebenprodukte der kapitalistischen Warenproduktion sind, sondern vielmehr die Triebfeder sozialen Wandels insgesamt darstellen. Weiterhin wurde die Bedeutungszunahme von Freizeit und Selbstinszenierung sowie die Ausdifferenzierung der Lebensstile als ein typisches Merkmal der modernen bzw. postmodernen Konsumgesellschaft identifiziert (BECK 1986, LASH/URRY 1994, SCHULZE 1992). Im Zuge des postmodernen Denkens setzt sich außerdem zunehmend die Vorstellung durch, dass wir es nicht mit *einer* Konsumkultur zu tun haben, sondern mit vielen verschiedenen und veränderlichen Kulturen. Konsum kann so nicht mehr nur als eine Befriedigung grundlegender biologischer Bedürfnisse gesehen werden, sondern auch als Mittel der Konstruktion von individuellen und kollektiven Identitäten durch Differenz. Alltägliche Konsumpraktiken wie Lebensmitteleinkauf und Essenszubereitung, sich kleiden oder in den Urlaub fahren können so als Ausdruck und Konstruktion von individueller Persönlichkeit interpretiert werden (BOURDIEU 1982).

In der Zusammenschau verstärken die grundlegenden Arbeiten der sozialwissenschaftlichen Konsumforschung und ihre Vorläufer den Eindruck einer sich zügig entwickelnden, räumlich ausgreifenden und sich ausdifferenzierenden Konsumgesellschaft. Die von TRENTMANN diagnostizierte „Zwangsjacke" wird durch die Beschäftigung mit dieser Literatur nicht gesprengt, sondern zieht sich eher noch enger zusammen. Zur Befreiung wird es also nötig sein, einen Hebel zu finden, der sich in breiter Form auf die zahlreichen wie unterschiedlichen konsumgesellschaftlichen Beschreibungen anwenden ließe. Eine solche Möglichkeit könnte in der Herauslösung eines weniger beachteten Stranges innerhalb konsumgesellschaftlicher Betrachtungen liegen, dessen Kritik bereits vorweggenommen wurde. Damit ist der implizite modernisierungstheoretische Grundtenor konsumwissenschaftlicher Arbeiten gemeint, der im Folgenden weiter analysiert wird. Die Kritik des modernisierungstheoretischen Grundverständnisses dient dabei als Werkzeug, mithilfe dessen die Zwangsjacken-Problematik ausgehebelt werden könnte.

Modernisierungstheoretische Ähnlichkeiten

Eingelassen in die Interpretation konsumgesellschaftlicher Manifestationen ist die dichotome Unterscheidung zwischen einer aktuellen, „modernen" Konsumgesellschaft, und einer vergangenen, „traditionellen" Nicht-Konsumgesellschaft. Diese Trennung ist, wenn auch oft implizit, für die Möglichkeit über und von Konsumgesellschaft zu sprechen konstitutiv. Gleichzeitig ist die Unterscheidung zweier Gesellschaftsformen nicht zufällig oder lediglich eine Tradierung früherer konsumwissenschaftlicher Betrachtungen, sondern sie ähnelt, wie im Folgenden argumentiert werden soll, einem Beschreibungsmuster, das in starkem Maße das Geschichtsbild der Modernisierungstheorien der 1950er und 1960er Jahre widerspiegelt.

Im Wesentlichen ist damit die bekannte stufentheoretische Einteilung der historischen Gesellschaftsentwicklung von „traditionell" zu „modern" gemeint. Ein gutes Beispiel findet sich in Walt ROSTOWS (1960) Modell des ökonomischen Wachstums, das prognostiziert, dass alle Staaten früher oder später den Weg der Modernisierung nach amerikanischem Vorbild gehen. Dabei würden sie sich von „traditionellen" Gesellschaften schrittweise einem „Zeitalter des ausgeprägten Massenkonsums [*age of high mass consumption*]" nähern (ROSTOW 1960:73). Folgt man der klassischen Modernisierungstheorie nach ROSTOW, dann sind mit dem Übergang zur Massenkonsumgesellschaft mehrere soziale, ökonomische und kulturelle Veränderungen verbunden.[3] Grundsätzlich wird dabei ein Prozess beschrieben, der auf einer Trennung zwischen einer „traditionellen" Vergangenheit und einer „modernen" Gegenwart bzw. Zukunft basiert. Es wird angenommen, dass sich der Schwerpunkt der Güterproduktion von der traditionellen Landwirtschaft verlagert hin zu einer urbanen Industrieproduktion. Insgesamt wird der Einfluss der „Natur" auf die Entwicklung menschlicher Gesellschaften nicht mehr als schicksalhafte Fügung hingenommen, sondern Natur wird zu einem technologisch gemanagten Teil des Modernisierungsprojektes. Gleichzeitig würden sich die sozialen Strukturen verändern. Das ländliche Leben in der Großfamilie mit drei Generationen in einem Haushalt wird ersetzt durch die urbane Kleinfamilie. Damit wird auch das Leben im Dorf, basierend auf Tradition und Verwandtschaftsbeziehungen, ersetzt durch ein kosmopolitisches Leben in der Großstadt. Gleichzeitig erfolgt die weltliche Sinngebung nicht mehr durch Aberglaube, Religion oder Erfahrung, sondern durch wissenschaftliche Praxis und Expertentum.[4]

Wie die bereits aufgezeigten Einordnungen der konsumgesellschaftlichen Selbstbeschreibungen nahelegen, entsteht die begriffliche Relevanz zu einer Zeit, die stark mit der voranschreitenden Industrialisierung verbunden ist. Diese Selbstbeschreibung erfährt eine Ausweitung mit der sogenannten Postmoderne, die konventionell entweder als Kritik an der Modernisierungstheorie (GILMAN 2003) oder als Überspitzung des Modernisierungsprojektes seit den späten 1960er Jahren gedeutet wird (GIDDENS 1990). Die gängige Verbindung zwischen der

---

3 Für das Folgende vgl. WEHLER (1975), DEGELE/DRIES (2005).
4 Vgl. GIDDENS (1990).

Entstehung von individualästhetischen Konsumkulturen unter den Vorzeichen moderner (VEBLEN 1934) bzw. postmoderner Differenzspiele zeigt einen deutlichen Denk- und Interpretationszusammenhang zwischen Modernisierung/Postmodernisierung und Konsum. Wesentliche Bestandteile der Modernisierungstheorie verweisen letztendlich auf den Bereich des Konsums, wie das zuvor genannte Zeitalter des „ausgeprägten Massenkonsums", welches ROSTOW als die höchste und letzte Stufe sich modernisierender Gesellschaften ansieht (ROSTOW 1960). Umgekehrt wird Entstehen und Charakter der Konsumgesellschaft mit den großen gesellschaftlichen Veränderungen begründet, wie sie von Modernisierungstheoretikern beschrieben werden. Im zuerst genannten Narrativ wird auf die Ausweitung der Güterproduktion fokussiert. Diese steht in engem Zusammenhang mit der Industrialisierung und dem technologischen Fortschritt. Das zweite und dritte Narrativ beziehen sich stärker auf Distinktionspraktiken und die Kultivierung individualästhetischer Empfindungen. Diese wiederum werden aus modernisierungstheoretischer Sicht als wesentliche Antriebsfeder für bürgerliches Selbstbewusstsein und Unternehmertum gesehen, was in der Folge Grundlage für die modernistischen Prozesse der Säkularisierung und Industrialisierung war.

Konsumgesellschaft und Modernisierung sind also zwei eng miteinander verzahnte Konzepte, die sich zu einem nicht unwesentlichen Teil jeweils aus dem anderen heraus erklären. Das wird nicht zuletzt dann deutlich, wenn versucht wird, zu erklären, wie sich Konsum „in das Zentrum des modernen Lebensstils verschiebt" (RECKWITZ 2006:425). Auch die stärker auf räumliche Differenzen verweisenden Arbeiten haben einen modernisierungstheoretischen Tenor, wenn unterschiedliche Intensitäten konsumgesellschaftlicher Selbstbeschreibung an verschiedenen Orten aufgezeigt werden und dabei der Eindruck entsteht, dass es Variationen von voll entwickelten Konsumgesellschaften über werdende Konsumgesellschaften bis hin zu den Noch-nicht-Konsumgesellschaften gibt.

TRENTMANN (2006) hat aufgezeigt, dass es kein vor und nach dem Konsum geben kann und neuerdings auch darauf hingewiesen, dass sich konsumgesellschaftliche Selbstbeschreibungen (wenn auch mit anderer Begrifflichkeit) sowohl weit vor dem 19. Jahrhundert finden als auch jenseits von Europa (TRENTMANN 2009). Ähnlich verhält es sich mit der Modernisierungstheorie, die eine lineare stufentheoretische Geschichtsschreibung von traditionellen hin zu modernen Gesellschaften popularisierte. Bereits WEHLER (1975:14f.) hat mit seinem „Dichotomien-Alphabet" der Modernisierungstheorien auf das simplifizierende Vorher-Nachher-Szenario (Tradition vs. Moderne) mit der Modernisierung als Übergangsphase kritisch hingewiesen.

Trotzdem finden sich die Spuren von modernisierungstheoretischem Gedankengut in nachfolgenden Diskursen, z. B. der Rede von der Globalisierung oder der Programmatik des Neoliberalismus. GILMAN (2003) erklärt die Persistenz modernistischer Denkfiguren damit, dass zum einen die Lücke der großen modernistischen Erzählung durch postmoderne Zerstückelung nicht ersetzt werden konnte und dass sich zum anderen dichotome Vorstellungen von „Tradition" und „Moderne" jenseits des akademischen Diskurses verfestigt hatten. Allerdings hat sich der Bedeutungsgehalt der Begriffe verschoben. Auch wenn die Begriffe

„modern" und „traditionell" stark im Gebrauch sind, so meinen sie doch nicht mehr genau das gleiche, was sie einst in den 1960er Jahren beschreiben sollten. Letztendlich wird auch durch diese Erkenntnis der modernisierungstheoretische Diskurs einer begriffsgeschichtlichen Kritik zugänglich. Weniger von Bedeutung ist daher, ob die entsprechenden Schriften „traditionelle" und „moderne" Verhältnisse treffend identifiziert und beschrieben haben, sondern welche Bedeutungsgehalte die entsprechenden Begriffe für bestimmte Autoren, zu einer bestimmten Zeit und an einem bestimmten Ort hatten. Darüber hinaus sollten auch die alltagspraktischen Vorstellungen von „modern" und „traditionell" näher betrachtet werden. Hierin liegt ein Anknüpfungspunkt für eine Kritik der konsumgesellschaftlichen Begrifflichkeit, da die Rede von der Konsumgesellschaft inklusive des impliziten stufentheoretischen Geschichtsbildes die wesentlichen Auseinandersetzungen und moralischen Dilemmata innerhalb alltäglicher Konsumpraktiken kennzeichnet. Als Erläuterung sei im nächsten Abschnitt auf eigene Forschungsarbeiten verwiesen, innerhalb derer die alltäglichen Aushandlungen zwischen traditionell und modern kodierten Praktiken und Orten sichtbar werden.

Konsum und Alltag

Die Erforschung alltäglicher Konsumpraktiken ermöglicht, die enge Verzahnung diskursiver und praktischer Routinen aufzuzeigen. Im Falle meiner eigenen Forschung habe ich dies anhand kleiner migrantengeführter Lebensmittelgeschäfte versucht (EVERTS 2008). Besonderes Augenmerk lag auf der Art und Weise, in der kleine Obst- und Gemüsegeschäfte durch Händler und Kunden konstruiert werden. Dabei finden ähnlich zu den Prozessen anderer Identitätskonstruktionen (JONES 2009) Differenzierung und Abgrenzung statt. Vor allem werden die Geschäfte aufgrund ihrer „Kleinheit" von Kunden und Händlern abgegrenzt zu „größeren" Geschäften, speziell Supermärkten[5], in denen alles anonymer und weniger persönlich sei. Viele Nutzer kleiner Geschäfte schätzen die persönliche Atmosphäre im Vergleich zu anderen Betriebsformen und gestalten die Verkaufs- bzw. Einkaufspraktiken dementsprechend (EVERTS 2010, EVERTS/JACKSON 2009). Ein wesentlicher Bestandteil der alltagspraktischen Bedeutung kleiner Geschäfte erklärt sich somit aus der Abgrenzung zu größeren Betriebsformen.

Welche distinkte Bedeutung die kleinen Geschäfte dabei haben lässt sich besser verstehen, wenn die impliziten Supermarkt-Narrative (im Gegensatz zu den „kleinen Geschäften") genauer betrachtet werden. Der Supermarkt gilt als paradigmatisches Beispiel der modernisierten Erfahrung des alltäglichen Einkaufens, da er zentrale Aspekte technologischer und organisatorischer Modernisierung vereint, angefangen bei der Einführung der Selbstbedienung über die Standardisierung und Normierung von Waren, Verpackungen und Arbeitsabläufen bis hin

---

5 Der Begriff Supermarkt folgt hier der alltagssprachlichen Konnotation, die häufig nicht unterscheidet zwischen SB-Markt, Supermarkt, Discounter oder Verbrauchermarkt.

zu elektronischen Bezahlungsformen (ASHLEY et al. 2004, HUMPHERY 1998, ZUKIN 2005).

Dabei ist festzuhalten, dass sich die Rezeption des Supermarktes als Moderneprojekt ambivalent gestaltet, da positiv eingeschätzte Merkmale wie Standardisierung und Hygiene mit der Institutionalisierung von Misstrauen und Anonymisierung einhergehen (BRÄNDLI 2000). Die supermarktinternen Problematiken können aber durch weitere Konsumorte externalisiert werden, so dass sich der Supermarkt spiegelbildlich in der Bedeutungskonstruktion kleiner Geschäfte wiederfinden kann. HUMPHERY (1998) hat in seiner Studie über Geschichte und Bedeutung des Supermarktes in Australien festgestellt, dass viele seiner Interviewpartner ihr Supermarkterleben mit der Einkaufserfahrung in kleinen Geschäften oder auf dem Markt kontrastieren. Kleine Geschäfte wie das Spezialgeschäft, der Metzger oder das Gemüsegeschäft werden als Gegenpol gesehen und nostalgisch verklärt (HUMPHERY 1998:178ff.).

Daraus lässt sich auch ableiten, dass ein diskursiver Gegensatz zwischen historisch aufeinander folgenden, „vormodernen" und „modernen" Betriebsformen den unterschiedlichen Erfahrungen an unterschiedlichen gegenwärtigen Einkaufsorten entspricht. Elemente des vermeintlich „Vergangenen" werden sowohl symbolisch als auch alltagspraktisch in die Gegenwart eingefaltet. Die historisierende Differenzierung ordnet den Supermarkt „der Moderne" zu und das kleine inhabergeführte Geschäft der Vergangenheit. Es folgt daher, dass heutige Formen kleinteiliger Vertriebsstrukturen diskursiv eingebunden werden in ein imaginiertes „Vorher" und ihre Bedeutung, zumindest partiell, aus der Relation zu „moderneren" Orten erhalten.

Schlussfolgerungen

Die angeführten Forschungen verdeutlichen, dass verschiedene Formen des Verstehens einen strukturierenden Effekt für das Erleben von Orten des Konsums haben. Über Interviews eruierte Unterschiede der Einkaufserfahrung zwischen „früher" und „heute" müssen nicht an realhistorische Erfahrungen von Wandel gekoppelt sein, sondern sind oftmals der Versuch, das aktuelle und gegenwärtige Alltagserleben historisierend zu begreifen. Daher resultieren historisierende Wahrnehmungen und Zuschreibungen zu bestimmten Orten oder Praktiken des Konsums nicht nur aus unterschiedlichen Erfahrungen (z. B. verschiedene Vertrauensformen), sondern auch aus einem umgangssprachlichen Modernismus, der selbst strukturierend auf die Gestaltung der Alltagspraktiken einwirkt.

Konkret zeigt sich, wie im wissenschaftlichen Diskurs festgelegte Muster ihre Entsprechung im Alltagshandeln und -denken finden. Die zuvor als Narrative der Konsumgesellschaft bezeichneten Diskurse folgen alle einer zumindest impliziten modernisierungstheoretischen Logik. Dabei wird zum einen unterschieden zwischen einer vor-konsumgesellschaftlichen, „traditionellen" Zeit und einer darauf folgenden, „modernen" Zeit der Konsumgesellschaft. Zum anderen wird die Konsumgesellschaft selbst als ein sich stufenartig entwickelndes soziales Gebilde konstruiert, das nicht nur formal den Stufen der Modernisierungstheorie gleicht. Verkürzt sind die Narrative der Konsumgesellschaft als ein „früher"/„heute" im Alltagsdiskurs verfügbar.

Daran ändert auch die Verschiebung des wissenschaftlichen Interesses auf die Veränderungen der Subjektkulturen zumindest vorläufig nichts. Trotzdem ist eine wissenschaftliche Kurskorrektur notwendig. Anstatt einer materialistischen Geschichte des Güter- und Massenkonsums wird von Autoren wie RECKWITZ (2006) oder TRENTMANN (2006) eine ideengeschichtliche Aufbereitung vorgeschlagen, die zeigen soll, ab wann, wie und wo die Menschen begannen sich als „Konsumenten" zu begreifen, welche Subjektpositionen damit verbunden waren und wie aus diesen Sinn und Inspiration für das alltägliche Handeln gefunden wurde und wird.

Die Forschung sollte sich aber auch nicht auf dieses genealogische Vorgehen beschränken. Zum Konsum gehört eine Vielzahl an Diskursen und Praktiken, die jeweils ihre eigene Geschichte und ihren eigenen Kontext besitzen und deren eingehende Analyse weiteren Aufschluss über Konsumkulturen der Vergangenheit und Gegenwart verspricht. So kann beispielsweise das Gegensatzpaar traditionell/modern als ein zentraler Bestandteil konsumgesellschaftlicher Aushandlungen gesehen werden. Gleichzeitig hat diese Dichotomie ihre eigene Geschichte und ihr Alltagsgebrauch beschränkt sich nicht auf den Bereich des Konsums. Eine weitere zukünftige Aufgabe für die sozialwissenschaftliche Konsumforschung könnte demnach darin liegen, alltägliche Konsumpraktiken auf ihre diskursiven und praktischen Bestandteile hin zu untersuchen und diese auch über den Konsumbereich hinaus zu kontextualisieren.

Bibliographie

APPADURAI, A. (1986): Introduction: commodities and the politics of value. In: APPADURAI, A. (Hrsg.): The social life of things. Commodities in cultural perspective. Cambridge, 3–63.
ASHLEY, B./HOLLOWS, J./JONES, S./TAYLOR, B. (2004) (Hrsg.): Food and cultural studies. London.
BARTHES, R. (2003[1957]): Mythen des Alltags. Frankfurt a. M.
BECK, U. (1986): Risikogesellschaft. Auf dem Weg in eine andere Moderne. Frankfurt a. M.
BOURDIEU, P. (1982): Die feinen Unterschiede. Kritik der gesellschaftlichen Urteilskraft. Frankfurt a. M.
BRÄNDLI, S. (2000): Der Supermarkt im Kopf. Konsumkultur und Wohlstand in der Schweiz nach 1945. Wien.
CAMUS, A. (2000[1942]): Der Mythos des Sisyphos. Reinbek b. Hamburg.
DEGELE, N./DRIES, C. (2005): Modernisierungstheorie. Eine Einführung. München.
EVERTS, J. (2008): Konsum und Multikulturalität im Stadtteil. Eine sozialgeographische Analyse migrantengeführter Lebensmittelgeschäfte. Bielefeld.
EVERTS, J. (2010): Consuming and living the corner shop: belonging, remembering, socialising. In: Social & Cultural Geography 11, 8, 847–863.
EVERTS, J./JACKSON, P. (2009): Modernisation and the practices of contemporary food shopping. In: Environment and Planning D: Society and Space 27, 5, 917–935.
GEERTZ, C. (1973): The interpretation of cultures. New York.
GIDDENS, A. (1990): The consequences of modernity. Cambridge.

GILMAN, N. (2003): Mandarins of the future. Modernization theory in cold war America. Baltimore.
GLENNIE, P. D./THRIFT, N. J. (1992): Modernity, urbanism and modern consumption. In: Environment and Planning D: Society and Space 10, 4, 423–443.
GREGSON, N. (1995): And now it's all consumption? In: Progress in Human Geography 19, 1, 135–141.
HAUPT, H.-G. (2003): Konsum und Handel. Europa im 19. und 20. Jahrhundert. Göttingen.
HOGGART, R. (1957): The uses of literacy. Aspects of working-class life with special reference to publications and entertainments. London.
HORKHEIMER, M./ADORNO, T. W. (1947): Dialektik der Aufklärung. Philosophische Fragmente. Amsterdam.
HUMPHERY, K. (1998): Shelf life. Supermarkets and the changing cultures of consumption. Cambridge.
JAYNE, M. (2006): Cities and consumption. London/New York.
JONES, R. (2009): Categories, borders and boundaries. In: Progress in Human Geography 33, 2, 174–189.
KÖNIG, W. (2000): Geschichte der Konsumgesellschaft. Stuttgart.
KYRK, H. (1923): A theory of consumption. Boston.
LASH, S./URRY, J. (1994): Economies of signs and space. London.
MCKENDRICK, N./BREWER, J./PLUMB, J. H. (1982): The birth of a consumer society. The commercialization of eighteenth century England. London.
MILLER, D. (1995) (Hrsg.): Acknowledging consumption. A review of new studies. London/New York.
MILLER, D./JACKSON, P./THRIFT, N. J./HOLBROOK, B./ROWLANDS, M. (1998): Shopping, place, and identity. New York.
PRINZ, M. (2003): „Konsum" und „Konsumgesellschaft". Vorschläge zu Definition und Verwendung. In: PRINZ, M. (Hrsg.): Der lange Weg in den Überfluss. Anfänge und Entwicklung der Konsumgesellschaft seit der Vormoderne. Paderborn u. a., 11–34.
RECKWITZ, A. (2006): Das Subjekt des Konsums in der Kultur der Moderne. Der kulturelle Wandel der Konsumtion. In: REHBERG, K. S. (Hrsg.): Soziale Ungleichheit, Kulturelle Unterschiede. Verhandlungen des 32. Kongresses der Deutschen Gesellschaft für Soziologie in München 2004. Frankfurt a. M., 424–436.
RECKWITZ, A. (2008): Subjekt. Bielefeld.
ROSTOW, W. (1960): The stages of economic growth. A non-communist manifesto. Cambridge.
SCHULZE, G. (1992): Die Erlebnisgesellschaft. Kultursoziologie der Gegenwart. Frankfurt.
SIEGRIST, H. (1997): Konsum, Kultur und Gesellschaft im modernen Europa. In: SIEGRIST, H./KOCKA, J./KAELBLE, H. (Hrsg.): Europäische Konsumgeschichte. Zur Gesellschafts- und Kulturgeschichte des Konsums. Frankfurt a. M./New York, 13–50.
SIMMEL, G. (1919): Philosophische Kultur. Leipzig.
SLATER, D. (1997): Consumer culture and modernity. Cambridge.
SPIEKERMANN, U. (1999): Basis der Konsumgesellschaft. Entstehung und Entwicklung des modernen Kleinhandels in Deutschland 1850–1914. München.
TRENTMANN, F. (2006): The modern genealogy of the consumer: meanings, identities and political synapses. In: BREWER, J./TRENTMANN, F. (Hrsg.): Consuming cultures, global perspectives. Historical trajectories, transnational exchanges. Oxford, 19–70.
TRENTMANN, F. (2009): Crossing divides: consumption and globalization in history. In: Journal of Consumer Culture 9, 2, 187–220.
TRENTMANN, F. (2011): Consumer society – RIP. In: Contemporary European History 20, 1, 27–31.
VEBLEN, T. (1934[1899]): The theory of the leisure class. An economic study of institutions. New York.
WEHLER, H.-U. (1975): Modernisierungstheorie und Geschichte. Göttingen.

WELCH, E. (2005): Shopping in the renaissance. Consumer cultures in Italy 1400–1600. New Haven.
ZUKIN, S. (2005): Point of purchase. How shopping changed American culture. New York/London.

Konsumwelten

Geographien der Vermarktung und des Konsums

Ulrich Ermann

Konsum in der (Wirtschafts-)Geographie

> „Wenn wir den zeitgenössischen Kapitalismus und die heutige Warenproduktion verstehen wollen, reicht es nicht mehr (wenn es überhaupt jemals gereicht hat), die Prozesse von der Produktionsseite her zu analysieren. Wir müssen uns der Konsumtionsseite zuwenden und uns ansehen, was diese ‚produziert' – wie sie auf unsere Lebenswelten einwirkt und wie sie auf die Produktionsseite zurückwirkt" (MISIK 2007:11).

Überträgt man diese Programmatik aus Robert MISIKs Buch über *Glanz und Elend der Kommerzkultur* auf die wissenschaftliche Geographie, so bedeutet das: Die räumliche Organisation der Ökonomie und der Warenproduktion als Forschungsgegenstand der Wirtschaftsgeographie kann nur adäquat analysiert werden, indem man entsprechende Prozesse auch von der Konsumtionsseite aus betrachtet. Die hier vorgestellten Überlegungen schließen sich an dieses Vorhaben an. Anstatt wie – auch in der Geographie – üblich Phänomene der Produktion der Sphäre des Ökonomischen zuzuordnen und Phänomene des Konsums der Sphäre des Kulturellen, gilt es, Konsum als inhärenten Bestandteil des Ökonomischen im Sinn der Produktion von Werten anzusehen.[1] Angesichts der Diagnose eines gegenwärtigen „Kulturkapitalismus" (MISIK 2007:16ff.) oder „Konsumkapitalismus" (ERMANN 2007)[2] scheint es in der Tat geboten, diese Trennung aufzugeben, um Produktionswelten und Konsumwelten in ihrer gegenseitigen Durchdringung und Antizipation zu verstehen und Perspektiven der Wirtschaftsgeographie und der (Neuen) Kulturgeographie miteinander zu verbinden. Als Bindeglied zwischen Produktion und Konsum rückt die „Vermarktung" damit in den Vordergrund. Mit einer Fokussierung auf die Verbindung von Produktion und Konsum

---

1 Vgl. SLATER (2011:23ff.).
2 Mit „Kulturkapitalismus" (vgl. „cultural capitalism" bei RIFKIN 2000) wird vor allem der Übergang von der Industrieproduktion zur „kulturellen Produktion" bezeichnet, der mit einer Bedeutungsverschiebung von materiellen zu symbolischen und wissensbasierten Werten und einer entsprechenden Neuorganisation des Arbeitslebens einhergeht. Der „Konsumkapitalismus" (vgl. „consumer capitalism" bei LASH/URRY 1994:2) betont stärker die *„reflexive accumulation* in economic life" (LASH/URRY 1994:5; Hervorh. im Orig.) und damit auch die ästhetische Reflexivität von Produktion und Konsum.

handelt man sich jedoch das Problem ein, die Dichotomie zwischen Produktions- und Konsumwelten (und -perspektiven) zu reproduzieren. Daher sollte das Aufbrechen tradierter disziplinärer Trennlinien zugleich auch eine kritische Reflexion von Dichotomien zwischen Produktion und Konsum sowie zwischen Ökonomie und Kultur einschließen. Als drei Tendenzen, die eine Zunahme des Einflusses von „Konsumwelten" auf „Produktionswelten" implizieren und eine Neukonzeption des Verhältnisses von Produktions- und Konsumwelten provozieren, lassen sich „Moralisierung", „Co-Kreation" und „Zeichenökonomie" nennen.

Erstens sind es nach Nico STEHRs These von der „Moralisierung der Märkte" insbesondere Konsumentinnen[3], denen zunehmend eine moralische Verantwortung auf Märkten, für Bedingungen und Folgen der Produktion zugeschrieben wird (vgl. Abb. 1). Die zugrundeliegenden Konsumentinnenfiguren[4] sind höchst widersprüchlich. Zum einen werden konsumierende Subjekte als wohl informierte, rational und nach moralischen Grundsätzen handelnde Wirtschaftsmenschen verstanden. Zum anderen werden Konsumentinnen als „hilflose, unmündige, unsichere, manipulierte und somit schlecht beratene Käufer" (STEHR 2007:10) dargestellt. Das im Juli 2011 vom Bundesverband der Verbraucherzentralen mit Förderung des Bundesministeriums für Ernährung, Landwirtschaft und Verbraucherschutz eingerichtete Informationsportal „lebensmittelklarheit.de" ist ein typisches Beispiel dafür, wie diese scheinbare Doppellogik üblicherweise aufgelöst wird: Es wird ein Bild von rational handelnden Verbraucherinnen gezeichnet, die sich mangels objektiver Information von Industrie und Handel fehlleiten lassen.[5] Wenn jedoch von staatlicher Seite objektive Informationen vorgeschrieben werden oder von Verbraucherinnenseite aus Fehlinformationen aufgedeckt und damit die anbietenden Unternehmen unter Druck gesetzt werden, dann – so die Annahme – lassen sich vernünftige und verantwortungsbewusste Konsumentscheidungen treffen. In Einklang mit dieser Vorstellung eines ebenso rationalen wie moralischen Konsumierens auf der Grundlage vollständiger und „richtiger" Information wird auch zunehmend ein Konsumverständnis zelebriert, nach dem das Vergnügen am Konsumieren mit Pflichtbewusstsein und Verantwortung verbunden wird – so z. B. vom sogenannten LOHAS-Konsumtypus (Lifestyles of Health and Sustainability) unter anderem im Hinblick auf Waren aus ökologischer Produktion, aus fairem Handel oder „aus der Region".

---

3   Hier und im Folgenden wird die weibliche Person Plural (z. B. „Verbraucherinnen") verwendet, um Personen beiderlei Geschlechts („Verbraucherinnen und Verbraucher") gleichermaßen zu bezeichnen.
4   Zur Herausbildung, Veränderung und Bedeutung der Figur des Konsumenten/der Konsumentin vgl. HELLMANN (2010).
5   Ähnlich auch das vom Bundesumweltministerium geförderte Portal „Nachhaltig Einkaufen" (DIE VERBRAUCHER INITIATIVE E. V. 2011). Dort heißt es: „Was wir essen und trinken, wie wir uns kleiden, wohin wir in Urlaub fahren – unsere Konsumentscheidungen haben Folgen für Mensch und Umwelt. [...] Meist ist für Verbraucher kaum nachvollziehbar, unter welchen Bedingungen Produkte in der globalen Herstellungskette entstehen oder was weltweit agierende Unternehmen für die Umwelt oder ihre Mitarbeiter tun".

Abbildung 1   Moralischer Konsum als Titelthema der Zeitschrift GEO (GEO 2008).

Zweitens sind neue Formen der Interaktion zwischen Angebot und Nachfrage auf Konsumgütermärkten festzustellen. Mit dem Konzept des Postfordismus wurde bereits vor 40 Jahren ein Ende der standardisierten Massenproduktion, aber auch der Massenkonsumgesellschaft proklamiert. Im Web 2.0-Zeitalter werden in noch viel radikalerer Weise tradierte Formen der Trennung zwischen Produktion und Konsum aufgelöst. Viele Märkte ermöglichen eine Koproduktion durch Produzentinnen und Konsumentinnen (GRABHER et al. 2008), oft auch umschrieben mit der Figur der produzierenden Konsumentin bzw. der Prosumer-Figur. Die Generierung ökonomischer Werte erfolgt zunehmend in produktiv-konsumtiver Co-Kreation – so lehren es einschlägige Managementkonzepte (z. B. PRAHALAD/RAMASWAMY 2004). Während Verbraucherinnen an der Entwicklung von Produkten mitwirken, sind für Produzentinnen Informationen über Kaufgewohnheiten und Lebensstil der Kundinnen eine der wichtigsten Ressourcen. Eine entscheidende Rolle spielen dabei neue Informations- und Kommunikationstechnologien als sozio-materielle Realisierung von Interaktionsmöglichkeiten zwischen Produktion und Konsum (CALLON et al. 2002, CALLON et al. 2007).

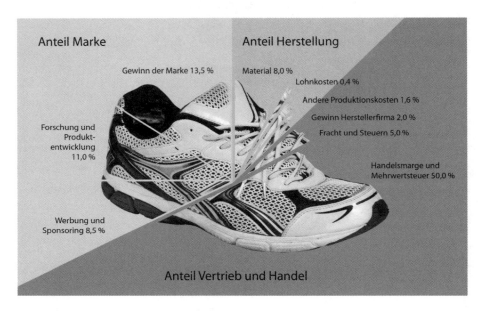

Abbildung 2 Wertschöpfungsteile eines Sportschuhs (eigene Abbildung des Leibniz-Instituts für Länderkunde nach CLEAN CLOTHES CAMPAIGN 2011).

Drittens lässt sich ein anhaltender Wandel von der materiellen Produktion zu einer Zeichenökonomie (LASH/URRY 1994) und einer *experience economy* (PINE/GILMORE 1999) nennen. Deutlich wird dies, wenn man die Wertschöpfungsanteile für einzelne Konsumgüter betrachtet. Das häufig angeführte Beispiel des Turnschuhs zeigt, dass lediglich 4 % der Wertschöpfung des Schuhs im Produktionsbetrieb erzielt werden und der Lohn für die Näherinnen nur 0,4 % ausmacht (vgl. Abb. 2, PFLAUM 2011). Die Hälfte der Wertschöpfung erfolgt im Einzelhandel, ein Drittel entfällt auf die Markenfirma wie z. B. Adidas oder Nike, bei denen die Generierung der symbolischen Werte erfolgt. Das bedeutet, Produkt- und Markendesign sowie Marketing machen für ein „normales" Konsumgut ein Vielfaches desjenigen Wertes aus, der durch die physische Herstellung realisiert wird. Wie die populäre Debatte um die *creative industries* und um Strategien der Kultur- und Kreativwirtschaftspolitik zeigt, wird der Produktion von Zeichen, symbolischen Werten und der Herstellung und Vermittlung von Lebensstilen eine immer wichtigere Bedeutung gegenüber der Herstellung physischer Waren zugemessen. Das heißt auch, dass nicht nur Konsumgüter zum „Verbrauchen" hergestellt werden, sondern dass vonseiten der Produzentinnen und Händlerinnen ein hoher Aufwand zur Herstellung von Konsumwünschen und Konsumstilen betrieben wird. Die Aktivität auf Konsumgütermärkten jenseits der Herstellung von Produkten ist kein neues Phänomen einer postindustriellen Gesellschaft; doch zweifellos hat sich das Verhältnis zwischen physischer und symbolischer Produktion zugunsten der Herstellung symbolischer Werte verschoben (ERMANN 2011).

Nicht zuletzt als Reaktion auf diese Tendenzen ist in der Geographie seit einiger Zeit ein wachsendes Interesse an Fragen des Konsums festzustellen – bereits seit Mitte der 1990er Jahre in der anglophonen Geographie und seit einigen Jahren auch im deutschsprachigen Raum.[6] Das betrifft aber in erster Linie die Thematisierung von Konsumpraktiken als Ausdruck von Identitätsbildung und Vergemeinschaftung innerhalb der Kultur- und Sozialgeographie. In der Wirtschaftsgeographie, die sich mit der ökonomischen Dimension der Gesellschaft beschäftigt, dominiert jedoch nach wie vor eine produktionsorientierte Sichtweise, während Konsum nur eine untergeordnete Rolle spielt. Anders als in der englischsprachigen *economic geography* haben konsumbezogene Themen in der deutschsprachigen Wirtschaftsgeographie bislang wenig Eingang in das Lehrbuchwissen gefunden. Damit folgt die Wirtschaftsgeographie allenfalls zögerlich der von STEHR (2007:10) konstatierten Verlagerung des Forschungsinteresses in den Sozialwissenschaften von einer eingeschränkten Perspektive auf Arbeit und Produktion hin zu Perspektiven, die auch den Verbrauch in den Blick nehmen.

Eine Verbindung von Fragen der Produktion mit Fragen des Konsums findet sich am stärksten in den in der Wirtschaftsgeographie rezipierten Ansätzen der Analyse von Warenketten (*commodity chains*) und Wert(schöpfungs)ketten (*value chains*)[7], alternativen Konzepten wie etwa dem der *commodity networks* (HUGHES 2001) und dem Ansatz der *global production networks*. Konsum ist dabei insofern relevant, als eine vertikale Perspektive auf das Wirtschaftsleben – von der Rohstofferzeugung bis hin zu den Endverbrauchern – eingenommen wird und als schwerpunktmäßig solche Verbindungen analysiert werden, die käufergesteuert

---

[6] In dem 2002 erschienenen Aufsatz *The future of geography* äußert sich Nigel THRIFT verwundert, dass die Geographie so lange Phänomene des Konsums ignoriert hat, äußert aber zugleich die Ansicht, die Geographie (er meint die englischsprachige Humangeographie) habe eine führende Rolle in der sozialwissenschaftlichen Konsumforschung gespielt: „In retrospect, it is difficult to believe that until quite recently such a central element of human life could have been ignored (after all, we all go shopping) – but it was. However, over the last 10 years or so, human geographers, along with anthropologists, have probably been the leaders in work on consumption in the social sciences and humanities" (THRIFT 2002:293).

[7] Vgl. THRIFT (2002:293) und als kritischen Überblick BAIR (2009).

(*buyer driven*) sind. Die Fokussierung auf eine bestimmte Ware und ihren Wert ermöglicht es, Perspektiven der Produktion und des Konsums miteinander in Beziehung zu setzen. Der Blick bleibt dabei aber meist beschränkt auf Konsum als „Nachfrage" im Sinn einer exogenen Größe oder einer Form der *governance* von Waren- bzw. Wertketten. Dabei wird der Konsum zwar für die Formierung von Produktionszusammenhängen als wichtig erachtet, die Grundperspektive bleibt aber produktionsorientiert und es wird selten der Versuch unternommen, die Praktiken des Konsumierens selbst in den Mittelpunkt zu stellen.[8] Dem Problem der in Waren- und Wertkettenkonzepten implizierten Linearität bzw. Produktionsorientierung wird versucht, mit Ansätzen der *commodity circuits* (COOK/CRANG 1996, LESLIE/REIMER 1999) und *circuits of value* (LEE 2006) zu begegnen. Daran anknüpfend möchte ich in den folgenden Überlegungen auf Grundlage der Akteur-Netzwerk-Theorie die Begriffe Waren, Werte und Märkte sowie deren Mobilisierung in zirkulär aufeinander bezogenen produktiven und konsumtiven Praktiken in den Mittelpunkt stellen. Anschließend werde ich zwei Beispiele für die Herstellung neuer Beziehungen zwischen Produktion und Konsum und damit auch für die Form(at)ierung von Märkten anführen: erstens die Vermarktung von „Milch aus der Region" und zweitens die Vermarktung von „Mode aus Bulgarien".[9]

Waren – Werte – Märkte

Um die Lücke zwischen produktions- und konsumorientierten sowie zwischen wirtschaftsgeographischen und kulturgeographischen Perspektiven zu schließen[10], schlage ich vor, die zentralen Begriffe Ware, Wert und Markt genauer in den Blick zu nehmen. Zu diesen drei Begriffen gibt es sehr unterschiedliche und widersprüchliche Definitionen. Aus einer hier eingenommenen praxeologischen Perspektive geht es in erster Linie um die Praktiken, mit denen etwas zu Waren, zu Werten und zu Märkten gemacht wird. Ich möchte diese Perspektiven im Folgenden mit „Kommodifizierung", „Bewertung" und „Vermarktlichung" bezeichnen:

1. Kommodifizierung (*commodification*): Wie wird etwas zur Ware?
2. Bewertung (*valuation*): Wie wird einer Ware ein Wert zugemessen?
3. Vermarktlichung (*marketization*): Wie wird etwas zu einem Markt?

Die Frage nach der Kommodifizierung beinhaltet den Begriff der Ware. Eine Ware wiederum wird üblicherweise sowohl als Träger eines wirtschaftlichen Wertes als auch als Gegenstand des Tausches bzw. Objekt einer Markttransaktion definiert: „Commodities can provisionally be defined as objects of economic

---

8   Vgl. selbstkritisch COE et al. (2008:286).
9   Die konzeptionellen Überlegungen sowie das Beispiel zur Mode aus Bulgarien gehen aus dem von der DFG geförderten Forschungsprojekt „Marken(t)räume" (ER 475-3/1) hervor.
10 Vgl. exemplarisch CREWE/LOWE (1995), JACKSON (2002), BARNES (2005).

value" (APPADURAI 1986:3). „[A] commodity is any thing intended for exchange" (APPADURAI 1986:9). Karl MARX schreibt in den ersten Zeilen des ersten Buches des „Kapitals": „Die Ware ist zunächst ein äußerer Gegenstand, ein Ding, das durch seine Eigenschaften menschliche Bedürfnisse irgendeiner Art befriedigt" (MARX 1957[1867]:15). Weit verbreitet ist zudem die Definition, nach der eine Ware ein Gut ist, „das auf dem Markt angeboten und nachgefragt wird" (so z. B. in Gablers Wirtschaftslexikon, GABLER VERLAG 2011). Damit rekurriert der Begriff der Ware sowohl auf den Begriff des Wertes als auch den des Marktes[11], die ihrerseits wiederum aufeinander bezogen sind, wenn man mit APPADURAI (1986:1) davon ausgeht, dass auf Märkten der Wert von Objekten reziprok, also in der wechselseitigen Beziehung zwischen den beteiligten Marktakteuren bestimmt wird: „In a word, exchange is not a by-product of the mutual valuation of objects, but its source" (APPADURAI 1986:4). Daran anknüpfend möchte ich hier „Kommodifizierung" (bei Appadurai: *commoditization*) ganz allgemein als den Übergang eines materiellen Objekts, einer Leistung oder auch einer immateriellen Idee von einem Nicht-Waren-Status in einen Waren-Status auffassen. Wenn etwas kommodifiziert wird, erhält etwas einen wirtschaftlichen Wert und wird auf einem Markt gehandelt, was bislang diesen Warencharakter nicht innehatte (APPADURAI 1986:13ff.).[12] Genauso kann etwas den Status einer Ware auch wieder verlieren – dekommodifiziert oder auch wieder rekommodifiziert werden (CALLON 1998:18f.). Auch kann etwas von einer Person als Ware angesehen werden, während es von einer anderen zugleich nicht für eine Ware gehalten wird oder wie KOPYTOFF (1986:64) es ausdrückt: „Such shifts and differences in whether and when a thing is a commodity reveal a moral economy that stands behind the objective economy of visible transactions". Dieser Prozess lässt sich mit CALLON (1998) auch als *framing* verstehen – als ein nie endender Vorgang des Abgrenzens oder des Stabilisierens von Abgrenzungen dessen, was zu einer Ware zählt und was nicht. Das institutionenökonomische Konzept der externen Effekte (*externalities*) lässt sich ebenfalls in dieser Weise verstehen: Internalisierung von externen Effekten bedeutet Kommodifizierung, während Externalisierung (von bislang in eine Ware einbezogenen Effekte) Dekommodifizierung bedeutet: „Economists invented the notion of externality to denote all the connections, relations and effects which agents do not take into account in their calculations when entering into a market transaction" (CALLON 1998:16).

Die Frage nach der Bewertung betont den Vorgang der Zuschreibung und Kalkulation ökonomischer Werte. Laut CALLON (1998:3) wird ein Markt konstituiert durch zur Berechnung fähige Akteure (*calculative agents*) und die Ermöglichung einer Einigung deren gegenläufigen Interessen in Form eines Vertrags

---

11 Anders als in der Tradition der MARX'schen Lehre wurde in der neoklassischen Nationalökonomie der Begriff der Ware meistens durch den des Gutes ersetzt. „Ware" wird wie in der Wirtschaftswelt vor allem im handelsrechtlichen Sinn als „Primärgüter" (Rohstoffe und Agrarerzeugnisse) verwendet (APPADURAI 1986:7). Bezeichnend ist auch, dass der Begriff der Ware in einigen Wirtschaftslexika nicht einmal aufgeführt ist, wie z. B. in „Vahlens Großes Wirtschaftslexikon" (DICHTL/ISSING 1994).
12 Vgl. auch CALLON (1998:18f.).

und/oder eines Preises. Die neoklassische Ökonomie sieht die Lösung eines solchen Interessenkonflikts zwischen Marktteilnehmern einzig und allein im Preismechanismus auf Wettbewerbsmärkten. Dahingegen stellen CALLON und andere Autoren, die den *science and technology studies* (STS) und der Akteur-Netzwerk-Theorie (ANT) nahestehen, die Arrangements in den Mittelpunkt, mit denen Marktakteure ihre Bewertungspraktiken vornehmen.[13] Das Interesse an der „Bewertung" bezieht sich auf *modes of valuation* (ÇALIŞKAN/CALLON 2009:386ff.), das heißt, auf die Art und Weise, wie Wirtschaftssubjekte Wert-Schätzungen vornehmen und in welchen sozialen Kontexten, nach welchen Verfahrensregeln oder moralischen Grundsätzen und mithilfe welcher technischer Mittel Bewertungen vorgenommen werden (CALLON et al. 2002).

Die Frage nach der Vermarktlichung lenkt die Aufmerksamkeit genau auf diese Formen der *market devices* (CALLON et al. 2007) bzw. *sociotechnical agencements*[14] (CALLON 2007:319f.), durch die Praktiken der Bewertung und des Tausches überhaupt erst ermöglicht und gestaltet werden. Vermarktlichung bzw. *marketization* lässt sich verstehen als „establishment of markets" (ÇALIŞKAN/ CALLON 2010:2), als eine Formierung von Märkten mit all ihren soziomateriellen Voraussetzungen und Effekten. Ein Markt als abstrakter Ort des Zusammentreffens von Angebot und Nachfrage – ganz im Sinn der orthodoxen neoklassischen Wirtschaftslehre – muss im Wirtschaftsleben „realisiert" bzw. „performt" werden. Kein Markt kommt ohne materielle Formen aus: So wie ein physischer „Marktplatz" eine dem Warenaustausch dienende Fläche, Marktstände sowie Nutzungsrechte und -regeln braucht, benötigt auch eine Online-Plattform entsprechende (materielle) Hardware, Software, deren Verfügbarkeit für die Marktteilnehmer sowie Nutzungsrechte und -regeln. Die Ausgestaltung und Funktionsweise dieser soziotechnischen *agencements* ermöglichen und begünstigen bestimmte Praktiken der Marktteilnehmer. Sie übertragen den Verkäuferinnen und Käuferinnen Handlungsprogramme, die sich wiederum auf die räumliche Konfiguration der Märkte auswirken. Dass diese *agencements* oft so gestaltet werden, dass sie bestmöglich das normative Modell der *perfect competition* mit allen Charakteristika der neoklassischen Modellwelt erfüllen, ist keineswegs ein Widerspruch, sondern Kern des CALLON'schen *performativity programs* (CALLON 2007).

Diese eng miteinander verwobenen Prozesse der Kommodifizierung, Bewertung und Vermarktlichung lassen sich in Zusammenhang mit einem noch allgemeineren Prozess der Ökonomisierung verstehen (ÇALIŞKAN/CALLON 2009, 2010) sowie mit verschiedenen Teilaspekten der Ökonomisierung wie der Kommerzialisierung (z. B. JACKSON 1999) oder der Privatisierung (z. B. DUNN 2004) verbinden. Außerdem sind solche Prozesse meist zugleich Prozesse der Authentifizierung (z. B. „authentication" bei JACKSON 2002:9), bei denen neu verhandelt wird, was

---

13 Vgl. BERNDT/BOECKLER (2011).
14 CALLON (2007:319f.) übernimmt den französischen Begriff *agencement* von DELEUZE und GUATTARI, um gleichzeitig einerseits die Nähe zu *arrangement* und andererseits zu *agency* zu betonen und keine Unterscheidung zwischen Subjekten und Objekten bzw. menschlichen und nicht-menschlichen Akteuren vorzunehmen.

„echt" und damit maßgeblich ist und wie etwas „echt gemacht" wird, sowie Prozesse der Moralisierung (z. B. JACKSON et al. 2009, GOODMAN 2010, BARNETT et al. 2011), bei denen nicht nur ökonomische, sondern auch moralische Bewertungen stattfinden und Konventionen über gutes und schlechtes Handeln von Marktteilnehmern (Produzentinnen, Händlerinnen, Konsumentinnen) neu ausgehandelt werden.[15]

Eine zentrale Funktion bei der Formierung von Märkten kommt den Praktiken der Vermarktung bzw. des Marketings als Schnittstellen zwischen Produktion und Konsum zu. Vermarktung bzw. Marketing verstehe ich hier keineswegs nur als Verkaufsförderung oder Vermittlung zwischen Anbietern und Nachfragern, sondern ich gehe davon aus, dass Vermarktung performativ Märkte schafft und verändert.[16] Vermarktung ist somit immer auch eine spezielle Form der Vermarktlichung, der Formierung und Konfigurierung von Märkten. Die von ARAUJO et al. (2010) formulierte These „Marketing produces markets!"[17] zielt auf die Feststellung ab, dass dem betriebswirtschaftlichen Marketing – im akademischen Kontext wie in der Unternehmenspraxis – mit dem Konzept des Marktes auch das Bewusstsein für die Konstruktion von Märkten durch das Marketing abhanden gekommen ist. Tatsächlich wird jedoch bei der Vermarktung in der Kommunikation zwischen Produzentinnen, Händlerinnen und Konsumentinnen immer wieder neu ausgehandelt, was überhaupt eine Ware ist, was zu ihrem Wert zählt, und wie Märkte realisiert werden. ARAUJO et al. (2010) greifen dabei auf CALLONs These zurück: „Economics perform the economy" (CALLON 1998:26). Wissenschaftliche Modelle der Wirtschaftslehre spiegeln die Wirtschaftswelt nicht wider, sondern erzeugen bzw. „performen" eine Welt nach Modell. Dabei spielen geographische Kategorien eine wichtige Rolle: Der Ort, an dem ein Produkt oder seine Rohstoffe hergestellt werden, der Ort der Präsentation und des Verkaufs, die Nähe oder Distanz der Herkunft oder raumbezogene Bilder und Erzählungen, die mit einem Produkt verbunden werden, werden im Prozess der Vermarktung mit in die *modes of valuation* und somit auch in die Konsumpraktiken einbezogen. Die folgenden Beispiele beziehen sich explizit auf die Relevanz räumlicher Kategorien für die Formatierung von produktiv-konsumtiven Vernetzungen im Zuge der Vermarktung. Am Beispiel der Vermarktung von Milch „aus der Region" wird gezeigt, wie die Vermarktung einer bestimmten (nahen) Herkunft keineswegs nur Produzentinnen und Konsumentinnen zusammenbringt, sondern Waren, Werte, Märkte und deren Räume neu konfiguriert. Das Beispiel der Vermarktung von Mode aus Bulgarien verdeutlicht, wie Narrative über Herkunft

---

15 Vgl. auch den verwandten Ansatz der Theorie der Konventionen: „CS [convention school, U. E.] investigates the various ways agents engage in a material environment, and display a sense of relevant reality which depends on the convention of coordination. The shape of marketable commodities, or that of efficient technologies which are engaged in technical arrangements, are different from the shape of objects formatted as signs and which support, on the ground of their conspicuity, a third convention of coordination based on signaling and the worth of common opinion" (THÉVENOT 2006:112).
16 Vgl. COCHOY (1998).
17 Vgl. auch ZWICK/CAYLA (2011).

und über den materiellen und symbolischen Wert der Produktion ihrerseits die räumliche Organisation wirtschaftlicher Beziehungen beeinflussen.

Vermarktung von Milch „aus der Region"

Seit den frühen 1990er Jahren wurden in Deutschland, in Österreich und der Schweiz zahlreiche Regionalvermarktungsprogramme für Lebensmittel ins Leben gerufen. Initiiert von Umwelt- und Naturschutzorganisationen, Landschaftspflegeverbänden und verschiedensten Akteuren der sogenannten Regionalbewegung wurden zunächst auf lokaler Ebene Märkte – z. B. in Form von Bauernmärkten, eigenen Verkaufsstellen oder Erzeuger-Verbraucher-Gemeinschaften – geschaffen, um Verbrauchern regionale Lebensmittel „nahe zu bringen" (ERMANN 2005). Einige Regionalinitiativen sind später dazu übergegangen, mit Supermarktketten zu kooperieren und beispielsweise „Regionaltheken" mit speziellen „Regionalprodukten" zu bestücken. Diesen Regionalitätstrend hat dann auch der Lebensmitteleinzelhandel selbst aufgegriffen und eigene Regionalvermarktungsprogramme eingeführt. Ein Vorreiter war Migros in der Schweiz. In Deutschland wurden z. B. bei Edeka und Rewe Regional-Marken eingeführt, und jüngst vermarkten auch Discounter Regionalprodukte, wie etwa Lidl mit der Produktlinie „Das gute Stück Heimat" oder die österreichische Aldi-Tochter Hofer mit der Produktlinie „Zurück zum Ursprung". Diese Programme arbeiten jedoch mit ganz unterschiedlichen Konzepten von regionaler Herkunft und damit verbundenen Produktionskriterien.

Am Beispiel des Produkts „Milch" möchte ich zeigen, wie eine „regionale Vermarktung" einen neuen Markt konfiguriert, bei dem Objekte (Produkte), Subjekte (Verkäufer und Käufer) und Markt-Räume neu definiert werden. Milch ist ein von Verbraucherseite als weitgehend homogen wahrgenommenes Produkt. Aus diesem Grund ist das Produkt besonders preissensibel, weshalb der Lebensmitteleinzelhandel bestrebt ist, den Milchpreis zu senken. Auf Seiten der Erzeuger wird darauf üblicherweise mit Kostensenkungen durch Rationalisierungen reagiert. Eine andere Reaktion ist die Herstellung und Vermarktung alternativer Produkte, wie insbesondere Bio-Milch oder „Milch aus der Region". Mithilfe eines *framings* neuer Produkte bzw. neuer Konfigurationen des Produkts „Milch" wird versucht, auch neue Bewertungsmodi zu etablieren, die eine andere Aufteilung der Wertschöpfung und somit eine bessere Wertschätzung bzw. Entlohnung der landwirtschaftlichen Produktion ermöglichen. In diesem Fall findet eine Moralisierung des Kaufens statt, so dass „gutes Einkaufen" nicht haushälterisches (sparsames) Kaufen bedeutet, sondern in erster Linie ein Kaufen, bei dem die moralische Verantwortung für die Herkunft und die Produktionszusammenhänge zu Entscheidungskriterien werden.

So bietet z. B. das Regionalvermarktungsprogramm der Solidargemeinschaft „Unser Land" im Raum München „regionale Milch" in Supermärkten und anderen Verkaufsstellen an. Als Verkaufsargument werden dabei moralische Werte der Käuferinnen angesprochen. So heißt es auf der Verpackung: Mit dem Kauf der

"Unser Land"-Milch tragen die Kundinnen bei „zur Umstellung auf naturschonende Herstellung unserer regionalen Lebensmittel", „zum Erhalt der bäuerlichen Landwirtschaft und unserer Kulturlandschaft", „zur Sicherung von Arbeitsplätzen und „zur Verkehrsentlastung durch kurze Wege". Den Kundinnen wird ein Genuss „mit gutem Gefühl" in Aussicht gestellt. Es wird versucht, Verbindungen zu Natur, Landschaft, Arbeitsplätzen und Verkehr in die subjektive Wertschätzung der Ware einzubeziehen, die normalerweise als externe Effekte nicht in die Bewertung von Milch eingehen. Die Marke transportiert „Regionalität" als moralischen Mehrwert des Produkts. Sie appelliert an das „Regionalbewusstsein" der Konsumentinnen und produziert dabei zugleich neue Vorstellungen von der „Region".

Die „Regionalmilch" erfüllt nicht etwa deshalb all die genannten Kriterien, nur weil sie aus der „Region" kommt. Schließlich ist kaum eine Milch vorstellbar, die nicht in irgendeiner Region produziert wurde. Keine der genannten Zielsetzungen einer nachhaltigen – oder auch einer traditionellen – Produktionsweise steht in einem kausalen Zusammenhang mit räumlichen Kategorien wie einer in Kilometerdistanzen messbaren Nähe zwischen Erzeugung und Verbrauch oder einer räumlichen Adressierbarkeit der Produktherkunft. Vielmehr werden Kriterien einer nachhaltigen Produktion mit Kriterien der Regionalität (also Distanz und Lokalisierung in einem abgrenzbaren Gebiet) verknüpft. Die Aufnahme von Erzeugerinnen, Verarbeiterinnen und Händlerinnen in das Programm wird an bestimmte Standards der Produktionsweise oder Produktqualität gebunden, so dass letztendlich ein Zusammenhang zwischen Regionalität, Produktionsweise und Qualität hergestellt wird.

Die unter der Regionalmarke „Unser Land" erhältliche Milch stammt derzeit zu hundert Prozent aus der Andechser Molkerei Scheitz im Landkreis Starnberg. Die komplette Umstellung des Betriebs auf „ökologische" Produktion von Bio-Milch wurde von der Solidargemeinschaft „Unser Land" mitgetragen, da dies als die einzige Chance angesehen wurde, entsprechend der Richtlinien des Vermarktungsprogramms den Kundinnen eine Fütterung der Kühe mit gentechnikfrei erzeugten Futtermitteln garantieren zu können. Die Rohmilch stammt von 450 Ökobauernhöfen – davon befinden sich ca. 360 im „Netzwerkgebiet" der Solidargemeinschaft, die anderen in benachbarten Landkreisen im Allgäu. Da sich die einzelnen Milchprodukte aber nicht bis zum einzelnen Milchviehbetrieb zurückverfolgen lassen, gibt es bereits seit einigen Jahren Bestrebungen, eigene dezentrale Molkereien mit Lieferantinnen aus dem Grünlandgebiet Garmisch-Partenkirchen und Weilheim-Schongau zu errichten, um die Milch direkt vor Ort abzufüllen und eine direkte Rückverfolgbarkeit zu den Betrieben zu realisieren (SEILTZ 2011). Der Wunsch der Verbraucherinnen, die Herkunft der Milchprodukte bis zum landwirtschaftlichen Betrieb zurückverfolgen zu können, sowie die antizipierten moralischen Ansprüche an eine nachhaltige bzw. umwelt- und sozialverträgliche Produktion werden in die Formierung eines neuen Marktes integriert. Es werden performativ neue Waren, Bewertungen und Märkte hervorgebracht, indem sich ein Netzwerk aus Produzentinnen, Händlerinnen, Verbraucherinnen, Umweltaktivistinnen, Regionalinitiativen, Heimatvereinen, kirchlichen Gruppen usw.

Abbildung 3 Verkauf der „Fairen Milch" (Quelle: MSV GMBH 2011b).

bildet und gemeinsame Interessen definiert und durchsetzt. Die Bildung eines solchen Netzwerks zur Formierung eines neuen Marktes[18] ist weit mehr als eine Vernetzung von Interessengruppen: Sie hat Einfluss auf die Herstellungsweise und die Qualität der Waren, sie verändert die räumliche Organisation von Erzeugerinnen-Verbraucherinnen-Beziehungen und vielfältige soziomaterielle *agencements* wie beispielsweise die technische und personelle Organisation von Herkunfts- und Qualitätskontrollen.

Ein ganz anderes Beispiel bietet das Vermarktungsprogramm „Die faire Milch", das vom Bundesverband der Deutschen Milchviehhalter mit Unterstützung des Bund Naturschutz in Bayern e. V. initiiert wurde und unter der Führung der in Freising ansässigen Milchvermarktungsgesellschaft MVS ebenfalls in rund 1.200 Rewe- und 300 Tegut-Filialen (MVS GMBH 2010) „faire Milch aus der Region" anbietet (vgl. Abb. 3). Zuerst war die „faire Milch" nur in Bayern erhältlich, dann auch in Baden-Württemberg und Hessen und zuletzt wurde die Erweiterung auf die Bundesländer Nordrhein-Westfalen, Rheinland-Pfalz und das Saarland

---

18 Die Formierung neuer Märkte ist kein Widerspruch zur in konservativem Duktus vorgebrachten Ziel einer Wiederherstellung bewährter, alter Strukturen, wie es die „Unser Land"-Vorsitzende beschreibt: „Was in vielen Jahrzehnten wegrationalisiert wurde, braucht auch einige Zeit zum Wiederaufbau" (SEILTZ 2011).

angekündigt. Die Zielsetzung des Programms beschreiben die Initiatoren von „Die faire Milch" folgendermaßen: „Unser Ziel ist es, das wertvolle Lebensmittel Milch sinnvoll und wirtschaftlich ausgewogen für unsere Milchlieferanten zu vermarkten. Damit bieten wir eine wichtige Alternative im Wertschöpfungsprozess der Milch" (MVS GmbH 2011a). Werbefigur der „fairen Milch" ist „Faironika", eine schwarz-rot-gold quergestreifte Milchkuh, die die Aufmerksamkeit auf die Solidarität der Verbraucherinnen mit den Erzeugerinnen in Deutschland lenkt und somit eine patriotische Käuferinnenmoral transportiert.

Bei diesem Programm wird „Regionalität" als Herkunft aus dem jeweiligen Bundesland definiert: „Es gehörte von Anfang an zum fairen Milch Konzept, dass die von uns benannte Region das Bundesland ist, in dem die Milch gemolken wurde", so der Geschäftsführer der MVS GmbH, Jakob Niedermaier, in einer Presseerklärung vom 8. April 2011 (MVS GmbH 2011c). An die Herkunft wird ein Qualitätskonzept mit zahlreichen Vorschriften gekoppelt – vom Verzicht auf gentechnisch verändertes Kraftfutter bis hin zur Beteiligung der Landwirte an Kulturlandschafts- und Vertragsnaturschutzprogrammen. Analog zur „Unser Land"-Milch wurde die Herkunft (in diesem Fall aus einem Bundesland) so mit Produktionsrichtlinien und Qualitätskriterien verknüpft, dass nach erfolgreicher „Formatierung" dieses neuen Marktes die Herkunft tatsächlich mit Aspekten der Wertschöpfung, der umweltfreundlichen Produktion oder der stofflichen Eigenschaften des Produkts Milch einhergeht. Allerdings gab es auch Kritik an dem Programm, wie die Frankfurter Rundschau berichtete:

> „So hatte die Verbraucherzentrale Baden-Württemberg Angaben, die Milch stamme ‚aus Ihrer Region' und ‚die heimische Produktion spart unnötige Transportwege', gerügt. Dies träfe nicht zu, so Verbraucherschützer Eckhard Benner. Milch der MVS, die in Stuttgart verkauft wird, stamme nicht aus der Region, sondern von Höfen aus dem Allgäu, sagt Benner. Zur Abfüllung werde sie zudem ins osthessische Schlüchtern transportiert. Einfache Strecke: knapp 400 Kilometer. Auf dem Weg zum Supermarkt könne daraus leicht das Doppelte an Transportkilometern werden. Die Wettbewerbszentrale wiederum hatte Milch ausfindig gemacht, die vorgab, aus Bayern zu stammen, tatsächlich aber in Hessen gemolken wurde. Niedermeier [der Geschäftsführer von MVS, U. E.] weiß um diese Schwäche: Es sei bisher nicht gelungen, Molkereien in Regionen zu finden, die die faire Milch verarbeiten. Daran aber arbeite man mit Hochdruck. Verloren gehe bei der Kritik der Hauptvorzug der fairen Milch: Die Bauern bekämen statt der üblichen 27 Cent bei MVS 40 Cent. Der Aufpreis halte extensiv und ohne Gentechnik arbeitende Bauern in der Region" (BÖRNECKE 2010).

Tatsächlich wird die beworbene Regionalität der „fairen Milch" so definiert, dass die Milch in demjenigen Bundesland gemolken worden sein muss, in dem die Milch auch verkauft wird. Molkereien zur Abfüllung der H-Milch befinden sich teilweise in anderen Bundesländern, da es bislang nicht gelungen ist, in jedem Bundesland mit einer geeigneten Molkerei entsprechende Verträge abzuschließen (MVS GmbH 2011d). Dabei wird auch deutlich, dass eine „Regionalität" im Sinn einer Lage (von Erzeugung und Verarbeitung) in der gleichen „Region" (hier: Bundesland) keineswegs immer zu kürzeren Wegen zwischen Erzeugung, Verarbeitung, Handel und Verbrauch führt. Die Entfernungen innerhalb einer so definierten Region können durchaus weiter sein als über Bundeslandgrenzen hinweg.

Die Rückverfolgbarkeit der Herkunft steht auch bei „Zurück zum Ursprung!" der österreichischen Aldi-Tochter Hofer im Mittelpunkt. Als führende Discounter stehen Aldi und Hofer in der Kritik der Regionalvermarktungsinitiativen: Der Preisdruck auf die Milchbäuerinnen wird zu einem großen Teil den Discountern zugeschrieben; zudem stehen die Discounter für Rationalisierung und Standardisierung sowie die Realisierung von Skaleneffekten im Lebensmitteleinzelhandel. Im Fall von Hofer und „Zurück zum Ursprung!" werden Kritikpunkte an der industriellen und standardisierten Lebensmittelversorgung bewusst aufgegriffen und ins Gegenteil umgekehrt, ohne jedoch die grundlegende Organisationsprinzipien der standardisierten Lebensmittelproduktion und -distribution aufzugeben.

Möglich wird dies mithilfe von neuen Informations- und Kommunikationstechniken. Wenn eine Kundin wissen möchte, wo und unter welchen Produktionsbedingungen eine mit dem Label „Zurück zum Ursprung!" gekennzeichnete Milch hergestellt wurde, kann sie mit dem Smartphone bzw. im Internet die Chargennummer des gekauften Produkts eingeben. Auf diese Weise werden alle Lieferanten der jeweiligen Charge angezeigt: Name und Adresse der landwirtschaftlichen Betriebe und der Molkerei inklusive einer kartographischen Darstellung der Betriebsstandorte mittels *Google Maps*. Außerdem erhält man Informationen über die (unter anderem ökologischen) Richtlinien, nach denen die Milch produziert wurde, und über den ökologischen Fußabdruck des Produkts im Vergleich zu „herkömmlicher Milch", u. a. mit Angaben zum CO_2-Ausstoß und zum Wasserverbrauch je Produktions- und Distributionsschritt.

Für die Kommodifizierung der Herkunft von Milch, die im konventionellen Handel ansonsten nicht Teil der Ware Milch ist, kommt es zu einer grundlegenden Vermarktlichung des Wissens über die Orte und Richtlinien der Produktion und zu einer Neuorganisation der Erzeuger-Verbraucher-Beziehungen durch sozio-technische *agencements*. Auf Basis einer alle Warenflüsse dokumentierenden Datenbank wird eine Rückverfolgbarkeit der Waren hergestellt. Damit wird der Markt als „Treffpunkt" von Anbietern/Produzenten und Nachfragern/Konsumenten so konfiguriert, dass neue Handlungsprogramme auf die Konsumentinnen übertragen werden, also z. B. die Rückverfolgung eines gekauften Produkts zu den Bäuerinnen und Verarbeiterinnen.

Alle drei Beispiele der Vermarktung von Milch und ihrer (regionalen) Herkunft zeigen, wie im Rahmen der Vermarktung neu abgegrenzt wird, was zu dieser Ware zählt und was nicht. Es wird neu definiert, in welchen Räumen sich der Markt organisiert, in diesem Fall vor allem, was unter Regionalität zu verstehen ist, und es findet eine Kommodifizierung von „Regionalität" bzw. von „Nähe" statt. Es wird neu festgelegt, welche Präferenzen von den Konsumentinnen zu erwarten sind und welche Verantwortung sie zu tragen haben sowie welche Strategien die Produzentinnen verfolgen und welche Verantwortung diese zu tragen haben. Außerdem wird neu definiert, was die Qualität des Produkts „Milch aus der Region" bzw. „Milch mit Herkunft" ausmacht und wie dies zu bewerten ist. Nicht zuletzt wird auch festgelegt, welche Produktionszusammenhänge – in ökologischer und sozialer Hinsicht – an die Herkunft der Milch aus der Region bzw. an das jeweilige Markenzeichen gekoppelt sind.

Vermarktung von Mode aus Bulgarien

Anders als auf dem Markt für Lebensmittel stehen bei Vermarktungsstrategien und Konsumwünschen auf dem Bekleidungs- und Modemarkt weniger Regionalität und Ländlichkeit, sondern Globalität und Urbanität – vor allem im Bezug auf die internationalen Modemetropolen Paris, Mailand, London, New York – im Vordergrund. Typisch ist für die Branche vor allem die starke organisatorische und räumliche Trennung zwischen physischer (industrieller) Produktion der Bekleidung einerseits und symbolischer Produktion von Marken, Design und anderen Zeichensystemen (Vermarktung) andererseits. Während sich die physische Produktion an einer extern vorgegebenen Nachfrage und entsprechenden Konsumwünschen orientiert, ist die symbolische Produktion von Grund auf immer auf die Co-Kreation von symbolischen und ästhetischen Werten in der gegenseitigen Durchdringung von Vermarktungspraktiken und Konsumpraktiken ausgerichtet. Am Beispiel von Mode aus Bulgarien möchte ich zeigen, wie sich die Vermarktungsaktivitäten auf wirtschaftliche Verflechtungen auch im Produktionsbereich auswirken und neue Beziehungen zwischen Produktion und Konsum schaffen.[19]

In Bulgarien ist die Bekleidungsindustrie einer der wichtigsten Wirtschaftszweige des Landes. In den 1990er Jahren wurde die Branche nach kapitalistisch-marktwirtschaftlichem Modell restrukturiert und lieferte zunächst im Sinn eines „brand capitalism" (CREWE 2004:205) fast ausschließlich im Lohnverfahren Waren für sogenannte *global brands*, also für international agierende Markenfirmen wie z. B. Hugo Boss (Deutschland/Schweiz), Esprit (USA), Escada (Deutschland), Tommy Hilfiger (USA), Strellson (Schweiz) oder Zara (Spanien). Bei steigenden Lohnkosten und zunehmendem Wettbewerbsdruck begannen viele der in Bulgarien produzierenden Betriebe nach Möglichkeiten einer Neuausrichtung ihrer Produktion bzw. ihres Unternehmens insgesamt zu suchen. Nicht zuletzt ermuntert von Beraterinnen aus dem westeuropäischen Ausland sahen viele Firmen ihre größte Zukunftschance in der Erschließung eigener Märkte durch die Entwicklung eigener Marken. Es wurde erwartet, mehr Wertschöpfung im Unternehmen halten können, indem eine Aufwertung des Wertschöpfungsprozesses von der Lohnfertigung zur Vermarktung eigener Mode realisiert wird – ganz im Sinne des *upgrading*-Modells der *value chain*-Konzepte (PICKLES et al. 2006, BAIR 2009).

Ein Beispiel bietet die Firma Rila Style (bzw. Rila Stil), die bereits seit 1972 besteht. Nach der Privatisierung des ehemaligen sozialistischen Staatsbetriebs Anfang der 1990er Jahre hat die Firma vor allem Kleidung für westliche, international etablierte Markeninhaber hergestellt. Einige Jahre später beschloss das Management, eine eigene Marke auf den Markt zu bringen, um nicht „versklavt" zu werden – so die Worte der Geschäftsführerin im Interview (ERMANN 2010). Allerdings kann, wie die Geschäftsführerin erklärt, der Wert einer lokalen Marke kaum mit den „globalen" Marken konkurrieren: „We buy the same materials like Max Mara from the same producer, we produce almost the same models of a suit

---

19 Vgl. ERMANN (2011).

or a coat, which in Bulgaria sold by us is ten times cheaper than Max Mara." Aufgrund der weltweiten Bekanntheit von Max Mara seien die Kunden bereit, wesentlich mehr Geld dafür auszugeben. Trotzdem ist sie überzeugt davon, dass nur die Vermarktung von Produkten mit eigenen Marken ein profitables Geschäft für die bulgarischen Bekleidungsproduzenten sein kann.

Der italienische Markenname „Battibaleno" wurde aufgrund der erwarteten Präferenz der bulgarischen Verbraucherinnen für italienische Mode gewählt. Designerinnen wurden aus Frankreich, Schweden und anderen westeuropäischen Ländern angeheuert. Die Textilien werden vor allem in Spanien und Italien eingekauft. Ein Grund, keine bulgarischen Textilien zu verwenden, sei es, dass man es dadurch Wettbewerberinnen leicht machen würde, kurz nach der Präsentation einer neuen Kollektion die Kleider mit den gleichen Stoffen zu imitieren, so die Geschäftsführerin im Interview. Derzeit werden etwa 50 % der Eigenmarken-Produkte im Ausland verkauft, darunter in Markenboutiquen in den USA, in Griechenland, der Schweiz und in Russland. In Russland wird das größte Marktpotenzial gesehen. Das Problem ist jedoch, dass die russischen Käuferinnen Mode aus Frankreich, Italien, Spanien und England bevorzugen, während bulgarischer Mode ein negatives Image anhaftet. Daher entstand die Idee, den letzten Schritt der Endfertigung – das Bügeln der Kleidungsstücke – nach Frankreich zu verlagern, um die Waren in Russland als „Made in France" verkaufen zu können. Eine andere Idee ist es, die gesamte physische Produktion auszulagern, eventuell als Offshore-Produktion in die Republik Moldau (ERMANN 2010). Wenn dies realisiert würde, hätte das Unternehmen genau ein modellgerechtes *upgrading* erreicht. Die einst für *global brands* produzierende Firma würde selbst zur Markeninhaberin, deren Aufgabenbereich sich auf Design, und Marketing konzentriert sowie auf die strategische Vergabe der Produktionsaufträge an Zulieferbetriebe im Ausland.

Auch andere Firmen in Bulgarien haben versucht, aufgrund einer angenommenen besonderen Vorliebe bulgarischer Kundinnen italienisch klingende Markennamen auf den Markt zu bringen. So hat z. B. die Firma Ariston S. in der nordbulgarischen Stadt Ruse gemeinsam mit einer italienischen Firma die Marke „Bobo Zander" (vgl. Abb. 4) kreiert und in großangelegten Werbekampagnen – unter anderem mit der aus dem bulgarischen Showbusiness prominenten Juliana Dončeva als Werbefigur – publik gemacht. Betont wurde dabei vor allem, dass italienische Designer für diese Markenmode verantwortlich sind. Nachdem allerdings die Zusammenarbeit mit dem italienischen Designstudio bereits nach kurzer Zeit wieder aufgegeben wurde, achtete die Firma Ariston S. sehr darauf, diesen „Rückzug" aus der symbolischen Produktion in Italien möglichst wenig an die Öffentlichkeit zu kommunizieren, um die Wertschätzung seitens der Konsumentinnen nicht zu gefährden.

Wie von Käuferinnenseite nicht nur das Produkt selbst, sondern auch die Qualität (und Quantität) der Vermarktung bzw. der Werbung bewertet wird, zeigt ein Ausschnitt aus einer Gruppendiskussion mit Damen mittleren Alters in Sofia: Die Teilnehmerin Ralica antwortet auf die Frage, ob sie eher bulgarische oder ausländische Marken bevorzuge: „Für mich persönlich sind ausländische Marken

Geographien der Vermarktung und des Konsums 189

Abbildung 4 Werbeplakat für die Marke „Bobo Zander" (Foto: ERMANN 2006).

mehr... vielleicht die Werbung, diese Reklameaktionen, die sie machen [...]. Dagegen bulgarische Marken, ja... unsere Sachen sind sehr schön und es ist sehr gute Qualität, aber es hapert an Werbung bei ihnen. Also, die sind da nicht so aktiv, die sind da nicht so aggressiv." Die Teilnehmerin Raja hingegen sieht Zusammenhänge zwischen der Herkunft und der erwarteten Qualität: „Also, mit den Schuhen jetzt, da würde ich mich [anders als bei der textilen Kleidung, U. E.] nun schon auf die bulgarischen Hersteller orientieren, weil die haben sehr gute Qualität. Da gibt es tolle Schuhe. Im anderen Fall geht man ein Risiko ein. Italienische Schuhe... wie viel da Italienisches dran ist, und wie viel aus China... wie sehr das echtes Leder ist...?" (GEISELMANN 2011).

Die genannten Beispiele zur Vermarktung und Vermarktlichung von Mode in bzw. aus Bulgarien zeigen, dass die symbolische Verortung der Mode in internationalen Räumen und in den weltbekannten Modezentren für die Wertschöpfung eine wichtige Rolle spielt. Eine entsprechende Herkunft wird kommodifiziert und Teil des Bewertungsmodus. Die vermeintlich rein symbolischen Konnotationen haben aber einen gewichtigen Einfluss auf die räumliche Neuorganisation von physischer Produktion und Distribution. Auch die Marktakteure erfahren ein neues *framing*: Konsumentinnen wie Produzentinnen lernen, dass symbolische Werte in der modernen Ökonomie mehr zählen als materielle Werte – oder genauer: als die Werte der physisch-materiellen Produktion. Dieses in Marketingstrategien perpetuierte Credo ist jedoch insofern inkonsequent und missverständlich, als jede Symbolik mit vielfältigen soziomateriellen *agencements* verwoben ist. Auch die symbolische Produktion des Marketings ist nicht denkbar ohne ein dichtes Netz an materiellen Verbindungen oder Trägerschaften der Symbole, die sich von den Orten des Designstudios, von Marktforschungsunternehmen und

Werbeagenturen bis hin zu den Werbeplakaten in der Stadt, Fernseh- und Computerbildschirmen, den Laufstegen, Boutiquen und den Körpern der Models aufspannen.[20] Ebenso sind die Orte des Konsums, der Kommunikation über Mode und des Tragens, Vorführens und Zeigens der Modekleidung konstituierend für den Erfolg und die Ausgestaltung des gesamten Marktes. Der Wert einer Marke wird mit der Qualität und dem Wert der Waren verknüpft.

Wertschöpfung und Wertschätzung durch Vermarktung und Konsum

Die Beispiele aus der Lebensmittel- sowie aus der Bekleidungs- und Modebranche machen deutlich, dass die Vermarktung mittels einer neuen Marke neue Werte, neue Subjekte und Objekte sowie Markt-Räume generiert. Sie zeigen, wie Wertschöpfung nicht nur von der Produktionsseite her erfolgt, sondern zugleich Wertschätzung seitens der Verbraucher antizipiert. Dazu möchte ich einige Ansatzpunkte für eine Perspektiverweiterung der Wirtschaftsgeographie im Hinblick auf Phänomene der Vermarktung und des Konsums vorschlagen.

Um gegenwärtige Formen von Produktion, Vermarktung und Konsum besser zu verstehen, ist es hilfreich, von einer performativen Gestaltung von Märkten in der ökonomischen Praxis auszugehen (BERNDT/BOECKLER 2007, 2009). Die ökonomische Realität wird nicht nur von Unternehmerinnen und Politikerinnen hervorgebracht, sondern auch von Konsumentinnen und – was noch häufiger übersehen wird – von zahlreichen weiteren menschlichen und nicht-menschlichen Akteuren, die bestimmte Handlungsprogramme mit sich führen. Dazu gehören beispielsweise die vermarkteten Waren selbst und technische Arrangements zur Qualitätskontrolle und Herkunftsrückverfolgung gleichermaßen wie Werbeplakate, die körperliche Präsenz von Konsumentinnen und nicht zuletzt die Orte und Räume des Produzierens, des Handels und des Konsumierens. In der empirischen Forschung ist es daher auch für das Verständnis von Produktionswelten von Vorteil, Marketing-Praktiken – einschließlich der Praktiken der kommerziellen Markt- und Konsumforschung – sowie Einkaufs- und Konsumpraktiken und die Materialität der Warenwelt zu analysieren.

Außerdem schlage ich für eine Integration von Phänomenen der Vermarktung und des Konsums die Verwendung eines nicht-objektivistischen Wertkonzepts vor. Die vor allem von der Österreichischen Schule der Nationalökonomie seit Ende des 19. Jahrhunderts propagierte Wende von einem objektivistischen zu einem subjektivistischen Wertbegriff konnte in der Wirtschaftsgeographie nie Fuß fassen, so dass die 1933 von Ludwig VON MISES in seiner Konzeption einer praxeologischen Wirtschaftstheorie formulierte Kritik am Homo oeconomicus der klas-

---

20 Gemeint ist hier nicht nur die Verwobenheit aller Zeichen mit dem Materiellen, wie sie etwa in der PEIRCE'schen Semiotik vorausgesetzt wird, sondern die Materialität der Produktion von Zeichen, die in Abgrenzung zur physisch-materiellen Warenproduktion als „symbolische" und insofern gewissermaßen weniger „reale" Produktion angesehen wird.

sischen Ökonomie[21] auch auf die heutige Wirtschaftsgeographie zutrifft: „[M]it dem Schema des homo oeconomicus [hat] die klassische Nationalökonomie nur die eine – die ökonomisch-materielle – Seite des Menschen erfaßt; sie betrachte[t] ihn nur als Erwerber, nicht als Verbraucher von wirtschaftlichen Gütern" (MISES 1933:168).[22] Anders als die strengen Subjektivisten der Österreichischen Schule interpretiere ich jedoch die VON MISES'sche Praxeologie als eine an der praktischen Performanz ökonomischen Wissens ausgerichtete Konzeption. Damit sind objektivistische Werttheorien nicht zurückzuweisen, sondern – wie auch subjektivistische Werttheorien – als Teil der ökonomischen Wirklichkeit ernst zu nehmen. Wertkonzepte werden in ökonomischen Praktiken in Co-Kreation von Produzentinnen und Konsumentinnen vollzogen (SHOVE/ARAUJO 2010:23) und sind daher nicht im Sinn feststehender Wertgesetze zu verstehen. Stattdessen geht es bei der hier vorgestellten Forschungsperspektive von Geographien der Vermarktung und des Konsums darum, *circuits of value* (LEE 2006) und die wechselseitige Herstellung von Werten in produktiv-konsumtiven Praktiken zu untersuchen.

Die Beispiele zur Vermarktung von Regionalmilch und der Kreation von Modemarken zeigen, wie Konsumwünsche und -vorstellungen in der Vermarktung und damit auch in der Konfiguration der materiellen Produktion antizipiert werden und zugleich die Praktiken der Konsumentinnen figuriert werden. Dabei sind die eingangs genannten Phänomene der Moralisierung, der Co-Kreation und der Zeichenökonomie zu beobachten. Sie sind Phänomene eines sich verändernden Verständnisses von „Ökonomie", bei dem die für die Moderne charakteristische Dichotomie von Produktions- und Konsumwelten zunehmend aufgebrochen und neu arrangiert wird: Ökonomisches Handeln ist nie nicht-moralisch und nie nicht-emotional gewesen. Die Moral ist aber in der modernen Wirtschaftswelt und Marktlogik systematisch von expliziten Moralisierungen „gereinigt" worden.[23] Moralische und somit auch altruistische Bewertungen werden also gleichsam jenseits des individuellen Nutzens und damit jenseits ökonomischer Bewertungen verortet, obwohl ökonomisches Handeln von Subjekten nie ohne soziale Interaktion und moralische Normen vollzogen wird. In gleicher Weise hat sich mit der Durchsetzung der industriellen Warenproduktion eine Trennung zwischen Produktion und Konsum sowie zwischen Materialität und symbolischem

---

21 Die Kritik richtet sich auch gegen die neoklassische Ökonomie, die den Wertbegriff ausklammert und das Homo-oeconomicus-Modell weitgehend von der klassischen Ökonomie übernommen hat.
22 Vgl. auch MISES (1940:290f.): „Wir konstruieren keinen homo oeconomicus und keine Idealmenschen, sondern wir nehmen den Menschen so, wie er ist. Dieser Mensch verfügt nur über unzureichende Einsicht und nur über beschränktes Wissen, er irrt, er kann leicht getäuscht werden, er weiß nicht immer, was ihm frommen würde, er ist ungeduldig, nervös, eitel, launenhaft, wetterwendisch. Doch dieser Mensch wertet, seine Wertungen entscheiden auf dem Markte, und aus seinen Handlungen gehen die Marktpreise hervor."
23 Vgl. LATOUR (1998). Konsumkritikerinnen reagieren auf die Trennung von Markt und Moral wie auch auf die Trennung von Herstellungs- und Gebrauchskontext von Waren in der Moderne typischerweise mit der Klage über die Anonymität und den Verlust von der Persönlichkeit der Dinge, wie ULLRICH (2006:21ff.) zeigt.

Gehalt von Waren und zwischen Gebrauchswert und Zeichenwert nur oberflächlich verfestigt, da trotz der funktionellen und räumlichen Trennung immer ein enger Zusammenhang bestand. Moralisierung, Co-Kreation und Zeichenökonomie bezeichnen Phänomene, die neue Denkmuster in der und über die Wirtschafts- und Warenwelt widerspiegeln. Die „moderne" Konzeption der Ökonomie mit ihrer immanenten Trennung von Produktion und Konsum sowie von materiellen und immateriellen Werten ist in vielen Bereichen des Wirtschaftslebens in eine Krise geraten und verengt den Blick auf „die Ökonomie". Geographien der Vermarktung und des Konsums können den Blick erweitern, indem sie zeigen, wie Waren, Werte und Märkte im ökonomischen Alltag auch jenseits des „Produktionsprozesses" im engeren Sinn produziert und reproduziert werden.

Bibliographie

APPADURAI, A. (1986): Introduction: commodities and the politics of value. In: APPADURAI, A. (Hrsg.): The social life of things. Commodities in cultural perspective. Cambridge, 3–63.

ARAUJO, L./FINCH, J./KJELLBERG, H. (2010): Reconnecting marketing to markets: an introduction. In: ARAUJO, L./FINCH, J./KJELLBERG, H. (Hrsg.): Reconnecting marketing to markets. Oxford, 1–12.

BAIR, J. (2009): Global commodity chains: genealogy and review. In: BAIR, J. (Hrsg.): Frontiers of commodity chain research. Stanford, 1–34.

BARNES, T. (2005): Culture: economy. In: CLOKE, P./JOHNSTON, R. (Hrsg.): Spaces of geographical thought. London, 61–80.

BARNETT, C./CLOKE, P./CLARKE, N./MALPASS, A. (2011) (Hrsg.): Globalizing responsibility. The political rationalities of ethical consumption. Oxford.

BERNDT, C./BOECKLER, M. (2007): Kulturelle Geographien der Ökonomie. Zur Performativität von Märkten. In: BERNDT, C./PÜTZ, R. (Hrsg.): Kulturelle Geographien. Zur Auseinandersetzung mit Ort und Raum nach dem Cultural Turn. Bielefeld, 213–258.

BERNDT, C./BOECKLER, M. (2009): Geographies of circulation and exchange. Constructions of markets. In: Progress in Human Geography 33, 4, 535–551.

BERNDT, C./BOECKLER, M. (2011): Geographies of markets. Materials, morals and monsters in motion. In: Progress in Human Geography 35, 4, 559–567.

BÖRNECKE, S. (2010): Wie fair ist die faire Milch? In: Frankfurter Rundschau vom 14.05.2010. <www.fr-online.de/wirtschaft/verbraucherschutz/wie-fair-ist-die-faire-milch-,1472780,4457928.html> (Letzter Zugriff: 05.08.2011).

ÇALIŞKAN, K./CALLON, M. (2009): Economization, part 1. Shifting attention from the economy towards processes of economization. In: Economy and Society 38, 3, 369–398.

ÇALIŞKAN, K./CALLON, M. (2010): Economization, part 2. A research programme for the study of markets. In: Economy and Society 39, 1, 1–32.

CALLON, M. (1998): Introduction: the embeddedness of economic markets in economics. In: CALLON, M. (Hrsg.): The laws of the markets. Oxford, 1–57.

CALLON, M. (2007): What does it mean to say that economics is performative? In: MACKENZIE, D./MUNIESA, F./SIU, L. (Hrsg.): Do economists make markets? On the performativity of economics. Princeton, 311–357.

CALLON, M./MÉADEL, C./RABEHARISOA, V. (2002): The economy of qualities. In: Economy and Society 31, 2, 194–217.

CALLON, M./MILLO, Y./MUNIESA, F. (2007) (Hrsg.): Market Devices. Oxford.

CLEAN CLOTHES CAMPAIGN (2011): Wertschöpfungsteile eines Sportschuhs.

COCHOY, F. (1998): Another discipline for the market economy. Marketing as a performative knowledge and know-how for capitalism. In: CALLON, M. (Hrsg.): The laws of the markets. Oxford, 194–221.

COE, N. M./DICKEN, P./HESS, M. (2008): Global production networks: realizing the potential. In: Journal of Economic Geography 8, 3, 271–295.

COOK, I./CRANG, P. (1996): The world on a plate. Culinary culture, displacement and geographical knowledges. In: Journal of Material Culture 1, 1, 131–153.

CREWE, L. (2004): Unravelling fashion's commodity chains. In: HUGHES, A./REIMER, S. (Hrsg.): Geographies of commodity chains. Routledge Studies in Human Geography 10. London.

CREWE, L./LOWE, M. (1995): Gap on the map? Towards a geography of consumption and identity. In: Environment and Planning A 27, 12, 1877–1898.

DICHTL, E./ISSING, O. (1994): Vahlens Großes Wirtschaftslexikon. München.

DIE VERBRAUCHER INITIATIVE E. V. (2011): Nachhaltig Einkaufen. <www.nachhaltig-einkaufen.de> (Letzter Zugriff: 05.08.2011).

DUNN, E. (2004): Privatizing Poland. Baby food, big business and the remaking of the Polish working class. Ithaca.

ERMANN, U. (2005): Regionalprodukte: Vernetzungen und Grenzziehungen bei der Regionalisierung von Nahrungsmitteln. Sozialgeographische Bibliothek 3. Stuttgart.

ERMANN, U. (2007): Magische Marken: Eine Fusion von Ökonomie und Kultur im globalen Konsumkapitalismus? In: BERNDT, C./PÜTZ, R. (Hrsg.): Kulturelle Geographien. Zur Auseinandersetzung mit Ort und Raum nach dem Cultural Turn. Bielefeld, 317–347.

ERMANN, U. (2010): Interview mit der Geschäftsführerin von Battibaleno/Rila Style am 05.11.2010 (auf Englisch).

ERMANN, U. (2011): Consumer capitalism and brand fetishism. The case of fashion brands in Bulgaria. In: PIKE, A. (Hrsg.): Brand and branding geographies. Cheltenham, 107–124.

GABLER VERLAG (2011) (Hrsg.): Gablers Wirtschaftslexikon, Stichwort: Ware. <http://wirtschaftslexikon.gabler.de/Archiv/4716/ware-v9.html> (Letzter Zugriff: 02.08.2011).

GEISELMANN, C. (2011): Gruppendiskussion am 10.03.2011 in Sofia (Organisation/Transkript-Übersetzung Bulgarisch-Deutsch: GEISELMANN, C.).

GEO (2008) (Hrsg.): Der kluge Konsument. Wie der Welt zu helfen ist. In: GEO 33, 12, Titelseite.

GOODMAN, M. (2010): Ethical foodscapes? Premises, promises, and possibilities. In: Environment and Planning A 42, 8, 1782–1796.

GRABHER, G./IBERT, O./FLOHR, S. (2008): The neglected king. The customer in the new knowledge ecology of innovation. In: Economic Geography 84, 3, 253–280.

HELLMANN, K.-U. (2010): Der Konsument. In: MOEBIUS, S./SCHROER, M. (Hrsg.): Diven, Hacker, Spekulanten. Sozialfiguren der Gegenwart. Berlin, 235–247.

HUGHES, A. (2001): Global commodity networks, ethical trade and governmentality. Organizing business responsibility in the Kenyan cut flower industry. In: Transactions of the Institute of British Geographers 26, 4, 390–406.

JACKSON, P. (1999): Commodity cultures. The traffic in things. In: Transactions of the Institute of British Geographers NS 24, 1, 95–108.

JACKSON, P. (2002): Commercial cultures. Transcending the cultural and the economic. In: Progress in Human Geography 26, 1, 3–18.

JACKSON, P./WARD, N./RUSSELL, P. (2009): Moral economies of food and geographies of responsibility. In: Transactions of the Institute of British Geographers NS 34, 1, 12–24.

KOPYTOFF, I. (1986): The cultural biography of things: commoditization as a process. In: APPADURAI, A. (Hrsg.): The social life of things. Commodities in cultural perspective. Cambridge, 64–91.

LASH, S./URRY, J. (1994): Economies of signs and space. London.

LATOUR, B. (1998): Wir sind nie modern gewesen. Versuch einer symmetrischen Anthropologie. Frankfurt a. M.

LEE, R. (2006): The ordinary economy: tangled up in values and geography. In: Transactions of the Institute of British Geographers NS 31, 4, 413–432.
LESLIE, D./REIMER, S. (1999): Spatializing commodity chains. In: Progress in Human Geography 23, 3, 401–420.
MARX, K. (1957[1867]): Das Kapital. Kritik der politischen Ökonomie. Stuttgart.
MISES, L. VON (1933): Grundprobleme der Nationalökonomie. Untersuchungen über Verfahren, Aufgaben und Inhalt der Wirtschafts- und Gesellschaftslehre. Jena.
MISES, L. VON (1940): Nationalökonomie. Theorie des Handelns und Wirtschaftens. Genf.
MISIK, R. (2007): Das Kult-Buch: Glanz und Elend der Kommerzkultur. Berlin.
MVS GMBH (2010): Regionalität ernst gemeint. Pressemeldung vom 17.05.2010.
MVS GMBH (2011a): MVS Milchvermarktung. <www.mvsgmbh.de/Ziele> (Letzter Zugriff: 05.08.2011).
MVS GMBH (2011b): Pressebild zur Kampagne „Die faire Milch". <www.die-faire-milch.de/user files/image/pressebilder/FM-Stand4.jpg> (Letzter Zugriff: 11.03.2012).
MVS GMBH (2011c): Stellungnahme zum Urteil Wettbewerbszentrale/„Die faire Milch".
MVS GMBH (2011d): Schriftliche Auskunft der MVS GmbH vom 09.08.2011.
PFLAUM, M. (2011): Schriftliche Auskunft der Clean Clothes Campaign Deutschland (M. PFLAUM, Mitglied im geschäftsführenden Ausschuss) vom 08.08.2011.
PICKLES, J./SMITH, A./BUČEK, M./ROUKOVA, P./BEGG, R. (2006): Upgrading, changing competitive pressures, and diverse practices in the East and Central European apparel industry. In: Environment and Planning A 38, 12, 2305–2324.
PINE, J./GILMORE, J. (1999): The Experience Economy. Boston.
PRAHALAD, C. K./RAMASWAMY, V. (2004): The future of competition: Co-creating unique value with customers. Boston.
RIFKIN, J. (2000): Access. Das Verschwinden des Eigentums. Frankfurt.
SEILTZ, E. (2011): Schriftliche Auskunft für „Unser Land" vom 05.08.2011.
SHOVE, E./ARAUJO, L. (2010): Consumption, materiality, and markets. In: ARAUJO, L./FINCH, J./KJELLBERG, H. (Hrsg.): Reconnecting marketing to markets. Oxford, 13–28.
SLATER, D. (2011): Marketing as a monstrosity. The impossible place between culture and economy. In: ZWICK, D./CAYLA, J. (Hrsg.): Inside marketing. Practices, ideologies, devices. Oxford, 23–41.
STEHR, N. (2007): Die Moralisierung der Märkte. Frankfurt a. M.
THÉVENOT, L. (2006): Convention school. In: BECKERT, J./ZAFIROVSKI, M. (Hrsg.): International encyclopedia of economic sociology. London, 111–115.
THRIFT, N. (2002): The future of geography. In: Geoforum 33, 3, 291–298.
ULLRICH, W. (2006): Habenwollen. Wie funktioniert die Konsumkultur? Frankfurt a. M.
ZWICK, D./CAYLA, J. (2011): Inside marketing: practices, ideologies, devices. Oxford.

Orte des Konsums

Konsumarchitekturen im städtischen Raum

Katharina Fleischmann

Passage, Warenhaus oder Shopping-Center, Urban-Entertainment-Center, Bahnhofs-Center oder Factory-Outlet-Center – Begriffe wie diese bezeichnen einstige und heutige Orte des Handels und Konsums. Ihren materiellen Niederschlag finden diese Orte in spezifischen Architekturen im städtischen Raum, die seit ihrer Entstehung aufwendige Inszenierungen des Angebotes von Waren verkörpern. Auf diese Weise erregen Konsumarchitekturen nicht nur augenfällige Aufmerksamkeit für Orte des Handels und Konsums, sondern sie prägen und gestalten auch den umgebenden Stadtraum. So können Konsumarchitekturen in ihrer Gestaltung und Verortung im städtischen Raum als materielle Manifestationen der Distribution und des Angebotes von Waren verstanden werden, die gleichzeitig auf den konstitutiven Zusammenhang von Handel und Stadt verweisen.

Der vorliegende Beitrag nimmt aus architekturtheoretisch-stadtgeographischer Perspektive die komplexen Herstellungsprozesse von Konsumorten per Architektur in den Blick. Dies umfasst einerseits eine gestalterisch-bautechnische sowie konsumwissenschaftliche Dimension des Innen und Außen von Konsumarchitekturen. Andererseits verfügt eine derartige Perspektive auch über eine Dimension symbolischer Aussagen, die an die Gestaltung und stadträumliche Verortung solcher Bauten geknüpft sind. Verdeutlicht werden diese beiden Dimensionen zunächst anhand eines (Rück)Blickes auf ausgewählte Beispiele von Konsumarchitekturen: die Passage, das Warenhaus und das Shopping-Center. Im Anschluss daran wird ein Analyseansatz für Konsumarchitekturen vorgestellt und angewandt, der diese Dimensionen von Konsumarchitekturen zusammendenkt. Die Potentiale einer derartigen Betrachtung von Orten des Handels und Konsums werden anhand verschiedener Konsumarchitekturen aufgezeigt.

Konsum und Architektur

Die Beziehungen zwischen Handel, Konsum, Architektur und Stadtraum sind vielfältig, komplex und haben eine lange Geschichte. Das Angebot und der Konsum von Waren haben bereits in antiken Städten einen fixen Ort, der sich im Mittelalter als zentraler Platz im europäischen Stadtgefüge nachhaltig einschreibt (NAGEL 1971, zit. in PFEIFER 1996:14). Mit der Industrialisierung und ihrer Folgezeit entstehen spezifische Bautypologien des Konsums im städtischen Raum. Wesentliche Typologien sind dabei die Passage des 19. Jahrhunderts, das Warenhaus des 19. und 20. Jahrhunderts und das Shopping-Center des 20. und 21. Jahrhunderts, auf die deshalb im Folgenden eingegangen werden soll.

Ausgangspunkt der Entwicklung spezifischer Konsumarchitekturen ist die Passage des 19. Jahrhunderts. Eine Passage ist definiert als „ein zwischen belebten Straßen hindurchführender, glasüberdachter Verbindungsgang, der auf beiden Seiten gesäumt ist von Reihen einzelner Läden. [...] Die Passage ist eine Organisationsform des Detailhandels. [...] Ihr Florieren ist in hohem Maße abhängig von dem städtebaulichen Zusammenhang, in den sie eingebettet ist" (GEIST 1982:12). Ökonomischer Hintergrund der Entstehung von Passagen ist die zunehmende industrielle Entwicklung und Warenproduktion des beginnenden 19. Jahrhunderts. Sie führt zunächst in England und Frankreich, einige Jahrzehnte später auch in Deutschland zu einer steigenden Produktion und Nachfrage nach Luxusgütern durch privilegierte BewohnerInnen der nun wachsenden Städte. Als geeigneter Ort für das Angebot solcher Waren werden die Baublöcke von Innenstädten ausgemacht, deren Blockinneres mit Glasdächern überfangen und durch ein Erschließungssystem der Öffentlichkeit zugänglich gemacht wird. Auf diese Weise schaffen Passagen wetter- und verkehrsgeschützte Verbindungen für FußgängerInnen zwischen mindestens zwei Hauptgeschäftsstraßen oder Plätzen der Innenstadt. Doch dies allein reicht als Garantie für den wirtschaftlichen Erfolg der Passage nicht aus und so ist es Aufgabe ihrer architektonischen Gestaltung, zahlungskräftiges Publikum ins Blockinnere zu locken. Daher werden die Eingangsbereiche von Passagen teils aufwendig und in Anklang an Palast- und Repräsentationsarchitektur gestaltet und treten im Stadtraum als prachtvoller baulicher Auftakt öffentlichkeitswirksam zu Tage. Im Inneren der Passage wird, der gestalterischen Logik eines städtischen Durchgangsraumes entsprechend, ein Straßenraum mit Kolonnaden und teils auch Plätzen imitiert (GEIST 1982:12ff.). Anders jedoch als die Straßen des öffentlichen Stadttraums, der durch eine unübersichtliche historische Stilvielfalt gekennzeichnet ist, sind die Scheinfassaden der Passage in einheitlichem Stil gehalten, der an Prachtstraßen oder Sakralarchitektur erinnert. Die Kolonnadengänge des Passagenerdgeschosses beherbergen möglichst zahlreiche und vielfältige Läden, um großen Abwechslungsreichtum und eine große Angebotsbreite zu erzielen. Sind in den Zwischen- und Obergeschossen der frühen Passagen noch Werkstätten, Büros und Wohnungen untergebracht, so werden diese später für Cafés und Restaurants, für Theater, Konzertsäle und Kabaretts, für Vereinsräume, Spiel- und Lesesäle, für Hotels und Pensionen, für Bäder und Bordelle genutzt (GEIST 1982:23ff.). Einrichtungen wie diese garantieren der Passage Tag und Nacht ein Eigenleben, das dem einer realen Straße gleicht und zur Amortisation des Gebäudekomplexes beiträgt.

Notwendige Voraussetzung für die Existenz der Passage sind die bau-, material- und beleuchtungstechnischen Möglichkeiten des ausgehenden 19. Jahrhunderts. So ist beispielsweise das Glasdach der Passage, das möglichst leicht und ätherisch auf einer filigranen Eisenkonstruktion gelagert für den Wetterschutz der Flanierenden sorgt, erst durch seine industrielle Produktion sowie technische Weiterentwicklung zu realisieren und zu finanzieren gewesen (GEIST 1982:18). Gleichwohl sich die Passage also in ihrer Außen- wie Innengestaltung häufig einer zeitgenössisch-historisierenden Formensprache bedient, ist sie in ihrer inneren räumlichen Organisation und Gestaltung erst durch bautechnische Neuentwicklungen möglich. In dieser Verquickung von geläufiger Formensprache einerseits und neuer Bautechnik andererseits wird mit der Passage eine städtische Scheinwelt für den gehobenen Konsum konstruiert und in einen Bedeutungszusammenhang mit Macht, Potenz und Vermögen gestellt.

Ihr Ende findet die Passage mit dem beginnenden 20. Jahrhundert durch den Wandel der liberalen zur postliberalen Stadt: Boden- und Baureformen sowie baupolizeiliche Regulierungen führen zur Auflösung der geschlossenen Blockbebauung, die als Ursache für die unhygienischen Verhältnisse in den Großstädten gilt. Zudem bedarf die zunehmende industrielle Massenproduktion neuer Absatzformen und Verkaufsformen, der Detailhandel der Passage verliert an Bedeutung und eine neue Form der Konsumarchitektur, das Warenhaus, setzt sich durch (DÖRHÖFER 2008:27).

„Zum Wesen des Warenhauses gehören eine sehr große Auswahl von Waren, Lagerhaltung und Filialgründung sowie günstige Preise" (SCHAMBERGER-LANG 2006:267). Diese neuartigen Verkaufsprinzipien sollen eine breite KäuferInnenschicht für das Angebot der industriellen Massenproduktion gewinnen und zu einem schnellen Absatz von Waren führen. Mit der Bautypologie des Warenhauses entsteht ab der zweiten Hälfte des 19. Jahrhunderts eine Konsumarchitektur, die den Stadtraum mit herkömmlichen architektonischen Distinktionsmitteln deutlich prägt: Neben den beeindruckenden baulichen Dimensionen der ersten Warenhäuser geschieht dies vor allem durch ihre palastartigen Außenfassaden mit zahlreichen großflächigen Schaufenstern (PFEIFER 1996:22ff.). In den Innenstädten oder an Prachtstraßen der neu entstehenden Stadterweiterungen gelegen überstrahlt die offensichtliche wirtschaftliche Potenz des Gebäudes seinen städtischen Kontext und bindet ihn so an das optimistische Fortschritts- und Wachstumsdenken der Industrialisierung an. Diese neuen Paläste des Konsums sind jedoch weniger exklusiv als ihre Vorbildbauten, da sie (vermeintlich) allen KonsumentInnen zugänglich sind.

Im Inneren des Warenhauses sind, ähnlich wie in der Passage, Eisen und Glas die bestimmenden Materialien. Auch hier sind es das Ingenieurswissen und neue bautechnische und damit gestalterische Möglichkeiten, die Modernität ins Innere bringen (PFEIFER 1996:24ff.), während sich das Äußere althergebrachter Stilmittel zur Kommunikation von wirtschaftlicher Stärke, Macht und Bedeutsamkeit bedient. Anders als in der Passage jedoch wird im Inneren des Warenhauses keine Scheinwelt in Form eines vermeintlichen Straßenraums mit kleinen Spezialläden konstruiert. Vielmehr sucht die Vielfalt und der Überfluss der ansprechend drapierten Waren im damals modernen Setting des technischen Bauens von der Qualität und Modernität industriell hergestellter Waren zu überzeugen. Auf diese

Weise erzählt die erste Warenhausgeneration zwei Geschichten: Die palastartige Außenfassade stellt den Massenkonsum, überspitzt formuliert, als nun bestimmende Kraft (in) der Stadt dar und erst die Innengestaltung in ihrer neuen technischen Machart offenbart die Modernität des Warenangebotes und des Gebäudes.

Diese Zweigesichtigkeit des Warenhauses findet in den 1920er Jahren ein Ende. Zum einen bringen die 1920er Jahre die ersten Warenhauskonzernen mit sich: In Deutschland sind dies Karstadt, Kaufhof, Wertheim, Tietz und Schocken, die sich als Großbetriebe mit 10.000 bis 20.000 MitarbeiterInnen etablieren (IRRGANG 1980:85, zit. in PFEIFER 1996:46). Zum anderen entsteht, in Anpassung an die Modernität des technischen Bauens, mit dem Funktionalismus und der Neuen Sachlichkeit eine Architektursprache klarer geometrischer Formen, der rationale Argumentation und (bau)ökonomische Programme zugrunde liegen (PFEIFER 1996:52ff.). So bringt dieser Prozess ökonomische Überlegungen von Warenhauskonzernen und ArchitektInnen zusammen und manifestiert sich in der Gestaltung neuer Konsumarchitekturen. Zwar kommunizieren die frühen Außenfassaden der neuen Warenhauskonzerne mit ihren vertikal oder horizontal orientierten Gestaltungen und Fensterbändern nicht minder monumental Dynamik, Fortschrittlichkeit und Wirtschaftskraft. In den folgenden Jahrzehnten wird jedoch die Gestaltung der Außenfassaden zunehmend auf die Optimierung der Verkaufsflächen und Innenorganisation des Warenhauses ausgerichtet. Fensterflächen, die das Arrangement von Verkaufsregalen im Inneren stören, werden reduziert, die Außenfassade als Distinktionsmoment verliert an Bedeutung und wird zum Gerüst für Reklame (PFEIFER 1996:48ff.). Aus den extrovertierten, überbordenden Inszenierungen der ersten Warenhäuser sind nun introvertierte, sachliche Gebäude in ökonomischer Gestaltung geworden, die im Stadtraum weniger von der Pracht des Handels und Konsums, denn vielmehr von ihrer Rationalität und damit Modernität künden.

Dieses Prinzip der introvertiert-rationalen Außengestaltung und nach konsumpsychologischen Kriterien erstellten Innengestaltung von Warenhäusern hat sich bis heute nur in geringem Maße verändert. Zwar unterscheidet sich die gestalterische Verpackung des Warenhauses nach den jeweiligen Gestaltungs- und Materialmoden, die Introversion des meist massiven Baukörpers jedoch, der seine merkantile Funktion im stadträumlichen Kontext kaum offensichtlich macht, bleibt bestehen. Die Krise des Warenhauses in den letzten Jahren mag allerdings auf ein bevorstehendes Ende auch dieser Form des Warenangebots hindeuten.

Konkurrenz erhält das Warenhaus ab Mitte des 20. Jahrhunderts, zunächst in den USA, ab den 1960ern auch in Europa, durch Shopping-Center. Charakterisiert ist ein Shopping-Center durch „großflächige, mehrfunktionale Betriebsformen, die durch das Kennzeichen einer einheitlichen Planung, Gestaltung und Errichtung sowie eines zentralen Managements geprägt sind sowie eine umfangreiche Angebotsstruktur an Waren- und Dienstleistungen im weiteren Sinn offerieren" (BESEMER 2004:24). Grund für die Entstehung von Shopping-Centern ist zum Einen die nach dem Zweiten Weltkrieg enorm wachsende industrielle Massenproduktion einer sich ausdifferenzierenden Produktpalette, die für einen zunehmenden Teil der Bevölkerung westlicher Industrienationen erschwinglich wird. Zum Anderen ermöglicht die wachsende Automobilität großer Bevölkerungsteile das Shopping-Center in seiner spezifischen Erscheinungsform in verkehrsgünstigen stadträumlichen Positionierungen im suburbanen Raum (DÖRHÖFER 2008:29). Wesentliches Prinzip von Shopping-Centern ist ihre ökonomische Rentabilität, so dass eine ansprechende, aber kostspielige Gestaltung der Gebäudekomplexe, die über Verkaufsflächen zwischen 10.000 qm und 50.000 qm verfügen (JUNKER et al. 2008:17), zunächst nicht gewollt ist. Die Außenfassade des Shopping-Centers hat häufig lediglich die Funktion einer reklametragenden „Außenhaut", deren Introvertiertheit sich in einer gestalterischen Reduziertheit und geringen Bezugnahme der Bautypologie auf den umgebenden städtischen Raum zeigt (DÖRHÖFER 2008:36). Daran ändert auch die zunehmend innerstädtische Positionierung von Shopping-Centern nur wenig, wie JUNKER et al. (2008:17f.) für (West-) Deutschland zeigen: Während die erste Generation der 1960er Jahre überwiegend durch große Baukörper mit geringem gestalterischen Anspruch „auf der grünen Wiese" gekennzeichnet ist, geht die Verortung der zweiten Shopping-Center-Generation der 1970er Jahre im innerstädtischen Kontext mit Bemühungen um ansprechendere Fassadengestaltungen einher. Für die dritte Generation der 1980er Jahre nimmt die Bedeutung innerstädtischer Standorte und eine Fassadengestaltung im Sinne einer Corporate Identity zwar zu, eine eigenständige bauliche Formensprache bildet sich jedoch nicht aus. Die vierte Generation von Shopping-Centern bringt seit den 1990er Jahren in den neuen Bundesländern zunächst zahlreiche Center auf „die grüne Wiese", später auch in die Innenstädte; in den alten Bundesländern wendet man sich der Umgestaltung bestehender Zentren zu.

Gleichwohl diese Entwicklungen mit einer Variation und Ausdifferenzierung der Grundrissformen von Shopping-Centern verbunden sind (BESEMER 2004:21), bleibt das Prinzip ihrer Introvertiertheit und ihres geringen Bezuges auf die städtische Umgebung bestehen (DÖRHÖFER 2008:163). Dies ist nahezu unabhängig davon, ob das Center über eine auffällige Grundriss- oder Materialgestaltung als augenfälliger Solitär inszeniert wird oder sich als schlichter Zweckbau geriert. Entrückt von seiner städtischen Umgebung ist es das Innere des Shopping-Centers, das per Innenarchitektur und Einrichtungsdesign aufwendig inszeniert wird. So erhalten die „Straßen" des Shopping-Centers thematische Gestaltungen, um eine städtische Vertrautheit jenseits des Alltags oder aber Ferienerinnerungen wach zu rufen und so eine entspannte, von Alltagsnöten befreite Gestimmtheit für den Einkauf herzustellen (DÖRHÖFER 2008:32ff.). Wie schon im Falle der Passage rund 100 Jahre zuvor wird zudem das Vergnügungsangebot des Shopping-Centers nach und nach um gastronomische, Unterhaltungs- und Hotelbetriebe, aber auch um Sportangebote erweitert (BESEMER 2004:37ff.). Entwicklungen wie diese lassen auch Rückschlüsse auf die Kommunikation der Bedeutsamkeit von Shopping-Centern zu: Sie wird kaum mehr durch die Außengestaltung von Shopping-Centern hervor gebracht, denn vielmehr über ihre bloße Existenz, an die im Rahmen der Revitalisierung von Innenstädten zunehmend symbolische Erzählungen von wirtschaftlichem Wachstum geknüpft werden.

Die Zusammenschau der Entwicklung von Passagen, Warenhäusern und Shopping-Centern macht deutlich, dass Konsumarchitekturen weit mehr als nur bauliche Hüllen von Orten des Konsums darstellen. Einerseits dient ihre bauliche Materialität, sei sie aufmerksamkeitserregend oder die Außenwelt abschirmend, zur Herstellung optimierter Orte des Konsums. Andererseits gibt ihre äußere wie innere Gestaltung sowie stadträumliche Verortung Auskunft über ökonomische Prozesse, Handel und Konsum.

Zur Analyse von Konsumarchitekturen

Konsumarchitekturen, verstanden als großflächige und -volumige Bauten vornehmlich für Einrichtungen des Einzelhandels, setzen Orte des Handels und Konsums mit (innen)architektonischen Mitteln in Szene. Optimal auf ihre Funktion zugeschnitten sichert die bauliche Introvertiertheit von Konsumarchitekturen jene zeitlich-räumliche Entrücktheit vom Alltag, die für ein ungestörtes Einkaufserlebnis für Waren jedweder Art als notwendig erachtet wird. Bestandteil dieser Entrückung sind häufig thematische Inszenierungen des Inneren von Konsumarchitekturen mittels Innenarchitektur und Ausstellungsdesign, die in auffälligem Widerspruch zur schlichten, bauökonomisch optimierten Außenfassade stehen können. Insofern haben gegenwärtige Konsumarchitekturen häufig zwei Gesichter: ein ökonomisch gestaltetes Außen und ein inszeniertes Innen. Handelt es sich bei derartigen Konsumarchitekturen also nicht um eine *architecture parlante*, die ihre beherbergte Funktion offensiv der Außenwelt kommuniziert, so halten Konsumarchitekturen dennoch in ihrer spezifischen Gestaltung symbolische Aussagen auf verschiedenen Ebenen bereit: So erzählt ihre innere wie äußere Gestaltung und Organisation nicht nur etwas über je aktuelle ökonomische Prozesse und Verhältnisse, sondern auch etwas über das jeweilige Verständnis von Handel und Konsum. Aber auch der stadträumlichen Positionierung und städtebaulichen Einbindung von Konsumarchitekturen können Aussagen beispielsweise über das konstitutive Wechselspiel von Handel und Stadt oder über städtischen Wettbewerb um wirtschaftliche Aufmerksamkeit entnommen werden. So gesehen stellen Konsumarchitekturen baulich-architektonische Spiegelbilder wirtschaftlicher und städtischer Verfasstheiten und Transformationen dar.

Einen Weg, diese Aussagen von Konsumarchitekturen zu ermitteln, stellen semiotische Zugänge dar. Basierend auf der linguistischen Zeichentheorie DE SAUSSUREs stellt BARTHES mit deren Anwendung auf nicht-sprachliche Zeichen einen Ansatz zur Verfügung, mit dem Prozesse der Bedeutungsproduktion durch symbolische Aufladungen oder Konnotationen auch materieller Gegebenheiten in den Blick genommen werden können. Gleichzeitig wird der Blick auf die interessengeleitete Durchsetzung dominanter Lesarten von Konnotationen gelenkt, die eine Kausalbeziehung zwischen materieller Form und bestimmten Assoziationen suggerieren (BARTHES 2003:88ff.).

ECO überträgt diesen Ansatz auf Architektur und Städtebau. Gebäude oder städtebauliche Anlagen halten demnach jenseits ihrer konkreten Funktion auch symbolische Gehalte bereit, die das Verständnis des Bauherren von der beherbergten Funktion des Gebäudes bzw. der Anlage kommunizieren (ECO 2002: 306ff.). Eindrucksvolle Beispiele für die Kommunikation von Bedeutungen und Bedeutsamkeiten (im Sinne von Wichtigkeit) per Architektur stellen staatliche Repräsentationsbauten wie Regierungsviertel, Parlaments- oder Botschaftsgebäude dar. Deshalb stehen politische Architekturen wie diese häufig im Mittelpunkt architekturtheoretischer Analysen[1] und verstellen den Blick auf Alltagsarchitekturen, deren symbolische Gehalte weniger explizit gestaltet und dadurch evtl. schwerer zu entziffern sind. Arbeiten, die sich dieser Thematik annehmen, setzen sich mit Einzelgebäuden oder ganzen Stadtvierteln auseinander, deren Gestaltung idealisierte Vorstellungen und Wertungen gesellschaftlicher Tätigkeiten offenbaren.[2] Auffällig an Analysen wie diesen ist ein häufig fehlender Bezug zum umgebenden (städtischen) Raum, z. B. in den Wirkungsweisen baulicher Materialitäten oder den konstitutiven Wechselwirkungen von Architektur, Städtebau und dem Städtischen. Das zeigt sich auch in den vereinzelt vorliegenden architekturtheoretischen Arbeiten zu Konsumarchitekturen[3], die deren Geschichte, bautechnische und architektonische Gestaltung, kaum aber deren symbolische Gehalte und Wirkungsweisen für den städtischen Raum behandeln.

Mit symbolischen Aufladungen von städtischem Raum setzt sich jene Stadtforschung auseinander, die der kulturtheoretisch beeinflussten Neuen Kulturgeographie zuzurechnen ist. Im Mittelpunkt stehen dabei soziale Prozesse der Bedeutungsproduktion, -zuweisung und -veränderung städtischen Raums. Trägt eine derartige Stadtforschung zwar wesentlich zum Verständnis von Stadt in ihrer Herstellung über Symboliken und Bedeutungen bei, so wird dabei jedoch das materielle Phänomen Stadt mit seinen baulichen Strukturen häufig vernachlässigt. Die Materialität städtischen Raums ist mitunter Thema der „klassischen" Stadtgeographie. Diese geht jedoch auf das (stadt)raumbildende Element der Architektur bisher nur vereinzelt ein und versteht Architektur überwiegend als Teil physisch-materiell gestalteten Stadtraums. Eine gesonderte Betrachtung dieses struktur- und raumbildenden Elementes und dessen symbolische Aufladungen sind jedoch kaum Thema. So erfassen derartige stadtgeographische Ansätze das Wechselspiel von architektonischer Materialität und ihren symbolischen Wirkungsweisen für das Städtische kaum.

Dass jedoch ein Zusammendenken der materiellen und symbolischen Seite von Architektur auch für die Stadtforschung sehr gewinnbringend sein kann, darauf verweisen, neben KAZIG/WIEGANDT (2006) und FLEISCHMANN/TROSTORFF (2009), einige Arbeiten im Schnittfeld von Stadtgeographie und Neuer Kulturgeographie: Während SCHMID (2009) die symbolischen Architekturen der „themed urban landscapes" von Dubai und Las Vegas in den Blick nimmt oder FLEISCHMANN (2008) Botschaftsbauten betrachtet, setzen sich BASTEN (2005) sowie GERHARD/WARNKE (2007) mit den symbolischen Einschreibungen rand-

---

1   Vgl. z. B. FLAGGE/STOCK (1992), SONNE (2003), WELCH GUERRA (1999).
2   Vgl. FRANK (2006), HANNEMANN (2005), WARHAFTIG (1985).
3   Vgl. DÖRHÖFER (2008), GEIST (1982), HOCQUÉL et al. (1996).

städtischen Wohnungsbaus auseinander. Auf bautypologischer Ebene bearbeiten HASSE (2007) und WUCHERPFENNIG (2006) Parkhäuser bzw. Bahnhöfe und zeigen deren symbolische Aufladungen auf. Methodisch interessante Wege gehen HASSE (2002) und KAZIG (2008) mit dem Atmosphärenkonzept, das (leibliche) Wirkungen von Architektur zu fassen sucht. Arbeiten wie diese behandeln also sowohl bauliche Materialitäten als auch symbolische Gehalte von Architektur. Konsumarchitekturen sind jedoch auch hier, von wenigen Ausnahmen abgesehen (z. B. BRZENCZEK/WIEGANDT 2009), nur selten Thema.

Diese Übersicht architekturtheoretischer und stadtgeographischer Ansätze zeigt, dass Konsumarchitekturen in ihren symbolischen Gehalten und Wirkungsweisen in beiden Disziplinen kaum Thema sind, gleichwohl mit semiotischen Ansätzen ein dafür geeignetes „Analysewerkzeug" etabliert ist. So stellt die architekturtheoretische Perspektive analytische Zugänge zu symbolischen Gehalten von Architektur und Städtebau zur Verfügung, während die stadtgeographische Perspektive den Blick auf deren Wirksamkeiten im Stadtraum und auf Bedeutungen für das Städtische lenkt. Eine Zusammenschau dieser beiden Perspektiven ermöglicht eine Analyse der baulichen Materialität von Konsumarchitekturen in ihren symbolischen Gehalten für den städtischen Raum.

Wesentliche Punkte einer derartigen Analyse von Konsumarchitekturen sind dabei die Folgenden: Konsumarchitekturen sollten nicht isoliert, sondern in ihren lokalen und ggf. regionalen Einbindungen betrachtet werden. Hintergrund dessen ist, dass mögliche symbolische Gehalte (der Existenz) von Konsumarchitekturen von ihren jeweiligen lokalen und regionalen Kontexten sowie dazu bestehenden Bildern und Images beeinflusst werden können. Der Neubau eines Shopping-Centers in einer schrumpfenden Stadt einer strukturschwachen Region beispielsweise kann andere symbolische Gehalte bereithalten als in einer wachsenden Stadt, die im (inter)nationalen Wettbewerb mit anderen Städten steht.

Ebenso sollten stadträumliche Positionierungen sowie ggf. städtebauliche Einpassungen von Konsumarchitekturen in die Analyse einbezogen werden. Zum einen ist es hier von Interesse, in welchen stadträumlichen Kontexten Bedeutungen und Bedeutsamkeiten durch Konsumarchitekturen erzeugt werden (sollen). Eingriffe im Herzen einer Stadt können auf prominente Prozesse der Bedeutungsproduktion verweisen, durch die möglicherweise dominante Lesarten und Images etabliert werden sollen. Zum anderen können die Arten und Weisen städtebaulicher Einpassungen von Konsumarchitekturen Aufschluss über den Umgang mit baulichen und Bedeutungsbeständen des Stadtraumes geben. Werden beispielsweise Gestaltungsprinzipien des baulichen Bestandes aufgenommen, variiert oder weiterentwickelt, kann das ein Hinweis auf Kontinuität sein – im architektonisch-städtebaulichen Sinne wie auch im Sinne der Bedeutungsproduktion im und für das Städtische. Auf das Überprägen von Bedeutungen und die Neuschaffung von Bedeutsamkeiten können architektonische Gestaltungen verweisen, die sich durch das Ignorieren umgebenden baulichen Bestandes oder das Schaffen eines augenfälligen Kontrapunktes auszeichnen.

Jenseits der baulichen Ausgestaltung von Konsumarchitekturen sollten bei ihrer Analyse auch die Planungs- und Realisierungsgeschichte sowie der Typus der Konsumarchitektur berücksichtigt werden. Eine Betrachtung der Planungs- und Realisierungsgeschichte kann den Blick auf Interessenlagen „hinter" Konsumarchitekturen und die Verhandlung jener Bedeutungsgehalte für das Städtische eröffnen, die durch sie erzeugt werden (sollen). Von Belang vermag aber auch der Typus der Konsumarchitektur zu sein, der ebenfalls mit bestimmten Bedeutungsgehalten behaftet und für den Stadtraum wirkungsmächtig sein kann. Schwingt bei einer Passage evtl. nach wie vor der Nimbus kleiner, aber feiner Verkaufseinrichtungen mit, so steht ein Factory-Outlet-Center möglicherweise für Ausverkauf und Minderwertigkeit und kann entsprechende Wirkung im Städtischen entfalten.

Im Anschluss an diese Analyseschritte kann dann die jeweilige Konsumarchitektur in ihrer Außen- und Innengestaltung, ihrer architektursprachlichen Ausformung sowie ihren symbolischen Erzählungen des Innen und Außen in den Blick genommen werden.

Wichtig ist für eine derartige Analyse, die den semiotischen Blick über das Einzelgebäude hinausgehend auch auf umgebenden Stadtraum, Verortungsstrategien sowie lokale und regionale Settings lenkt, dabei Folgendes: Bedeutungen, die durch (Konsum)Architekturen hergestellt werden (sollen), sind abhängig von zeitlichen, gesellschaftlichen und (stadt)räumlichen Kontexten. Gleichwohl also im architekturtheoretischen Diskurs für bestimmte gestalterische Elemente gewisse Bedeutungsgehalte ausgemacht sind, können diese jedoch nicht als absolut und dauerhaft fixiert gelten. Vielmehr werden sie in stetigen Prozessen reproduziert, verändert oder substituiert (Eco 2002:315ff.). Aufgrund dessen ist es zum einen nicht möglich, auf essentialisierende Weise Gestaltungsmomente wie bestimmte Formen, Farben, Materialien etc. mit fixen Bedeutungen gleichzusetzen. Zum anderen leitet sich daraus ebenso ab, dass es von Fall zu Fall unterschiedlich ist, auf welcher der dargestellten Analyseebenen symbolische Aussagen von Konsumarchitekturen zu erkennen sind.

Anhand dreier unterschiedlicher Fälle – einem Shopping-Center im Zentrum einer Stadt, einem Urban-Entertainment-Center im baulichen Bestand einer Innenstadt und einem Factory-Outlet-Center am Stadtrand – soll im Folgenden das Potential einer derartig differenzierenden Analyse aufgezeigt werden.

Konsumarchitekturen von Cottbus bis Ingolstadt

Ein Shopping-Center im Herzen der Stadt: das Cottbuser Blechen Carré

Cottbus, zweitgrößte Stadt Brandenburgs mit derzeit (2011) rund 100.000 EinwohnerInnen, liegt rund 150 km südöstlich Berlins unweit der polnischen Grenze (STADT COTTBUS o. J.). Das kontinuierliche Schrumpfen der Stadt wird im Stadtbild anhand des flächenhaften Abrisses von Großwohnsiedlungen am Stadtrand sowie auch in der Innenstadt an zahlreichen Brachflächen offensichtlich. Im Jahr 2008 wird im Stadtzentrum von Cottbus das Blechen Carré, – benannt nach Carl Blechen, Künstler und berühmter Sohn der Stadt – mit rund 20.000 qm Verkaufsfläche eröffnet (vgl. Abb. 1): ein Shopping-Center der mittleren Größenklasse, das auf fünf Ebenen ca. 80 Geschäfte, Gastronomie- und Servicebetriebe, ein Sportstudio sowie 465 Parkplätze beherbergt (BLECHEN CARRÉ COTTBUS o. J.a).

Abbildung 1 Seitenansicht des Blechen Carrés (Foto: FLEISCHMANN 2009).

Von besonderer Bedeutung ist die stadträumliche Situierung des Blechen Carrés im Herzen der Stadt: Cottbus, seit 1952 Bezirkshauptstadt und Zentrum der DDR-Textil- und Energiewirtschaft, wurde seit den 1960er Jahren bis in die 1980er Jahre zur sozialistischen Großstadt umgestaltet. Herzstück dieser Umgestaltung ist die sogenannte Stadtpromenade, ein neues Stadtzentrum, das der Innenstadt in sinnfälliger Opposition und unmittelbarer Nähe zur Altstadt implantiert wird (KOHLSCHMIDT et al. 2005:78f., vgl. Abb. 2). Als besondere architektonische Auszeichnung neben den neuen Wohnhochhäusern, der Multifunktionshalle und einigen Handels- und Gastronomiebauten fungieren zwei Bauwerke: zum einen die Milch-Mokka-Eis-Bar „Kosmos" mit sternförmigem Grundriss aus dem Jahr 1969 (STREITPARTH/WESSEL 1971:21ff.), zum anderen ein Ensemble aus kubischen Pavillons, Höfen, Pergolen und Brunnen für Gastronomie und Handel aus dem Jahr 1977 (ACKERMANN et al. 2001:300). Als gestalterisches Bonmot kann die Fußgängerbrücke aus dem Jahr 1974 gelten, die äußerst symbolträchtig das altstädtische mit dem sozialistischen Zentrum verbindet (ACKERMANN et al. 2001:301).

Abbildung 2 Stadtpromenade Cottbus (Foto: FRIEBE 1994).

Aufgrund seiner herausragenden städtebaulichen Bedeutung steht dieses Ensemble und der nahe gelegene gründerzeitliche Klinkerbau der Carl-Blechen-Schule seit 1985 unter Denkmalschutz (WIESEMANN 1998:544). Dies verhinderte schon im Jahr 1993 die Realisierung eines Shopping-Centers (LORENZ 2006:180). Im Jahr 2000 jedoch unterstützt die Stadt das Projekt, ein Shopping-Center zwischen dem altstädtischen und sozialistischen Stadtzentrum zu realisieren, mit Nachdruck und gegen deutliche Widerstände. Der Widerstand des Denkmalschutzes gegen die Zerstörung des Gesamtensembles, den Abriss der Carl-Blechen-Schule und der Milch-Mokka-Eis-Bar wird auf ministerialer Verwaltungsebene gebrochen. Der Widerstand der BürgerInnen gegen die Umgestaltung, der sich in Protestaktionen, Initiativen und Unterschriftensammlungen niederschlägt (LORENZ 2006:191), führt zum Erhalt des gründerzeitlichen Schulbaus, der heute Teil des neuen Shopping-Centers ist. Die Milch-Mokka-Eis-Bar dagegen wird, als augenfälliger baulicher Repräsentant der Nachkriegsmoderne der DDR, ebenso wie die Fußgängerbrücke im Jahr 2006 abgerissen. Der Widerstand der Einzelhändler in der altstädtischen Fußgängerzone, die Kaufkraftverluste befürchten, führt 2004 schließlich zum Rückzug des Investors (LORENZ 2006:192f.). Im Jahr 2005 findet sich jedoch ein neuer Projektentwickler, mit dem die Stadt Cottbus nun das Shopping-Center im Herzen der Stadt realisiert (LORENZ 2006:199, vgl. Abb. 3).

Symbolische Aussagegehalte hält das Shopping-Center Blechen Carré weniger in seiner gestalterischen Ausführung bereit, denn vielmehr in seiner stark umkämpften stadträumlichen Verortung zwischen altstädtischem und sozialistischem Zentrum. Stadtzentren des Sozialismus waren in radikaler Abkehr von kapitalistischen Verwertungsinteressen v. a. gesellschaftspolitischen Nutzungen wie dem Wohnen, politischen und kulturellen, gastronomischen und Freizeiteinrichtungen gewidmet (BAUAKADEMIE DER DDR 1979:8ff.). Zwar verfügt Cottbus' ehemals sozialistisches Stadtzentrum nach der Wende 1989 aufgrund der Übernahme des Warenhauses Konsument durch den Kaufhofkonzern über eine Einzelhandelseinrichtung mit rund 12.000 qm (BLECHEN CARRÉ COTTBUS o. J.b:6, vgl. Abb. 3, rechter Bildhintergrund), die Funktion des Wohnens jedoch ist durch die nach wie vor genutzten Wohnhochhäuser im Stadtzentrum optisch wie symbolisch übermächtig.

Abbildung 3 Der keilförmige Bau des Blechen Carrés mit Anbau in seiner stadträumlichen Verortung (Foto: SUNIBLA 2008).

Die Milch-Mokka-Eis-Bar und das Pavillon-Ensemble, beides Bauten, die einst der Gastronomie und Unterhaltung dienten, wurden nach 1989 nicht vermietet und dem Verfall preisgegeben (WIESEMANN 1998:544). Die dadurch gegebene Dominanz der Wohnnutzung lässt sich offenbar nur schwer mit den nun kapitalistischen Verwertungsinteressen der Stadt Cottbus und der entsprechenden symbolischen Bedeutung eines Stadtzentrums in Einklang bringen. Vielmehr scheint das Bedürfnis der Stadt Cottbus als schrumpfende, offensichtlich sozialistisch geprägte Stadt in östlicher Grenzlage groß zu sein, sich kapitalistischen Wachstumserzählungen anzuschließen und dies im Stadtzentrum augenfällig zu kommunizieren. Ein Shopping-Center, sinnfällig positioniert zwischen altstädtischem und sozialistischem Zentrum, übernimmt ganz offensichtlich diese Aufgabe – trotz aller Bedenken des Denkmalschutzes, der BürgerInnen, der ansässigen HändlerInnen und der Existenz großer, ebenfalls geeigneter Brachflächen am Altstadtrand. Denn eine mangelnde Versorgungssituation dürfte nicht das Argument für den Bau des Blechen Carrés sein: Das Cottbuser Stadtzentrum verfügt mit dem Warenhaus Galeria Kaufhof mit 12.000 qm (BLECHEN CARRÉ COTTBUS o. J.b:6), dem fußläufig entfernten Shopping-Center „Spreegalerie" mit 20.000 qm Verkaufsfläche (WERBEGEMEINSCHAFT SPREEGALERIE o. J.) und weiteren Verkaufsflächen der altstädtischen Fußgängerzone über ein ausreichendes und differenziertes Warenangebot. So liegt die Interpretation nahe, dass mit der Realisierung des Blechen Carrés BewohnerInnen, Arbeitgebenden und InvestorInnen eine glaubhafte Erzählung von wirtschaftlicher Prosperität, Wachstumsgläubigkeit und Zuversicht präsentiert werden soll. Deshalb muss das Blechen Carré in augen- und sinnfälliger Opposition zum sozialistischen Stadtzentrum positioniert sein – gerade so wie letzteres einst die Opposition zur kapitalistischen Altstadt nutzte, um die Dominanz des sozialistischen Staatssystems vor Augen zu führen. Damit sich die „neue Mitte" (BLECHEN CARRÉ COTTBUS o. J.b) noch nachhaltiger in den Stadtraum einschreibt, wird im Sommer 2011 das Pavillon-Ensemble für den Erweiterungsbau des Blechen Carrés mit weiteren 6.500 qm Verkaufsfläche abgerissen (BLECHEN CARRÉ COTTBUS o. J.b). Nach Realisierung dieses Erweiterungsbaus dürften die neuen Bedeutungsgehalte, die dem Cottbuser Stadtzentrum auf diese Weise zugeschrieben werden sollen, nicht mehr zu übersehen sein.

Ein Urban-Entertainment-Center im baulichen Bestand der Innenstadt: das Weimar Atrium

In Weimar, einer wachsenden Stadt von aktuell (2011) rund 65.000 EinwohnerInnen (STADTVERWALTUNG WEIMAR o. J.) in der thüringischen Impulsregion Erfurt-Weimar-Jena, wird 2005 das Weimar Atrium, ein Urban-Entertainment-Center in Innenstadtlage zwischen Bahnhof und Altstadt eröffnet (WEIMAR ATRIUM o. J.a, vgl. Abb. 4). Auf rund 40.000 qm Nutzfläche, drei Geschossen und mit 840 Tiefgaragen-Parkplätzen bietet dieses Center rund 50 Geschäften des üblichen Branchenmixes, verschiedenen Sport- und Freizeiteinrichtungen, einer Filiale der Tourist-Information Weimar sowie einem Kino Platz (WEIMAR ATRIUM o. J.b).

Im Gegensatz zu vielen anderen Innenstadt-Centern dieser Dimension benötigt das Weimar Atrium jedoch keinen Neubau, sondern nutzt einen Teil des symbolisch hoch aufgeladenen baulichen Bestandes des ehemaligen nationalsozialistischen Gauforums. Das Weimarer Gauforum wurde in der Zeit von 1936 bis 1945 als repräsentativer Partei- und Verwaltungssitz sowie als Versammlungsort der NSDAP realisiert (KORREK et al. 2001:9). In seiner innerstädtischen Lage, enormen baulichen Dimensionierung und spezifischen Architektursprache schreibt das Gauforum den Führungsanspruch der Partei nachhaltig in den Stadtraum Weimars ein (KORREK et al. 2001:27). Die sogenannte „Halle der Volksgemeinschaft" für 20.000 Menschen, zentraler Bezugspunkt und Hauptbau der Gesamtanlage (KORREK 1996:31), konnte lediglich in ihrer tragenden Spannbeton-Konstruktion realisiert werden, bevor die Arbeiten 1944 eingestellt wurden und der Rohbau bis 1969 nahezu unverändert bestehen blieb (KORREK et al. 2001:63ff.).

Abbildung 4 Seitenansicht des Weimar Atrium mit Haupteingang (Foto: FLEISCHMANN 2010).

In den 1970er Jahren jedoch wurde das Gebäude zum sozialistischen Mehrzweckbau mit Bildungs-, Gastronomie- und Freizeiteinrichtungen, Lager- und Produktionsbetrieben ausgebaut und mittels einer vertikalen Lamellenstruktur in die Spätmoderne transferiert. Die politische Wende 1989 brachte dem Gebäude verschiedene Zwischennutzungen und Leerstand (KORREK et al. 2001:83ff.), bevor im Jahr 2004 der Umbau zum Weimar Atrium begann (WEIMAR ATRIUM o. J.a).

Umnutzungen baulichen Bestandes bringen zwangsläufig Auseinandersetzungen mit der Geschichtlichkeit und Symbolik des Ortes bzw. Gebäudes mit sich – einerlei, ob sich dies in einem gestalterischen Ignorieren oder Bezugnehmen niederschlägt. Im Fall des Weimar Atriums nimmt Geschichtlichkeit eine gewisse Leitfunktion für die Umgestaltung der ehemaligen „Halle der Volksgemeinschaft" ein: Der monolithische Baukörper, der auf einem farblich abgesetzten, teils verspiegelten Sockel lagert, ist komplett in eine teiltransparente Textilfassade gehüllt. Diese lässt einerseits die vertikale Lamellenstruktur der sozialistischen Außenfassade und damit die Vergangenheit durchscheinen, andererseits ist sie mit Ausschnitten aus Manets „Frühstück im Grünen" sowie Da Vincis „Dame mit Hermelin" bedruckt (WEIMAR ATRIUM o. J.a, vgl. Abb. 4). Laut verantwortlichen Architekten dienen diese Darstellungen als kollektive Erinnerungsbilder, die „das Selbstverständnis einer Zeit und Gesellschaft sowie deren Wandel in der Rezeption" (WEIMAR ATRIUM – DAS CENTERMANAGEMENT o. J.) reflektieren. Da sich diese Lesart nur wenigen Nutzenden und Betrachtenden des Weimar-Atriums erschließen dürfte, ist davon auszugehen, dass diese Bildausschnitte mit der in Weimar allgegenwärtigen Klassik assoziiert werden. Teil des Umbaukonzeptes ist es zudem, den gesamten Baukörper frei von Werbung zu halten und diese auf drei großflächige Werbetafeln zu konzentrieren, die um das Gebäude herum platziert sind (WEIMAR ATRIUM – DAS CENTERMANAGEMENT o. J., vgl. Abb. 4, linker Bildrand). Im Inneren des introvertierten Gebäudes kommen, aller Geschichtlichkeit zum Trotz, die üblichen Gestaltungs- und Organisationsprinzipien aktueller Shopping- und Entertainment-Center zum Einsatz und stellen eine helle, von Glas, Stein und Kunstlicht geprägte Unterhaltungswelt her. Bekrönt wird diese Shoppingwelt durch die Eventetage im obersten Geschoss des Weimar Atriums, die mittels Kulissenarchitektur in Form eines „italienischen Dorfes" mit Gassen und Plätzen vor vermeintlich neoklassizistischen Häuserfassaden inszeniert ist (vgl. Abb. 5).

Abbildung 5   Kulissenarchitektur der Eventetage des Weimar Atrium (Foto: FLEISCHMANN 2010).

Die Verbindung zur Geschichtlichkeit wird hier, so ein Flyer des Centermanagements, durch den gestalterischen Bezug auf Italien hergestellt, der auf Goethes große Italien-Verehrung, Weimarer Bautraditionen des Neoklassizismus und die guten Beziehungen Weimars zur italienischen Partnerstadt Siena rekurriert (WEIMAR ATRIUM o. J.a). Ist man in diesem Geschoss also um eine überzeugende Erzählung von entspannter südländischer Lebensart bemüht, die Urlaubsassoziationen zu wecken sucht, so wird doch ausgerechnet hier die Inszenierung des angenehm gedankenlosen Seins im vermeintlichen Italien löchrig. Denn durch die hier existierenden öffentlichen Austritte auf einen großen Balkon wird die Umhüllung der Außenfassade durchbrochen und der Blick aus der Scheinwelt des Center-Inneren auf die Realität der nationalsozialistischen Bauten freigegeben (vgl. Abb. 6). Zwar wird dieser Balkon nicht in großem Stil in Szene gesetzt, bei geeignetem Wetter jedoch wird er als Terrasse eines Cafés genutzt und von den BesucherInnen gut angenommen. So ist dies der Ort, an dem die aufwendige Inszenierung der konsumistischen Sorglosigkeit und der Geschichtsbezüge in sich

Abbildung 6   Blick vom Balkon der Eventetage auf das ehemalige Gauforum (Foto: FLEISCHMANN 2010).

zusammen fällt und inszenierte Geschichten mit realer Geschichtlichkeit der Center-Vergangenheit konfrontiert werden. Inwiefern diese Verbindung des Innen und Außen des Weimar Atriums intendierter Bestandteil des gestalterischen Konzeptes ist, das auf die Geschichtlichkeit des Ortes rekurriert, ist unklar. So greift die architektonische Umgestaltung der ehemaligen Volks- bzw. Mehrzweckhalle zum Urban-Entertainment-Center die gegebene Geschichtlichkeit des Ortes zwar auf. In ihrem Changieren zwischen Klassik und Sozialismus, künstlicher Rigipserzählung und nationalsozialistischer Vergangenheit scheint sie jedoch nicht konsistent genug, um dem durch das ehemalige Gauforum geprägten Stadtraum neue Bedeutungsgehalte zuweisen zu können. Auf diese Weise entsteht eine sehr eigenartige Situation zwischen der introvertierten Sorglosigkeit eines Shopping-Centers und der extrovertierten Ernsthaftigkeit eines faktischen Mahnmals im innerstädtischen Raum Weimars.

Ein Factory-Outlet-Center am Stadtrand: das Ingolstadt Village

Im Gegensatz zum Weimar Atrium scheint es beim Ingolstadt Village, einem Factory-Outlet-Center im Ingolstädter Gewerbegebiet Nord-Ost, kaum bedeutsame Geschichte zu geben, die in der Gestaltung zu berücksichtigen wäre. Vielmehr könnte sich das Village ebenso in anderen Gewerbegebieten nahe einer Autobahnausfahrt befinden. Denn das Ingolstadt Village steht, abgesehen von seiner ökonomisch bedingten Standortwahl, nicht in Beziehung zu seiner Umgebung. Im Jahr 2005 als großflächiges Factory-Outlet-Center eröffnet, ist es eines von neun Villages, die der Betreiber Value Retail PLC unter dem Label *Chic Outlet Shopping* in ganz Europa unterhält (VALUE RETAIL PLC o. J., vgl. Abb. 7). Auf einer Verkaufsfläche von rund 20.000 qm wird in rund 110 Geschäften ganzjährig Überschuss- und Vorsaisonware internationaler Mode- und Designermarken zu reduzierten Preisen angeboten (VALUE RETAIL PLC 2011b). Komplettiert wird das Angebot durch gastronomische Einrichtungen, eine Touristeninformation, einen Kinderspielplatz, 1.200 centereigene Parkplätze sowie einen kostenlosen Hundebetreuungsservice, da Hunde im Village nicht gestattet sind (VALUE RETAIL MANAGEMENT [INGOLSTADT VILLAGE] GMBH 2011a).

Abbildung 7 Innenansicht des Ingolstadt Village (Foto: FLEISCHMANN 2012).

Entscheidender Standortfaktor des zentral in Bayern an der Autobahn A9 gelegenen Ingolstadt Village ist seine gute PKW-Erreichbarkeit von München und Nürnberg aus sowie die Tatsache, dass die Region eine hohe Wirtschafts- und Kaufkraft aufweist (VALUE RETAIL PLC 2011b). Besonders hervorgehoben wird die architektonische Gestaltung des Ingolstadt Village, das als Abfolge kleiner Ladengeschäfte in einem vermeintlichen Straßenzug als kleinstädtisches Ambiente unter freiem Himmel inszeniert wird (vgl. Abb. 7). Als gestalterische Vorbilder werden die Folgenden benannt: „The architecture of Ingolstadt Village is inspired by the tradition of European textile mills and industrial estates of the late 19th and early 20th centuries. With hand-painted detailing drawn from the German decorative arts tradition of the period, the buildings and public spaces interweave art and industry, creating a shopping venue unique in all of Europe" (VALUE RETAIL PLC 2011b).

Jenseits dieser Werberhetorik ist das Innere des Ingolstadt Village von einer Kulissenarchitektur diverser Stilrichtungen bestimmt, die der Maßstäblichkeit der Einkaufsstraße entsprechend auf ein Geschoss zugeschnitten ist. Um die normierten Größen und die Gleichförmigkeit der einzelnen Ladengeschäfte zu kaschieren, werden per Vor- und Rücksprüngen, Türmchen, Erkern, Gauben und Blendgiebeln, bunter Farbigkeit und unterschiedlicher Materialität unterschiedliche Fassaden konstruiert. Die Außenansicht des Village hingegen verstellt kaum seine bauökonomische Optimierung in Form einfacher, ungestalteter Gebäuderückseiten und verstärkt umso mehr den Kulissencharakter seines Inneren (vgl. Abb. 8).

Abbildung 8 Außenansicht des Ingolstadt Village (Foto: FLEISCHMANN 2012).

Über symbolische Aussagegehalte verfügt diese Konsumarchitektur in ihrer stadträumlichen Positionierung, der Art ihrer architektonischen Gestaltung, ihrer Benennung und ihrem Sicherheitskonzept vor dem Hintergrund ihres spezifischen Warenangebotes. Das vom Betreiber kommunizierte Argument für die stadträumliche Positionierung des Village im Gewerbegebiet Ingolstadts ist die für die automobile Kundschaft optimale Verkehrsanbindung an die Autobahn (VALUE RETAIL MANAGEMENT [INGOLSTADT VILLAGE] GMBH 2011b:o. S.). Für Factory-Outlet-Center ist eine Positionierung außerhalb von Innenstädten üblich, um Konkurrenzen zwischen reduziertem und normalpreisigem Markenangebot zu vermeiden (HOLL 2004:64). Auf symbolischer Ebene scheint es zudem für viele Städte nicht attraktiv, ein Shopping-Center im Stadtinneren mit Waren zweiter Wahl, aus Vorjahreskollektionen, Retouren, Auslaufmodellen und Produktionsüberhängen anzusiedeln. Zu wirkungsmächtig könnten Assoziationen von Ausverkauf, Minderwertigkeit oder geringer wirtschaftlicher Leistungskraft sein, die ein derartiges Center in der Innenstadt hervorrufen könnte. Eine Umgebung zu schaffen, die diesen Assoziationen entgegenwirkt, ist aufgrund der geringen gestalterischen Bauauflagen in Gewerbegebieten sehr gut möglich. Daher ist das Ingolstadt Village in einem Gewerbegebiet lokalisiert und imitiert dort per Kulissenarchitektur einen Straßenzug, „eine Welt, die weit entfernt vom geschäftigen Treiben der Stadt ist" (VALUE RETAIL PLC 2011a). Interessant ist dabei der offensichtliche Gegensatz zwischen Gestaltung und Benennung des Factory-Outlet-Centers: Gleichwohl es sich hier offensichtlich um eine Gestaltung in Anlehnung an städtische und keinesfalls dörfliche Architekturen handelt, bevorzugt der Betreiber des Centers die Bezeichnung *Village*. Diese Widersprüchlichkeit könnte in den unterschiedlichen Assoziationen zu Dorf und Stadt begründet sein: Während mit einem „Dorf" Idylle und Ruhe, Beschaulichkeit, Sicherheit und Überschaubarkeit assoziiert werden können, sind dies bei einer „Stadt" evtl. Unruhe, Hektik, Lärm, Störungen durch Verkehr und Menschen. Das Bild der dörflichen Idylle geht dabei Hand in Hand mit den Verhaltensregulierungen und dem Sicherheitskonzept, deren Einhaltung durch das anwesende Sicherheitspersonal überwacht wird. Kinder können wahlweise mit ins Village genommen werden oder sich auf dem „tollen Outdoor-Kinderspielplatz" (VALUE RETAIL MANAGEMENT [INGOLSTADT VILLAGE] GMBH 2011a) an einem der Zugänge des Village vergnügen. Denn im Gegensatz zur Hundebetreuung existiert im Ingolstadt Village keine Kinderbetreuung. Jenseits davon bietet das Gestaltungs- und Sicherheitskonzept des Village seiner Kundschaft möglicherweise eine Art geschützten Raum zur unbeobachteten Konsumtion reduzierter Markenware, die durch die aufwendige gestalterische Inszenierung des Factory-Outlets der Schmuddelecke des Fabrikverkaufs enthoben wird. Zwar ist man dabei mit dem zwitterartigen Wesen des Village zwischen Dorf und Stadt nicht über das Gewerbegebiet hinausgekommen, womöglich hat diese Form des Konsums jedoch aufgrund ihrer symbolischen Aufladungen im innerstädtischen Kontext keinen Platz.

Konsumarchitekturen weiter denken

Die dargestellten Beispiele machen symbolische Gehalte von Konsumarchitekturen in ihrer Unterschiedlichkeit und ihren konstitutiven Momenten für das Städtische deutlich: Der Fall Cottbus zeigt, auf welche Weise durch die sinnfällige Positionierung eines Shopping-Centers Erzählungen von wirtschaftlicher Prosperität in den Raum einer ostdeutschen, schrumpfenden Stadt eingeschrieben werden. Das Beispiel Weimar legt dar, wie durch die Umgestaltung baulichen Bestandes zu einem Urban-Entertainment-Center einem symbolisch hoch aufgeladenen Innenstadtraum neue Bedeutungsgehalte zugewiesen werden können. Das Ingolstadt Village macht deutlich, auf welche Weise durch aufwendige architektonische Inszenierung am Stadtrand ein Ort für den Konsum von Outletware geschaffen wird, der aufgrund seiner symbolischen Aufladungen keinen Platz im Innerstädtischen zu haben scheint.

Deutlich werden auch die Potentiale einer Analyse, die architekturtheoretische und stadtgeographische Ansätze in der vorgeschlagenen Weise zusammenbindet: Bedeutungsgehalte von Konsumarchitekturen, die bei einer ausschließlichen Betrachtung des Einzelbaus nicht ins Auge fallen, können durch einen weiterführenden Blick auf umgebenden Stadtraum, Verortungsstrategien sowie lokale und regionale Settings gehoben werden. Auf diese Weise vermag eine derartige Analyse nicht nur Aussagen zu Konsumarchitektur als Spiegelbild von ökonomischen Prozessen, Handel und Konsum zu generieren. Darüber hinaus wird der Blick auf den konstitutiven Zusammenhang von Handel, Konsum und das Städtische gelenkt, der sich in der Existenz, Verortung und Gestaltung von Konsumarchitekturen manifestieren kann.

Die gegenwärtige Situation von Städten kann als ein Wettbewerb um wirtschaftliche Aufmerksamkeit verstanden werden, in dem Konsumarchitekturen eine besondere Rolle einzunehmen scheinen. Mittels Konsumarchitekturen werden nicht mehr nur Waren und Dienstleistungen, sondern ganze Städte (mit) „verkauft" – sei es mittels schlichter Shopping-Center in schrumpfenden Städten oder mittels aufwendiger Intarsien im Baukörper wachsender Städte. Eine differenzierte Analyse von Konsumarchitekturen leistet also nicht nur einen Beitrag zu einer geographischen Konsumforschung, die sich mit Orten des Handels und Konsums auseinandersetzt. Vielmehr trägt sie grundlegend zum Verständnis der symbolischen und konstitutiven Wirkungsweisen von Konsumarchitekturen auf und für das Städtische bei.

Bibliographie

ACKERMANN, I./CANTE, M./MUES, A. (2001): Stadt Cottbus, Teil 1. Denkmaltopographie Bundesrepublik Deutschland. Denkmale in Brandenburg 2.1. Worms a. Rh.
BARTHES, R. (2003): Mythen des Alltags. Frankfurt a.M.
BASTEN, L. (2005): Postmoderner Urbanismus. Gestaltung in der städtischen Peripherie. Münster.
BAUAKADEMIE DER DDR (1979): Architektur in der DDR. Berlin.
BESEMER, S. (2004): Shopping Center der Zukunft. Planung und Gestaltung. Wiesbaden.
BLECHEN CARRÉ COTTBUS (o. J.a): Das Center. <www.blechen-carre.de/Das_Center.html> (Letzter Zugriff: 25.04.2011).
BLECHEN CARRÉ COTTBUS (o. J.b): Die neue Mitte. Cottbus BLECHEN carré Bauabschnitt 2. <www. blechen-carre.de/dateien/veranstaltungen/Blechen_carreB2.pdf> (Letzter Zugriff: 25.04.2011).
BRZENCZEK, K./WIEGANDT, C. C. (2009): Zwischen Leuchten und Einfügen – Einzelhandelsarchitektur in Innenstädten. In: Geographische Rundschau 61, 7–8, 10–18.
DÖRHÖFER, K. (2008): Shopping Malls und neue Einkaufszentren. Urbaner Wandel in Berlin. Berlin.
ECO, U. (2002): Einführung in die Semiotik. München.
FLAGGE, I./STOCK, W. J. (1992): Architektur und Demokratie. Bauen für die Politik von der amerikanischen Revolution bis zur Gegenwart. Ostfildern-Ruit.
FLEISCHMANN, K. (2008): Botschaften mit Botschaften. Von Raumbilden und einer Neuen Länderkunde. Wahrnehmungsgeographische Studien 24. Oldenburg.
FLEISCHMANN, K./TROSTORFF, B. (2009): Von Materialität und Symbolik. Politische Architekturen im städtischen Raum. In: Berichte zur deutschen Landeskunde 83, 2, 163–176.
FRANK, S. (2006): Suburbias Frauen – am Rande oder im Zentrum der Gesellschaft? In: Wolkenkuckucksheim. Internationale Zeitschrift zur Theorie der Architektur 10, 1, o. S.

FRIEBE, J. (1994): Das Cottbuser Stadtzentrum im Sommer 1994. Lausitz-Bild.de <www.lausitz-bild.de/galerien/luftbild_cottbus/source/cd_1363_86.html> (Letzter Zugriff: 28.03.2012).

GEIST, J. F. (1982): Passagen. Ein Bautyp des 19. Jahrhunderts. München.

GERHARD, U./WARNKE, I. H. (2007): Stadt und Text. Interdisziplinäre Analyse symbolischer Strukturen einer nordamerikanischen Vorstadt. In: Geographische Rundschau 59, 7/8, 36–42.

HANNEMANN, C. (2005): Die Platte. Industrialisierter Wohnungsbau in der DDR. Berlin.

HASSE, J. (2002): Die Atmosphäre einer Straße. Die Drosselgasse in Rüdesheim am Rhein. In: HASSE, J. (Hrsg.): Subjektivität in der Stadtforschung. Natur – Raum – Gesellschaft 3. Frankfurt a.M., 61–113.

HASSE, J. (2007): Übersehene Räume. Zur Kulturgeschichte und Heterotopologie des Parkhauses. Bielefeld.

HOCQUÉL, W./KELLERMANN, F./PFEIFER, H.-G./SCHREIBER, M./WEIß, K.-D./ZEIDLER, E. H. (1996): Architektur für den Handel. Kaufhäuser, Einkaufszentren, Galerien. Geschichte und gegenwärtige Tendenzen. Basel u.a.

HOLL, C. (2004): Factory-Outlet-Center in Wertheim und Metzingen: Erben, nicht Vorläufer. Eine Herausforderung für die Stadt. In: deutsche bauzeitung. Zeitschrift für Architekten und Bauingenieure 138, 4, 63–67.

JUNKER, R./KÜHN, G./NITZ, C./PUMP-UHLMANN, H. (2008): Wirkungsanalyse großer innerstädtischer Einkaufscenter. Berlin.

KAZIG, R. (2008): Typische Atmosphären städtischer Plätze. Auf dem Weg zu einer anwendungsorientierten Atmosphärenforschung. In: Die alte Stadt 35, 2, 147–160.

KAZIG, R./WIEGANDT, C. C. (2006): Zur Stellung von Architektur im geographischen Denken und Forschen. In: Wolkenkuckucksheim. Internationale Zeitschrift für Theorie und Wissenschaft der Architektur 10, 1, o. S.

KOHLSCHMIDT, A./KOHLSCHMIDT, S./KLÄBER, T. (2005): Cottbus 1156–2006. 850 Jahre. Cottbus.

KORREK, N. (1996): Das ehemalige Gauforum Weimar – Chronologie. In: BAUHAUS-UNIVERSITÄT WEIMAR – DER REFERENT FÜR ÖFFENTLICHKEIT UND MEDIEN (Hrsg.): Vergegenständlichte Erinnerung. Perspektiven einer janusköpfigen Stadt. Weimar.

KORREK, N./ULBRICHT, J. H./WOLF, C. (2001): Das Gauforum in Weimar. Ein Erbe des Dritten Reiches. Vergegenständlichte Erinnerung 3. Weimar.

LORENZ, W. (2006): Von der großen Belagerung der Stadt Cottbus. In: BRUNE, W./JUNKER, R./ PUMP-UHLMANN, H. (Hrsg.): Angriff auf die City. Kritische Texte zur Konzeption, Planung und Wirkung von integrierten und nicht integrierten Shopping Centern in zentralen Lagen. Düsseldorf, 177–199.

PFEIFER, H.-G. (1996): Architektur für den Handel. Kaufhäuser, Einkaufszentren, Galerien, Geschichte und gegenwärtige Tendenzen. Basel.

SCHAMBERGER-LANG, R. (2006): Kaufhaus. In: SEIDL, E. (Hrsg.): Lexikon der Bautypen. Funktionen und Formen der Architektur. Stuttgart, 267–270.

SCHMID, H. (2009): Economy of fascination. Dubai and Las Vegas as themed urban landscapes. Urbanization of the earth/Urbanisierung der Erde 11. Berlin/Stuttgart.

SONNE, W. (2003): Representing the state. Capital city planning in the early twentieth century. München u.a.

STADT COTTBUS (o. J.): Cottbus auf einen Blick. <www.cottbus.de/gaeste/wissenswertes/index.html> (Letzter Zugriff: 06.03.2012).

STADTVERWALTUNG WEIMAR (o. J.): Einwohner.<http://stadt.weimar.de/ueber-weimar/statistik/weimar-in-zahlen/bevoelkerung/> (Letzter Zugriff: 29.04.2011).

STREITPARTH, J./WESSEL, G. (1971): Milch-Mocca-Bar „Kosmos". In: Deutsche Architektur 20, 1, 21–23.

SUNIBLA (2008): Cottbus Zentrum. Wikimedia Commons, <http://upload.wikimedia.org/wikipedia/commons/f/f1/Cottbus_zentrum.jpg> (Letzter Zugriff: 28.03.2012)

VALUE RETAIL MANAGEMENT (INGOLSTADT VILLAGE) GMBH (2011a): Services & Einrichtungen. <www.ingolstadtvillage.com/de/besuch-planen/uber-das-ingolstadt-village/service-und-einrichtungen/services-und-einrichtichtungen> (Letzter Zugriff: 29.04.2011).

VALUE RETAIL MANAGEMENT (INGOLSTADT VILLAGE) GMBH (2011b): Über das Ingolstadt Village. <www.ingolstadtvillage.com/de/besuch-planen/uber-das-ingolstadt-village/uber-das-ingolstadt-village> (Letzter Zugriff: 29.04.2011).

VALUE RETAIL PLC (2011a): München Ingolstadt Village. <www.chicoutletshopping.com/de/plan-your-visit/ingolstadt-village/ingolstadt-village (Letzter Zugriff: 29.04.2011).

VALUE RETAIL PLC (2011b): Ingolstadt Village. <www.valueretail.com/the-villages/ingolstadt-village> (Letzter Zugriff: 09.04.2012).

VALUE RETAIL PLC (o. J.): Die Villages. <www.chicoutletshopping.com/de/villages/villages> (Letzter Zugriff: 29.04.2011).

WARHAFTIG, M. (1985): Emanzipationshindernis Wohnung. Die Behinderung der Emanzipation der Frau durch die Wohnung und die Möglichkeit zur Überwindung. Köln.

WEIMAR ATRIUM (o. J.a): Das Atrium – ein Begriff & drei Bedeutungen. Centerinformation. o. O.

WEIMAR ATRIUM (o. J.b): Weimar Atrium. Einkaufen Erleben 3D Kino. <www.weimar-atrium.de/center_start.aspx> (Letzter Zugriff: 29.04.2011).

WEIMAR ATRIUM – DAS CENTERMANAGEMENT (o. J.): Erklärung zur Architektur und Fassadengestaltung des „Weimar Atrium's" für unsere Besucher. Informationstafel im Eingangsbereich des Weimar Atriums. Weimar.

WELCH GUERRA, M. (1999): Hauptstadt Einig Vaterland. Planung und Politik zwischen Bonn und Berlin. Berlin.

WERBEGEMEINSCHAFT SPREEGALERIE (o. J.): Die Spreegalerie – der City-Einkaufstreff in Cottbus. <www.spreegalerie.de/> (Letzter Zugriff: 25.04.2011).

WIESEMANN, G. (1998): Architektur des 20. Jahrhunderts (32): Die Milch-Mokka-Bar in Cottbus von Jörg Streitparth und Gerd Wessel (1969). In: Der Architekt 47, 10, 5–44.

WUCHERPFENNIG, C. (2006): Bahnhof – (stadt)gesellschaftlicher Mikrokosmos im Wandel. Eine „neue kulturgeographische" Analyse. Wahrnehmungsgeographische Studien 22. Oldenburg.

Einkaufsatmosphären

Eine alltagsästhetische Konzeption

Rainer Kazig

Einführung

Einkaufsatmosphären als Forschungsthema zu erheben, scheint einen weiteren Schritt der Lösung vom Bild des rational handelnden Kunden und Konsumenten in der Handelsforschung darzustellen. Frank SCHRÖDER (2003) hat in einem Aufsatz zu den Menschenbildern in der geographischen Einzelhandelsforschung den weit reichenden Einfluss dieses insbesondere auf Walter CHRISTALLER zurückgehenden Modells herausgearbeitet, dessen Erklärungswert in jüngerer Zeit allerdings verstärkt hinterfragt wird. Besonders die Verbreitung des Konzepts des Erlebniseinkäufers (FREHN 1998, GERHARD 1998), nach dem Einkaufen nicht mehr als Versorgungs-, sondern als Freizeitbeschäftigung angesehen wird, hat verdeutlicht, dass Einkaufsaktivitäten heute allein ausgehend vom Bild des Homo oeconomicus nicht mehr adäquat thematisiert werden können. Auch der im Folgenden im Fokus stehende Begriff der Einkaufsatmosphären, der den Einfluss des sinnlichen Erscheinens der Einkaufsorte auf Einkaufsaktivitäten herausstellt, ist mit dem Bild eines ökonomisch rational handelnden Konsumenten nur schwer in Einklang zu bringen.

Während die Idee des Erlebniseinkaufs bereits in den 1990er Jahren in der deutschsprachigen geographischen Handelsforschung Einzug gefunden hat, wurden Einkaufs*atmosphären* hier bisher nicht berücksichtigt. Die angelsächsische Diskussion kann hingegen unter dem Begriff der Shoppingatmosphären auf eine fast 40jährige Tradition der Auseinandersetzung mit dieser Thematik zurückblicken. Nach dem grundlegenden Beitrag von KOTLER (1973) hat sich die Untersuchung von Shoppingatmosphären dort als Thematik in der Umweltpsychologie und Marketingforschung etabliert. In ihrer Bestandsaufnahme der Forschung zu Shoppingatmosphären im Jahr 2000 konnten TURLEY/MILLIMAN (2000) bereits 60 veröffentlichte empirische Arbeiten in diesem Feld ausmachen. Seitdem ist die Zahl der Beiträge weiter angestiegen, ohne dass sich eine Sättigung des Forschungsfeldes abzeichnet. Vielmehr scheinen neue Handelsformen und neue

Techniken der Gestaltung von Verkaufsräumen Anlass für immer neue Arbeiten zu bieten.[1]

Seit der Arbeit von DONOVAN/ROSSITER (1982), die das von James A. RUSSELL und Albert MEHRABIAN (1974) entwickelte *Stimulus-Organismus-Response* Schema (S-O-R) für die Forschung zu Shoppingatmosphären fruchtbar gemacht haben, baut die Forschung überwiegend auf diesem Modell auf. Sie geht dabei von einem unmittelbaren, kurzfristig wirkenden Zusammenhang der sinnlich erfahrbaren Umgebungsqualitäten auf das Einkaufsverhalten aus (LAM 2001). Damit wird in dieser Forschungstradition von einem verführbaren Konsumenten ausgegangen, der durch die „richtigen" Reize aus der Umwelt letztendlich zu höheren Ausgaben verführt werden kann. Die Leistung dieser umweltpsychologischen Forschungsperspektive wurde mit Verweis auf zum Teil widersprüchliche bzw. nicht verallgemeinerbare Ergebnisse zum Einfluss atmosphärischer Elemente auf das Einkaufsverhalten in jüngerer Zeit in Frage gestellt (GRANDCLÉMENT 2004). Die aufgedeckten Widersprüche zwischen den Ergebnissen verschiedener Forschungsarbeiten sind aus der Sicht der Humangeographie nicht überraschend, da in ihrer Disziplingeschichte mehrfach kritisiert wurde, dass die verhaltenstheoretischen Ansätze mit dem zugrunde liegenden Reaktionsmodell die Komplexität menschlicher Aktivitäten ungenügend abbilden (WEICHHART 2008:243).

Die Bedeutung von Atmosphären für Einkaufsaktivitäten ist deshalb jedoch nicht grundsätzlich in Frage zu stellen. Sie muss allerdings in anderer Weise gefasst werden. In diesem Sinn wird hier zunächst einmal vorgeschlagen, den Fokus nicht mehr wie bisher auf die unmittelbaren und kurzfristigen Reaktionen der Kunden auf die Einkaufsumwelten zu richten, sondern deren längerfristige Bedeutung bei der Wahl von Einkaufsstätten ins Zentrum der Forschung zu rücken. Diese Perspektive findet durchaus Anschluss an bereits bestehende Arbeiten in der Einzelhandelsforschung. So konnte beispielsweise KAGERMEIER (1991:68ff.) zeigen, dass die Einkaufsatmosphäre ein relevantes Kriterium bei der Beurteilung der Versorgungsattraktivität und der Einkaufsstättenwahl darstellt. Dabei unterbleibt jedoch eine explizite Auseinandersetzung mit der Frage, wie das Zusammenspiel von Atmosphären und Einkaufsverhalten überhaupt zu denken ist. Sie ist indes notwendig, wenn man grundsätzlich verstehen möchte, wieso Einkaufsatmosphären neben der verkehrlichen Erschließung oder der Angebotssituation ein eigenständiges Kriterium bei der Einkaufsstättenwahl darstellen.

Der folgende Beitrag setzt deshalb sehr grundsätzlich an und führt zunächst einmal einige Überlegungen aus der Alltags- und Umweltästhetik ein, die das hier zugrunde liegende alltagsästhetische Verständnis von Atmosphären verdeutlichen. Hieran anschließend wird auf theoretischer Ebene hergeleitet, wie das ästhetische Vernehmen von Atmosphären und Einkaufsaktivitäten zusammenhängen. Schließlich wird anhand einer explorativen Untersuchung gezeigt, wie Einkaufsatmosphären als alltagsästhetisches Phänomen tatsächlich zum Tragen kommen und bei der Wahl von Einkaufsorten in Betracht gezogen werden.

---

1   Vgl. MANGANARI et al. (2009), MORRISON et al. (2011).

Atmosphären als Konzept der Alltagsästhetik

Insbesondere in der angelsächsischen Literatur hat in jüngerer Zeit die Alltagsästhetik einen Platz als eigenständiger Teilbereich der philosophischen Ästhetik gefunden.[2] Diese Entwicklung begründet sich in der Einsicht, dass ästhetische Einstellungen und Wahrnehmungen auch außerhalb der Kunst – dem traditionellen Gegenstandsbereich der Ästhetik – von Bedeutung sind. Dabei hat auch die Konzeptionalisierung des Ästhetischen eine Entwicklung und Erweiterung erfahren, da die ästhetische Dimension des alltäglichen Lebens mit den herkömmlichen, für den Bereich der Kunst entwickelten Vorstellungen und Begrifflichkeiten nur unzureichend erfasst werden kann.[3] Während die angelsächsische Diskussion vielfach durch Bemühungen gekennzeichnet ist, mit neuen Ansätzen und Begriffen die Besonderheiten alltäglichen ästhetischen Lebens zu fassen[4], sind in der deutschsprachigen Diskussion verschiedene Ansätze der Ästhetik entstanden, die sowohl für die Kunst als auch für Gegenstandsbereiche jenseits der Kunst Geltung beanspruchen[5]. In beiden Denkrichtungen hat sich jedoch – weitgehend voneinander unabhängig – eine Atmosphärenästhetik entwickelt. Sie bildet die Grundlage für die hier entwickelte alltagsästhetische Perspektive auf Einkaufsatmosphären.

In der deutschen Diskussion geht die Einführung von Atmosphären als Grundbegriff der Ästhetik auf Gernot Böhme (1995, 2001) zurück. Er entwickelt seine Konzeption einer Atmosphärenästhetik in expliziter Abgrenzung zu der von Kant geprägten Konzeptionalisierung der Ästhetik als Urteilsästhetik, in deren Zentrum die Möglichkeit der Auseinandersetzung über Kunstwerke steht (Böhme 1995:23). Mit dem Atmosphärenbegriff rückt Böhme hingegen die menschliche Sinnlichkeit in den Fokus der Ästhetik. Er knüpft dabei an phänomenologische Arbeiten von Schmitz (1969) zur menschlichen Leiblichkeit an. Sinnlichkeit wird mit dem Atmosphärenbegriff nicht als Wahrnehmung von Dingen, sondern als sinnlich vermittelte Beziehung zwischen Umgebungsqualitäten und menschlichen Befindlichkeiten thematisiert. Entsprechend steht das Spüren oder Empfinden von Präsenzeffekten im Zentrum dieser Atmosphärenästhetik. Der Atmosphärenbegriff rückt zudem vom Primat des Sehens ab und geht von der Bedeutung aller Sinne für das ästhetische Vernehmen aus (Böhme 2001:87ff.).

Insbesondere in der deutschen Diskussion zur Atmosphärenästhetik bestehen konträre Auffassungen zum Charakter von Atmosphären als ästhetischem Begriff. Während Gernot Böhme (1995:21ff., 2001) vorschlägt, Atmosphären uneingeschränkt zum Gegenstand der Ästhetik zu erheben, betont Martin Seel (2000: 152f.), dass Atmosphären auch dann vorhanden sind, wenn sie kein Phänomen ästhetischer Rezeption darstellen. Man kann in diesem Sinn beispielsweise von der überfüllten Atmosphäre eines Kaufhauses betroffen sein, ohne dass dieser Prä-

---

2   Vgl. Naukkarinen (1998), Light/Smith (2005), Saito (2007).
3   Vgl. Berleant (1997:25ff.), Saito (2007:1ff.).
4   Vgl. Naukkarinen (1998), Leddy (2005).
5   Vgl. Seel (2000), Böhme (2001), Kleimann (2002).

senzeffekt damit automatisch zu einem Gegenstand ästhetischer Rezeption wird. Ich folge hier der Position SEELs, Atmosphären zunächst als grundsätzlichen Begriff zur Konzeptionalisierung der menschlichen Sinnlichkeit zu verstehen, auf die in bestimmten Momenten eine ästhetische Aufmerksamkeit gerichtet sein kann. Damit ist die Frage aufgeworfen, wie das ästhetische Vernehmen von Atmosphären von der nicht durch ästhetische Aufmerksamkeit gekennzeichneten gewöhnlichen Betroffenheit von Atmosphären abgegrenzt werden kann.

Mit seinen Überlegungen zu einem Minimalbegriff des Ästhetischen hat SEEL (2000:49ff.) einen Beitrag geliefert, auf dessen Grundlage eine entsprechende Abgrenzung möglich ist. SEEL (2000:52) zufolge ist ästhetische Aufmerksamkeit dadurch gekennzeichnet, dass sie auf die „phänomenale Präsenz" eines Wahrnehmungsgegenstandes bezogen ist. Der französische Soziologe Pierre DEMEULENAERE (2001:24ff.) spricht hier auch von einem Interesse an der Form des Gegenstandes. Die oben angesprochene Kaufhausatmosphäre wird also dann zu einem ästhetischen Phänomen, wenn die Aufmerksamkeit bewusst auf die Atmosphäre der Überfüllung gerichtet wird. Ergänzend können weitere Merkmale angeführt werden, die jedoch alle von dem Fokus auf die phänomenale Präsenz eines Phänomens abgeleitet werden können. Hier ist vor allem das Verweilen bei der ästhetischen Aufmerksamkeit zu nennen. Die ästhetische Aufmerksamkeit ist damit durch eine Gegenwartsorientierung und eine Distanzierung gegenüber anderen Anforderungen gekennzeichnet (KLEIMANN 2002:73ff.). Dieses Verweilen kann jedoch auf wenige Sekunden beschränkt sein, die ausreichen, um sich die Form von Präsenzeffekten zu vergegenwärtigen. Insofern kann das ästhetische Vernehmen durchaus im Zusammenspiel mit alltäglichen Aktivitäten, wie eben auch dem Einkaufen, verbunden sein.

Auf Grundlage der vorausgehenden Überlegungen wird deutlich, dass gerade in alltäglichen Zusammenhängen eine ästhetische Aufmerksamkeit nur unter bestimmten Voraussetzungen entstehen kann. Denn die alltäglichen Aktivitäten sind von zahlreichen Anforderungen begleitet, die nur in begrenztem Maß ein ästhetisches Vernehmen zulassen. In bestimmten Fällen kann es sogar weitgehend unmöglich werden. Dies kann man sich anhand einer Einkaufssituation verdeutlichen, in der kurz vor Ladenschluss noch eilige Besorgungen erledigt werden sollen. Hier wird der Fokus dann sicherlich ohne die geringsten Augenblicke der Distanzierung allein auf das schnellstmögliche Auffinden der gesuchten Waren gelegt. Mit Blick auf die grundsätzliche Begrenzung ästhetischen Vernehmens im Zusammenhang mit alltäglichen Aktivitäten kann man auch von alltagsästhetischen Episoden sprechen. Da sie auf Grundlage der Minimaldefinition klar gekennzeichnet sind, können sie zu einem Gegenstand der empirischen Forschung erhoben werden.

In der angelsächsischen Alltags- und Umweltästhetik fungiert die Atmosphärenästhetik eher als ein Sammelbegriff für Ansätze, die die affektive oder leibliche Betroffenheit bei der ästhetischen Rezeption in den Fokus nehmen.[6] Statt Atmosphärenästhetik wird dort vielfach auch von nicht-kognitiven (*non-cognitive*) oder

---

6   Vgl. FOSTER (1998), CARLSON (2010).

nicht-konzeptionellen (*non-conceptual*) Ansätzen gesprochen. Entsprechend ist es nicht verwunderlich, dass bei Arnold BERLEANT – dem wohl bedeutendsten Vertreter einer Atmosphärenästhetik in der angelsächsischen Diskussion – der Begriff der Atmosphären keinen prominenten Platz einnimmt. Dabei knüpft auch die atmosphärische Alltags- und Umweltästhetik angelsächsischer Prägung mit Bezügen zu MERLEAU-PONTY an die Phänomenologie der Wahrnehmung an[7], setzt zum Teil jedoch andere Akzente. Auf der einen Seite steht dort eine deutliche Distanzierung von der Idee der Interessenlosigkeit im Vordergrund, die sich seit ihrer Einführung durch KANT zu einem weit akzeptierten Kennzeichen ästhetischer Rezeption entwickelt hat (BERLEANT 2004:41ff.). Die Konzeption von ästhetischer Rezeption als interesselos wird als unvereinbar mit der Vorstellung vom ästhetischen Vernehmen als leiblicher Betroffenheit angesehen. Betont wird zudem die aktive Seite der ästhetischen Rezeption[8], was mit dem von BERLEANT geprägten Begriff des „aesthetic engagement" sehr deutlich zum Ausdruck gebracht wird (BERLEANT 1992:37). Aktivität bedeutet, von einem aktiven, je nach Situation unterschiedlich gestalteten Beitrag des Subjekts auszugehen, durch den eine ästhetische Aufmerksamkeit in ihrer spezifischen Form überhaupt erst entsteht. BERLEANT (2005:26ff.) hat deshalb den situativen Charakter des alltäglichen ästhetischen Vernehmens besonders herausgestellt.

Die Atmosphärenästhetik angelsächsischer Prägung liefert mit diesen Überlegungen eine wichtige Ergänzung für das Verständnis von Einkaufsatmosphären. Insbesondere die Hervorhebung des ästhetischen Vernehmens als aktives Tun und dessen Einbindung in alltägliche Lebensvollzüge eröffnet neue, bisher kaum beschrittene Wege für die Konsumforschung. Das Interesse an Atmosphären ist nun nicht mehr – wie dies in der deutschsprachigen Forschung zu Atmosphären vielfach der Fall ist – schwerpunktmäßig darauf gerichtet, sie als sinnlich vermittelte Qualität eines Ortes zu bestimmen (KAZIG 2008). In den Vordergrund rückt nun vielmehr die Aufgabe, die Situationen zu bestimmen und zu analysieren, die von einer ästhetischen Aufmerksamkeit gegenüber Atmosphären geprägt sind. Mit diesen Fragestellungen besteht eine grundsätzliche Anschlussfähigkeit der Atmosphärenästhetik an handlungs- und praxistheoretische Forschungsansätze. Für die Forschung zu Einkaufsatmosphären leitet sich daraus die Aufgabe ab, die Einbindung von Episoden ästhetischer Aufmerksamkeit gegenüber Atmosphären in Einkaufsaktivitäten zu verstehen. Dazu gilt es im nächsten Schritt zunächst einmal auf theoretischer Ebene zu klären, wie auf Atmosphären bezogene ästhetische Episoden und Einkaufsaktivitäten grundsätzlich miteinander in Beziehung stehen.

---

7   Vgl. BERLEANT (1997:97ff.).
8   Vgl. KUPFER (2003).

Einkaufspraxis und Einkaufsatmosphären

Um die Beziehung zwischen Einkaufsatmosphären und Einkaufsaktivitäten zu klären, wird der Fokus nun auf das der alltagsästhetischen Konzeption von Einkaufsatmosphären zugrunde liegende Verständnis vom Einkaufen gerichtet. Das Einkaufen wird hierbei als eine Praxis bzw. als eine Verkettung von Praktiken verstanden. Der Praxisbegriff ist grundsätzlich auf die Körperlichkeit von Aktivitäten und deren Vollzug gerichtet (KAZIG/WEICHHART 2009). Hierbei gelangen unterschiedliche Facetten des Einkaufens in den Blick. Das Einkaufen erscheint in diesem Sinn als eine vielfältig gestaltbare Abfolge von Praktiken, indem zum Beispiel Geschäfte aufgesucht, Waren gefunden, begutachtet, bezahlt sowie schließlich nach Hause transportiert werden. Entsprechend dem Verständnis von BOURDIEU (2001:180ff.) wird hier von einem Praxiskonzept ausgegangen, in dem das Verständnis des Körpers als Instrumentelles und Ausdrückendes mit der Konzeption des Leibes als Spürendem integriert wird.[9] An genau diesem Punkt kommen auch die Atmosphären zum Tragen. Die Umgebungen, in denen Einkaufsaktivitäten erfolgen, sind durch unterschiedliche Umgebungsqualitäten gekennzeichnet. Entsprechend den oben ausgeführten Überlegungen zum Atmosphärenbegriff berühren diese unterschiedlich ausgeprägten Umgebungsqualitäten die Befindlichkeiten der anwesenden Personen und damit auch den Vollzug des Einkaufens. Die Atmosphären können im Sinn des vorgestellten Grundverständnisses ästhetisch wahrgenommen werden und sich damit zu einer bewussten Dimension der Einkaufsaktivitäten entwickeln. Sie können schließlich entsprechend den persönlichen Präferenzen bezüglich des Vollzugs von Einkaufsaktivitäten als positiv oder negativ bzw. als mehr oder weniger passend bewertet werden und damit schließlich als ein Kriterium bei der Wahl von Einkaufsorten zum Tragen kommen.

Der geschilderte Zusammenhang kann als ein Korrespondenzphänomen angesehen werden, zu dem SEEL (1996:89ff.) unter dem Begriff der ästhetischen Korrespondenz sowie kritisch daran anknüpfend KLEIMANN (2002:113ff.) unter dem Begriff der ästhetisch-existentiellen Wahrnehmung grundsätzliche Überlegungen angestellt haben. Die ästhetische Korrespondenz ist Ausdruck einer spezifischen Form ästhetischen Vernehmens, die sich auf Atmosphären bezieht. Sie beruht darauf, dass menschliches Leben spezifische Formen oder Stile annehmen bzw. sich in spezifischen Formen oder Stilen ausdrücken und in diesem Sinn auch ästhetisch vernommen werden kann. Eine Geschäftsstraße kann beispielsweise als elegant oder ein Geschäft als spießig erscheinen. Eine Korrespondenz oder ein Defizit an Korrespondenz entsteht bei dieser Art der ästhetischen Aufmerksamkeit, wenn eine ästhetisch erlebte Situation in Bezug zu den eigenen Ansprüchen an eine entsprechende Situation gesetzt wird. Die empfundene Situation in dem Geschäft wird also auf die eigenen Ansprüche an das Erscheinen eines Geschäfts bezogen. Die Voraussetzung für das Entstehen von Situationen ästhetischer Korrespondenz im Zusammenhang mit Einkaufsaktivitäten besteht also darin, dass Ansprüche oder Vorstellungen bestehen, in welcher Form sich bestimmte Ein-

---

9 Vgl. auch ALKEMEYER (2006:266).

kaufspraktiken vollziehen sollen. Diese Ansprüche können in den jeweiligen Einkaufswelten mehr oder weniger gut realisiert werden. Die ästhetische Korrespondenz kann gewissermaßen als eine Form der Entsprechung von Habitus und Habitat angesehen werden.[10] Das ästhetische Erleben von Einkaufsatmosphären enthält auch eine ethische Dimension, indem diese als gut oder schlecht für den Vollzug von Einkaufsaktivitäten bewertet werden.[11] Hierauf aufbauend können sich langfristig angelegte Präferenzen für bestimmte Einkaufsstätten herausbilden. Dabei werden die Einkaufsstätten so ausgewählt, dass sie mit den persönlichen Vorstellungen von einem gelungenen Einkaufen korrespondieren. In den Fokus der alltagsästhetischen Forschungsperspektive auf Einkaufsatmosphären rückt damit die Frage, bei welchen Einkaufspraktiken Einkaufsatmosphären als ein Kriterium für die Einkaufsstättenwahl zum Tragen kommen. Damit verbunden ist auch die Aufgabe, die materielle Dimension der entsprechenden Atmosphären zu erfassen.

Vor der Auseinandersetzung mit dieser Frage auf Grundlage einer empirischen Untersuchung sind die konzeptionellen Überlegungen zum Verhältnis von Einkaufsatmosphären und Einkaufspraxis noch um einen Aspekt zu ergänzen. In den bisherigen Überlegungen wurde der Gesichtspunkt einer sozialen Differenzierung der Dispositionen zum ästhetischen Vernehmen von Atmosphären bzw. deren Bewertung nicht beachtet. Auf Grundlage der an Pierre BOURDIEU anknüpfenden Überlegungen Martina LÖWS (2001:197) zum habitualisierten Charakter von Wahrnehmungen muss man davon ausgehen, dass auch die Dispositionen für das Vernehmen von Atmosphären im Allgemeinen sowie im Zusammenhang mit Einkaufsaktivitäten im Besonderen ungleich verteilt sind. Wenn im folgenden Abschnitt drei Erscheinungsformen von Einkaufsatmosphären vorgestellt werden, die bei der Wahl von Einkaufsstätten relevant sind, ist damit folglich nicht zum Ausdruck gebracht, dass diese bei allen Personen gleichermaßen zum Tragen kommen. Beschrieben wird lediglich, wie Atmosphären und Einkaufspraxis zusammenspielen können.

Erscheinungsformen von Einkaufsatmosphären

Auf Grundlage einer explorativen empirischen Untersuchung soll nun verdeutlicht werden, zu welchen empirischen Ergebnissen diese alternative Forschungsperspektive führen kann. Dafür wurden in Regensburg und im Raum Köln/Bonn mit 20 ausgewählten Personen problemzentrierte Interviews entweder in Einzel- oder Gruppengesprächen geführt. Die Gesprächspartner sollten in den Interviews beschreiben, wie sie für die verschiedenen Produktgruppen (Lebensmittel, Kleidung, Medien, Unterhaltungselektronik, Möbel) ihre Einkäufe vollziehen. Der besondere Fokus lag dabei auf der Wahl der Einkaufsorte. Ausgewertet wurden die transkribierten Gespräche mit Hilfe der Methode des thematischen

---

10 Vgl. CASEY (2001).
11 Vgl. KLEIMANN (2002:115).

Kodierens.[12] In den Fokus sind dabei Antworten gerückt, in denen Umgebungsqualitäten bzw. subjektive Befindlichkeiten als Gründe für die Wahl von Einkaufsorten angesprochen wurden. Als Ergebnis der Untersuchung konnten verschiedene Formen von Einkaufsatmosphären herausgearbeitet werden, von denen drei im Folgenden vorgestellt werden. Sie kommen im Zusammenhang mit spezifischen Praktiken des Einkaufens zum Tragen.

Atmosphären zum Bummeln

Bei Praktiken des Bummelns kommen die zu Fuß zurückgelegten Wege und Zeiten zwischen den Geschäften in den Blick. Das Bummeln ist folglich an eine Agglomeration von Geschäften gebunden. KUHN (1979:115ff.) hat in seiner Arbeit zu *Geschäftsstraßen als Freizeitraum* herausgestellt, dass Passanten sowohl während als auch außerhalb der Geschäftszeiten bummeln, wobei der deutlich größere Anteil die Ladenöffnungszeiten bevorzugt. Insofern erscheint es sinnvoll, zwischen Schaufensterbummeln außerhalb der Geschäftszeiten und Einkaufsbummeln während der Geschäftszeiten als unterschiedliche Praktiken zu unterscheiden. In der vorliegenden Untersuchung wurde folglich nur das Bummeln während der Geschäftszeiten angesprochen, mit dem das Betreten von Geschäften und die Möglichkeit zum Kauf verbunden sind. Wenn im Folgenden der Einfachheit halber von Bummeln gesprochen wird, ist damit immer das Einkaufsbummeln gemeint. Dabei besteht kein fester Anlass, ein bestimmtes Produkt zu erwerben. Gebummelt wird deshalb überwiegend mit Blick auf mittel- und langfristige Güter, für die ein latenter Bedarf besteht. In diesem Sinn wurde in den Interviews beispielsweise beschrieben, dass schwerpunktmäßig Bekleidungsgeschäfte angesteuert werden, wenn ein grundsätzlicher Bedarf nach einer neuen Hose besteht. Wie im Titel der Arbeit von KUHN (1979) zum Ausdruck kommt, besteht ein zentrales Kennzeichen des Bummelns darin, dass der Aufenthalt in einer Einkaufsstraße auch als Freizeitaktivität erlebt wird. Ebenso bestätigt SCHRÖDER (2003), dass Einkaufen selten allein als Versorgungs- oder Freizeitaktivität, sondern treffender als eine jeweils spezifisch gestaltete Kombination von beidem anzusehen ist.

In den Interviews wurde von den Probanden mehrfach eine klare Differenzierung zwischen Shopping-Centern und den klassischen Zentren der Innenstädte vorgenommen und gleichzeitig eine grundsätzliche Bevorzugung von einer der beiden Formen von Einzelhandelsagglomerationen zum Bummeln ausgedrückt. Eine Präferenz der klassischen Innenstädte wurde durchgehend mit der Suche nach einer Form von Gesamterlebnis erläutert. Neben einer Vielzahl von Geschäften wird hier auch die Möglichkeit des Erlebens einer authentischen Stadtlandschaft mit typischen sozialen (Marktsituation) und gestalterischen (Offenheit zum Himmel, Fassaden) Elementen gesucht. Die Atmosphäre wird jedoch vom Wetter und den Jahreszeiten beeinflusst. Deshalb suchen Personen,

12 Vgl. REUBER/PFAFFENBACH (2005:163).

die grundsätzlich die Atmosphäre der klassischen Innenstädte bevorzugen, bei schlechtem Wetter oder in der kalten Jahreszeit durchaus auch Shopping-Center zum Bummeln auf. Bei einer grundsätzlichen Präferenz von Shopping-Centern zum Bummeln kam indessen ein anderes Verständnis vom Bummeln zum Ausdruck. Das Bummeln scheint hier allein auf die Einzelhandelswelt bezogen zu sein, ohne dass dem Erleben der baulichen Umgebung eine besondere Bedeutung beigemessen wird.

Die Anwesenheit anderer Passanten stellt unabhängig von der Präferenz für städtische Zentren oder Shopping-Center ein wichtiges Element der Atmosphäre zum Bummeln dar. Eine zu hohe Passantendichte wird als eine Beeinträchtigung einer guten Atmosphäre zum Bummeln angesehen. Sie wird als eine Behinderung des eigenen Bewegungsrhythmus empfunden und soweit möglich gemieden. Von einer Gesprächspartnerin wurde zudem der negative Effekt einer zu geringen Passantendichte auf die Atmosphäre zum Bummeln angesprochen und mit einem Empfinden von „Einsamkeit" beschrieben. Diese Kennzeichnung deutet an, dass das Bummeln ähnlich wie ein Konzert- oder Theaterbesuch idealerweise unter Anwesenheit einer bestimmten Mindestzahl anderer Personen vollzogen wird. Auch im Konzerthaus oder Theater kann eine zu geringe Besucherzahl – unabhängig von der Qualität der Darbietung – als eine Beeinträchtigung der Atmosphäre des Konzert- oder Theaterabends empfunden werden.

Atmosphären zum Stöbern

Das Stöbern findet *in* den Geschäften statt. Es kommt als Praxis des Einkaufens dann zum Tragen, wenn Kunden zunächst einmal keine genaue Vorstellung und Kenntnis von den zu kaufenden Waren haben. Das Stöbern ist damit überwiegend auf nicht standardisierte Waren bezogen, die in verschiedenen Ausführungen bestehen. In den Interviews wurden beispielsweise Bekleidung, Bücher, Accessoires oder Haushaltsgegenstände angesprochen. Das Stöbern zielt darauf ab, die angebotenen Waren zu erkunden, aus der gegebenen Vielfalt an Waren die für die eigenen Bedürfnisse interessanten herauszufinden und sie vor dem Kauf einer eingehenden Prüfung zu unterziehen. Die Kunden wollen dabei – soweit möglich – mit den Waren auch in Berührung kommen. Das Stöbern kann auch stärker zielgerichtete Einkaufsaktivitäten ergänzen, wenn neben dem geplanten Erwerb der bereits bekannten Produkte andere in den Geschäften angebotene Produkte in den Blick genommen werden.

Atmosphären zum Stöbern hängen grundsätzlich davon ab, wie der eigenmächtige Zugang zu den Waren in einem Geschäft gestaltet ist. Damit in einem Geschäft überhaupt gestöbert werden kann, muss gestalterisch zunächst einmal eine Selbstbedienungssituation gegeben sein. Auf Grundlage einer solchen Situation werden Atmosphären zum Stöbern dann durch gestalterische und soziale Merkmale beeinflusst.

Die soziale Dimension knüpft daran an, dass die Zugänglichkeit zu den Waren auch sozial vermittelt wird. Denn abgesehen von Discountern besteht –

wie der folgende Gesprächsausschnitt verdeutlicht[13] – für die Kunden bei anderen Betriebsformen ein in unterschiedlicher Form durch das Verkaufspersonal vermittelter Zugang zu den Waren.

> Herr Weber: „Das macht dieser Neustadtbuchhändler. Der kommt auf die Leute zugestürzt. Was wollen Sie? Drin können Sie nichts aussuchen [lacht]. Aber er weiß zum Beispiel jetzt, wo der Peter Handke ist zur Zeit. Das kann er sagen. Und wann sein neues Buch kommt. Also der ist unheimlich belesen auch. [...] Aber man will ja, also ich kann, geh da nur rein, wenn ich weiß, ich will den neuen Peter Handke. [...] Oder er hat auch signierte Bücher dann manchmal, das hat er auch. Aber jetzt bei der Buchhandlung Maler, der lässt mich in Ruhe. Da kann ich stöbern."

Der Interviewausschnitt zeigt, wie durch das resolute Nachfragen des Verkaufspersonals (in diesem Fall des Eigentümers) nach dem gewünschten Produkt eine Atmosphäre geschaffen wird, die zumindest aus der Sicht dieses Kunden ein Stöbern als unmöglich erscheinen lässt, obwohl es der Verkaufsraum gestalterisch durchaus zulässt. Der Kunde meidet diese Buchhandlung folglich, wenn er sich zunächst einmal einen Überblick über aktuelle Angebote verschaffen möchte. Während hier der Eindruck entsteht, als würde der Buchhändler mit seinem resoluten Nachfragen das Stöbern geradezu verbieten, verdeutlicht der folgende, auf Bekleidungsgeschäfte bezogene Interviewausschnitt, dass Atmosphären des Stöberns überwiegend auf subtilere Weise beeinträchtigt werden.

> Frau Meier: „Also in die kleinen Geschäfte reingehen, tu ich nicht, aber so, äh, Schaufenstergucken und wenn draußen mal was hängt, so durchgucken, die haben ja jetzt alle ihre Ständer draußen stehen, äh, das mach ich schon. Und in den Kaufhäusern ist es ja eben ganz zwanglos. [...] Ich möchte keine Hoffnungen wecken, wenn ich da [in kleine Geschäfte, R. K.] reingehe. Ich komm da rein, frage gezielt nach irgendetwas oder gucke dann und die denken dann, die kauft vielleicht was. Um dem auch ein bisschen aus dem Wege zu gehen. Ich liebe in der Beziehung ein bisschen das Anonyme."

In diesem Fall wird das Stöbern durch eine empfundene Kaufverpflichtung gestört, die insbesondere in kleineren Geschäften durch den dort fast unumgänglichen Kontakt mit dem anwesenden Personal entstehen kann. Während GUTEK (1995) zur Kennzeichnung der Beziehungen zwischen Kunden und Anbietern von Dienstleistungen eine klare Unterscheidung von anonymen Situationen (*encounter*) und bestehenden Beziehungen (*relationship*) vornimmt, zeigt der vorangehende Interviewausschnitt, dass selbst bei minimalen Interaktionen mit dem Verkaufspersonal das Empfinden einer mit Verpflichtungen verbundenen Beziehung entstehen kann. An diesem Beispiel wird deutlich, wie das Empfinden einer entsprechenden Verbindlichkeit in kleineren Geschäften systematisch dazu führen kann, diesen Geschäftstyp zum Stöbern – und letztendlich in vielen Fällen auch zum Kaufen – systematisch zu meiden und Warenhäuser oder größere Textilkaufhäuser zu bevorzugen. Im ersten Interviewzitat wird hingegen zwischen unterschiedlichen Geschäften gleicher Betriebsform differenziert, deren Atmo-

---

13 Die Namen der Gesprächspartner und der in den Gesprächen erwähnten Geschäfte wurden verändert.

sphären sich nur durch die spezifische Interaktionssituation im Geschäft unterscheiden.

Hinsichtlich der physischen Dimension von Atmosphären des Stöberns kommt in den Gesprächen durchgehend eine Bevorzugung für eine leichte und bequeme Zugänglichkeit zu den Waren zum Ausdruck. Unabhängig von der Art der angebotenen Waren bedeutet dies, dass die Geschäfte nicht als überfüllt empfunden werden dürfen und die Kunden sich gegenseitig den Zugang zu den Waren versperren. Insbesondere am Beispiel des Buchhandels wurde deutlich, dass bei jeder Warengruppe spezifische Anforderungen an eine gute Atmosphäre zum Stöbern zum Tragen kommen. Beispielsweise wurden Sitzgelegenheiten positiv erwähnt, um unangestrengt auch einen längeren Blick in die Bücher werfen zu können. Hier deutet sich weiterer Forschungsbedarf an, um warenspezifisch der jeweils herausragenden gestalterischen Dimension von Atmosphären auf die Spur zu kommen.

Atmosphären kultureller Resonanz

Wie die Atmosphären zum Stöbern beziehen sich auch die Atmosphären kultureller Resonanz auf die Geschäftsräume. Sie stehen jedoch in einem grundsätzlich anderen Bezug zu den Einkaufspraktiken, als dies beim Stöbern der Fall ist. Bei Atmosphären kultureller Resonanz wird ein gewisses Maß an unausgesprochener Vertrautheit oder Familiarität für den Vollzug der Einkaufsaktivitäten gesucht. Die Besonderheit von Atmosphären kultureller Resonanz lässt sich mit Hilfe der oben bereits angesprochenen Differenzierung von Dienstleistungsbeziehungen in *encounter* und *relationship* verdeutlichen. Sie kennzeichnen eine Situation, in der trotz einer anonymen Beziehung zwischen dem Verkaufspersonal und dem Kunden ein Gefühl von Familiarität und Vertrautheit entsteht. Zur Kennzeichnung einer solchen Situation wurde in einem Interview von einer „heimeligen" und „familiären" Atmosphäre gesprochen. Wie sich eine solche Atmosphäre konkret äußert, zeigt der folgende Interviewausschnitt, in dem die Einkaufssituation in Münster mit der in Köln verglichen wird.

> Frau Loose: „Ich finde, allein schon die Menschen, und ihre Art und Weise damit umzugehen, sind uns, glaub ich ähnlicher. Deswegen bin ich da [in Münster, R. K.] auch lieber. Ich find auch die Art und Weise so, die Verkäuferinnen benehmen sich auch irgendwie schon anders. Das hört sich jetzt so blöd an, aber es ist ein anderes, ein anderes Miteinander, als wenn ich hier in Köln in nen Laden geh. […] Deswegen komm ich auch in vielen Geschäften nicht klar. Das mein ich auch mit den Verkäuferinnen."

Um zu verstehen, wie das Empfinden von Vertrautheit und Familiarität das von der Probandin angesprochene „Miteinander" beeinflussen, ist eine kurze Auseinandersetzung mit dem Begriff der Resonanz notwendig. Er findet in den Sozial- und Kulturwissenschaften zur Kennzeichnung einer vorsprachlichen Kommunikation Verwendung.[14] Wichtige Überlegungen zum Begriff der Resonanz hat die

---

14 Vgl. INGOLD (1993), ALKEMEYER (2006).

norwegische Anthropologin Unni WIKAN (1992) angestellt. Sie bezeichnet in ihrem Beitrag zur balinesischen Gesellschaft Resonanz als eine besondere Kommunikationsfähigkeit, die auf der gleichzeitigen Berücksichtigung von Empfindungen und Gedanken in der Kommunikationssituation beruht. Es wird in der balinesischen Sprache mit einem Wort ausgedrückt, welches sie als „feeling-thought" übersetzt (WIKAN 1992:463). Als Grundlage für eine Kommunikation im Sinn eines „feeling-thought" und der Entstehung von Resonanz sieht sie eine geteilte menschliche Erfahrung an. Durch diesen Bezug auf geteilte menschliche Erfahrungen in einer Kommunikationssituation werden Empathie und Mitgefühl gefördert und es entsteht eine Situation der Resonanz, die „über die Worte hinaus [*beyond the words*]" geht (WIKAN 1992:466).

Anders als für die balinesische Gesellschaft beschrieben kann man in europäischen Gesellschaften zunächst einmal nicht davon ausgehen, dass anonyme Kommunikationssituationen grundsätzlich durch die beschriebene Form der Resonanz gekennzeichnet sind. In bestimmten anonymen Kommunikationssituationen kann sie jedoch auch hier auf der Grundlage eines geteilten spezifischen kulturellen Hintergrunds der beteiligten Personen entstehen. Der geteilte kulturelle Hintergrund wird dabei nicht nur verstanden, sondern auf der Ebene einer vorsprachlichen Kommunikation auch empfunden. Deshalb spreche ich hier von Atmosphären kultureller Resonanz. Wie die Resonanz in einer anonymen Kommunikationssituation entstehen kann, wird mit Hilfe der Überlegungen des Literaturwissenschaftlers Hans Ulrich GUMBRECHT (2003, 2004) verständlich. Ähnlich wie WIKAN bezieht auch er sich auf die Bedeutung einer vorsprachlichen Dimension der Kommunikation. Mit seinem auf die ästhetische Rezeption bezogenen Konzept der Epiphanien betont er die Möglichkeit einer Oszillation zwischen Verstehen und Empfinden bzw. zwischen Bedeutungs- und Präsenzeffekten in Situationen der ästhetischen Wahrnehmung. Die beiden Formen des ästhetischen Vernehmens können sich auf diese Weise wechselseitig beeinflussen und anregen. In diesem Sinn kann die Wahrnehmung von Zeichen einer geteilten Kultur auch in einer anonymen Situation zu der von WIKAN beschriebenen gesteigerten Empathie führen und eine Situation der Resonanz entstehen lassen.

Während das zuletzt angeführte Interviewzitat eine negative Dynamik verdeutlicht, wird in dem folgenden Ausschnitt erkennbar, wie auf Grundlage eines geteilten Stils der anwesenden Personen in der anonymen Situation eines Bekleidungsgeschäfts eine Atmosphäre kultureller Resonanz entstehen kann, die der Gesprächspartner im weiteren Verlauf des Gesprächs als „heimelig" bezeichnet.

> Herr Götze: „Hast a Musik im Hintergrund dudeln. Die, das Altersprofil von den Einkäufern und Verkäufern ist auch relativ gleich, also des spielt da auch ne Rolle […] Ja, es ist wie gesagt die Atmosphäre. Es ist halt einfach ne nette Umgebung. Man fühlt sich einfach ein bissel wohl, wenn man da in diesem Geschäft ist."

Gerade beim Einkaufen von Kleidung kann dieses Empfinden von Vertrautheit und Wohlbefinden wichtig sein. Kleidung ist heute als ein wichtiges Mittel für den Ausdruck des eigenen Stils und der eigenen Persönlichkeit anzusehen. Von besonderer Bedeutung ist dabei die Notwendigkeit des Anprobierens, das mit der kritischen Betrachtung des eigenen Körpers in den neuen Kleidern einhergeht. Auf Grundlage einer empfundenen Vertrautheit können diese Gesten wesentlich unbeschwerter ausgeführt werden. Atmosphären kultureller Resonanz kommt deshalb besonders beim Kauf von Kleidung eine besondere Bedeutung zu.

Ähnlich zur kulturellen Resonanz hat der französische Soziologe Michel MAFFESOLI (2000:23ff.) unter dem Begriff der Neo-Tribes eine Form der Vergemeinschaftung beschrieben, die er als wichtiges Element postmoderner Gesellschaftsformationen ansieht. Die Besonderheit dieser Form der Vergemeinschaftung besteht in ihrem temporären Charakter sowie in der Bedeutung des Ortes für das Entstehen des temporären Gemeinschaftsgefühls. Er spricht davon, dass die Atmosphäre des Ortes die Verbindung zwischen den Subjekten schafft: „le lieu devient lien" (MAFFESOLI 2000:230). Auch wenn MAFFESOLI in seinen Überlegungen keine Einkaufswelten in den Blick nimmt, besteht hier dennoch ein ähnliches Grundverständnis der Funktion von Atmosphären als Katalysatoren der Entstehung von Gemeinschaftsgefühlen. Insofern kann man die Berücksichtigung von Atmosphären kultureller Resonanz beim Einkaufen auch als Form einer postmodernen Einkaufspraxis verstehen.

Zusammenfassung und Ausblick

Die Auseinandersetzung mit Einkaufsatmosphären nimmt die Aktivität des Einkaufens als eine Facette des Konsums in den Blick. Der Atmosphärenbegriff verdeutlicht mit seinem Bezug zur sinnlichen und leiblichen Dimension des Einkaufens die Beziehungen zwischen dem Erscheinen der Einkaufswelten und der Befindlichkeiten der Einkaufenden beim Aufenthalt in den Einkaufswelten. Das Befinden der Einkaufenden kann sich in Abhängigkeit von den spezifischen Umgebungskonstellationen verändern und berührt damit auch den Vollzug des Einkaufens. Im Unterschied zu der bisher dominierenden, umweltpsychologisch geprägten Forschung zu Shoppingatmosphären, die auf einer Konzeption des verführbaren Konsumenten aufbaut, wurde hier ein alternatives Verständnis der Beziehung zwischen Einkaufswelten und Einkaufsaktivitäten entwickelt. Die Einkaufsatmosphären stellen in diesem Sinn eine Ressource für eine möglichst angenehme Ausführung des Einkaufens dar, die auch bei der Wahl der Einkaufsorte berücksichtigt wird. Die drei vorgestellten Formen von Einkaufsatmosphären haben die Vielschichtigkeit des Einkaufens als Freizeitgestaltung, Praxis der Informationsbeschaffung über Produkte und Möglichkeit des Ausdrucks und der Erfahrung einer kulturellen Zugehörigkeit verdeutlicht. Zur Vertiefung des Wissens über die Nutzung von Atmosphären für Einkaufsaktivitäten besteht jedoch in unterschiedlichen Richtungen noch Forschungsbedarf: Von großem Interesse ist die Frage nach der Bedeutung soziokultureller Differenzierungen bei der Bewertung und Nutzung von Einkaufsatmosphären. Zudem stellt sich die Frage nach dem Stellenwert von Atmosphären im Vergleich zu anderen Kriterien der Bewertung und Wahl von Einkaufsstätten.

Die hier vorgestellten konzeptionellen Überlegungen und empirischen Ergebnisse sind aber auch über die Thematik der Einkaufsatmosphären hinausgehend für die Konsumforschung von Interesse. Sie weisen darauf hin, dass sich Atmosphären im Zuge der Ästhetisierung des Alltags zu einem wichtigen Bestandteil von Konsumpraktiken entwickelt haben bzw. sie selbst auch einen eigenständigen Konsumgegenstand darstellen. Der Erfolg von Open-Air-Konzerten oder Open-Air-Kinoaufführungen beispielsweise lässt sich allein mit der Qualität der Aufführungen oder der gezeigten Filme nur unzureichend begründen. Er wird erst nachvollziehbar, wenn man diese Veranstaltungen als ein Gesamterlebnis betrachtet, in das neben der Musik oder dem Film auch die besondere Atmosphäre des Aufführungsortes eingeht. Ähnliches gilt auch für die Gastronomie, wo neben dem eigentlichen Speisen- und Getränkeangebot vermehrt auch die Atmosphäre als Rahmen und Gegenstand des Konsums an Bedeutung gewinnt. Die neuerliche Berücksichtigung von Atmosphäre als eigene Bewertungskategorie in Gastronomieführern zeugt von dieser Entwicklung. Noch stärker im Vordergrund stehen Atmosphären bei temporären Ereignissen wie dem Public Viewing von Sportveranstaltungen oder den sommerlichen *blade nights* in großen Städten. MAFFESOLI (2000) hat insbesondere die zuletzt genannten temporären Ereignisse schon vor einigen Jahren als konstituierendes Element postmoderner Gesellschaften bezeichnet. Jedoch besteht noch immer erheblicher Forschungsbedarf, um auf einer mikroanalytischen Ebene der atmosphärischen Dimension von Konsumwelten und in makroanalytischer Perspektive ihrer gesellschaftlichen Bedeutung auf die Spur zu kommen.

Bibliographie

ALKEMEYER, T. (2006): Rhythmen, Resonanzen und Missklänge. Über die Körperlichkeit der Produktion des Sozialen im Spiel. In: GUGUTZER, R. (Hrsg.): Body turn. Bielefeld, 265–296.
BERLEANT, A. (1992): The aesthetics of environment. Philadelphia.
BERLEANT, A. (1997): Living in the landscape. Toward an aesthetics of environment. Lawrence.
BERLEANT, A. (2004): Re-thinking aesthetics. Rogue essays on aesthetics and the arts. Aldershot/Burlington.
BERLEANT, A. (2005): Ideas for a social aesthetic. In: LIGHT, A./SMITH, J. M. (Hrsg.): The aesthetics of everyday life. New York, 23–38.
BÖHME, G. (1995): Atmosphäre. Essays zur neuen Ästhetik. Frankfurt a. M.
BÖHME, G. (2001): Aisthetik. Vorlesungen über Ästhetik als allgemeine Wahrnehmungslehre. München.
BOURDIEU, P. (2001): Meditationen. Zur Kritik der scholastischen Vernunft. Frankfurt a. M.
CARLSON, A. (2010): Contemporary art and environmental aesthetics. In: Environmental Values 19, 3, 289–314.
CASEY, E. S. (2001): Between geography and philosophy. What does it mean to be in the place-world? In: Annals of the Association of American Geographers 91, 4, 683–693.
DEMEULENAERE, P. (2001): Une théorie des sentiments esthétiques. Paris.
DONOVAN, R. J./ROSSITER, J. R. (1982): Store atmosphere. An environmental psychology approach. In: Journal of Retailing 58, 1, 34–57.
FOSTER, C. (1998): The narrative and the ambient in environmental aesthetics. In: The Journal of Aesthetics and Art Criticism 56, 2, 127–137.

FREHN, M. (1998): Wenn der Einkauf zum Erlebnis wird. Die verkehrlichen und raumstrukturellen Auswirkungen des Erlebniseinkaufs in Shopping-Malls und Innenstädten. Wuppertaler Papers 80. Wuppertal.

GERHARD, U. (1998): Erlebnis-Shopping oder Versorgungseinkauf? Eine Untersuchung über den Zusammenhang von Freizeit und Einzelhandel am Beispiel der Stadt Edmonton, Kanada. Marburger Geographische Schriften 133. Marburg.

GRANDCLEMENT, C. (2004): Climatiser le marché. Les contributions des marketings de l'ambiance et de l'atmosphère. In: Ethnographiques.org 6 <www.ethnographiques.org/2004/Grandclement> (Letzter Zugriff: 06.05.2012).

GUMBRECHT, H. U. (2003): Epiphanien. In: KÜPPER, J./MENKE, C. (Hrsg.): Dimensionen ästhetischer Erfahrung. Frankfurt a. M., 203–222.

GUMBRECHT, H. U. (2004): Diesseits der Hermeneutik. Die Produktion von Präsenz. Frankfurt a. M.

GUTEK, B. A. (1995): The dynamics of service: Reflections on the changing nature of customer/provider interactions. San Francisco.

INGOLD, T. (1993): The temporality of the landscape. In: World Archaeology 25, 2, 152–174.

KAGERMEIER, A. (1991): Versorgungsorientierung und Einkaufsattraktivität. Empirische Untersuchungen zum Konsumverhalten im Umland von Passau. Passauer Schriften zur Geographie 9. Passau.

KAZIG, R. (2008): Typische Atmosphären städtischer Plätze. Auf dem Weg zu einer anwendungsorientierten Atmosphärenforschung. In: Die Alte Stadt 35, 2, 147–160.

KAZIG, R./WEICHHART, P. (2009): Die Neuthematisierung der materiellen Welt in der Humangeographie. In: Berichte zur deutschen Landeskunde 83, 2, 109–128.

KLEIMANN, B. (2002): Das ästhetische Weltverhältnis. Eine Untersuchung zu den grundlegenden Dimensionen des Ästhetischen. München.

KOTLER, P. (1973): Atmospherics as a marketing tool. In: Journal of Retailing 49, 4, 48–64.

KUHN, W. (1979): Geschäftsstraßen als Freizeitraum. Synchrone und diachrone Überlagerung von Versorgungs- und Freizeitfunktion, dargestellt an Beispielen aus Nürnberg. Münchener Geographische Hefte 42. Kallmünz.

KUPFER, J. (2003): Acting in nature. In: The Journal of Aesthetic Education 37, 1, 77–89.

LAM, S. Y. (2001): The effects of store environment on shopping behaviors: A critical review. In: Advances in Consumer Research 28, 1, 190–197.

LEDDY, T. (2005): The nature of everyday aesthetics. In: LIGHT, A./SMITH, J. M. (Hrsg.): The aesthetics of everyday life. New York, 3–22.

LIGHT, A./SMITH, J. M. (2005) (Hrsg.): The aesthetics of everyday life. New York.

LÖW, M. (2001): Raumsoziologie. Frankfurt a. M.

MAFFESOLI, M. (2000): Le Temps des tribus. Le déclin de l'individualisme dans les sociétés de masse. Paris.

MANGANARI, E. E./SIOMKOS, G. J./VRECHOPOULOS, A. P. (2009): Store atmosphere in web retailing. In: European Journal of Marketing 43, 9/10, 1140–1153.

MORRISON, M./GAN, S./DUBELAAR, C. (2011): In-store music and aroma influences on shopper behavior and satisfaction. In: Journal of Business Research 64, 6, 558–564.

NAUKKARINEN, O. (1998): Aesthetics of the unavoidable. Aesthetic variations in human appearance. Saarijärvi.

REUBER, P./PFAFFENBACH, C. (2005): Methoden der empirischen Humangeographie. Beobachtung und Befragung. Braunschweig.

RUSSELL, J. A./MEHRABIAN, A. (1974): An approach to environmental psychology. Cambridge/Massachusetts.

SAITO, Y. (2007): Everyday aesthetics. Oxford.

SCHMITZ, H. (1969): Der Raum. Teil 2. Der Gefühlsraum. System der Philosophie III. Bonn.

SCHRÖDER, F. (2003): Christaller und später. Menschenbilder in der geographischen Handelsforschung. In: HASSE, J./HELBRECHT, I. (Hrsg.): Menschenbilder in der Humangeographie. Oldenburg, 89–106.
SEEL, M. (1996): Eine Ästhetik der Natur. Frankfurt a. M.
SEEL, M. (2000): Ästhetik des Erscheinens. München, Wien.
TURLEY, L. W./MILLIMAN, R. E. (2000): Atmospheric effects on shopping behavior. A review of the experimental evidence. In: Journal of Business Research 49, 2, 193–211.
WEICHHART, P. (2008): Entwicklungslinien der Sozialgeographie. Von Hans Bobek bis Benno Werlen. Stuttgart.
WIKAN, U. (1992): Beyond the words. The power of resonance. In: American Ethnologist 19, 3, 460–482.

Autorinnen und Autoren

Ulrich ERMANN ist Professor für Humangeographie an der Karl-Franzens-Universität Graz und *research fellow* am Leibniz-Institut für Länderkunde in Leipzig. Seine Forschungsschwerpunkte liegen im Bereich der Geographien der Produktion und des Konsums im Rahmen einer sozial- und kulturwissenschaftlich orientierten Wirtschaftsgeographie. Er hat zur Vermarktung von „regionalen" Nahrungsmitteln gearbeitet (u. a. Buchpublikation 2005 zu *Regionalprodukte: Vernetzungen und Grenzziehungen bei der Regionalisierung von Nahrungsmitteln*) sowie zur Bedeutung von Marken im postsozialistischen „Konsumkapitalismus" am Beispiel der Modebranche in Bulgarien (u. a. Aufsatzpublikationen 2007: *Magische Marken*, 2011: *Consumer capitalism and brand fetishism*, 2013: *Performing new values*). Weitere Forschungsschwerpunkte bilden die Gesellschaft-Umwelt-Forschung, die Regionalentwicklung und die Didaktik der Humangeographie.

Jonathan EVERTS ist Akademischer Rat am Lehrstuhl für Bevölkerungs- und Sozialgeographie an der Universität Bayreuth. Seine Forschungsinteressen liegen an der Schnittstelle von sozialwissenschaftlicher Migrationsforschung und Konsumgeographie. In diesem Zusammenhang ist die im transcript-Verlag erschienene Monographie *Konsum und Multikulturalität im Stadtteil* (2008) entstanden. Aktuell beschäftigt er sich mit der Entstehung und Verbreitung von gesellschaftlichen Ängsten mit Bezug auf Themen der Biosicherheit.

Georg FELSER ist Professor an der Hochschule Harz in Wernigerode und lehrt Markt- und Konsumpsychologie im Studiengang Wirtschaftspsychologie. Seine Forschungsschwerpunkte liegen in der unbewussten Beeinflussung von Konsumenten, der Entstehung von Kundenzufriedenheit sowie in der Entscheidungsforschung. Georg FELSER ist Autor mehrerer Arbeiten zum Konsumentenverhalten, darunter auch des Lehrbuchs *Werbe- und Konsumentenpsychologie*, dessen vierte Auflage derzeit vorbereitet wird. Weitere Publikationen beschäftigen sich mit Motivationstechniken sowie der Psychologie der Partnerschaft.

Katharina FLEISCHMANN ist Geographin und wissenschaftliche Mitarbeiterin am Institut für Geographie der Universität Jena. Ihre Forschungsschwerpunkte liegen in den Bereichen der (geographischen) Stadt-, Konsum- und Geschlechterforschung. Im Mittelpunkt ihrer aktuellen Arbeiten stehen Bedeutungskonstruktionen durch und symbolische Gehalte von Architekturen in ihren Wirkungsweisen für das Städtische. Nach der Auseinandersetzung mit der (architektonischen) Konstruktion von Länderbildern mittels Botschaftsbauten sowie der (De)Konstruktion städtischer Identifikationspotentiale in ostdeutschen Städten der Nachwendezeit beschäftigt sie sich aktuell mit Konsumarchitekturen, v. a. im Kontext der Revitalisierung der Innenstädte.

Georg FRANCK ist Ordinarius für digitale Methoden in Architektur und Raumplanung an der Technischen Universität Wien. Zuvor war er als freier Architekt und Entwickler von Software für die räumliche Planung tätig. Georg FRANCK ist über die Grenzen seines Fachs hinaus bekannt durch seine Arbeiten zur *Ökonomie der Aufmerksamkeit* und zur *Philosophie der Zeit*. Zu seinen Buchveröffentlichungen zählen *Raumökonomie, Stadtentwicklung und Umweltpolitik* (1992), *Ökonomie der Aufmerksamkeit. Ein Entwurf* (1998), *Mentaler Kapitalismus. Eine politische Ökonomie des Geistes* (2005) und zusammen mit Dorothea Franck *Architektonische Qualität* (2008).

Karsten GÄBLER ist wissenschaftlicher Mitarbeiter am Lehrstuhl für Sozialgeographie der Friedrich-Schiller-Universität Jena. Seine Forschungsschwerpunkte liegen in den Bereichen der praxiszentrierten Sozial- und Kulturgeographie, der Theorie gesellschaftlicher Naturverhältnisse und transdisziplinären Nachhaltigkeitsforschung sowie der Geographien des Konsums. Nach einem Forschungsprojekt zur sozial-ökologischen Transformation beschäftigt er sich gegenwärtig mit dem Zusammenhang von Digitalisierung des Alltagslebens und globaler Nachhaltigkeit. Aktuell erscheint seine Monographie *Gesellschaftlicher Klimawandel. Eine Sozialgeographie der ökologischen Transformation*.

Hans Peter HAHN ist Professor für Ethnologie mit Schwerpunkt der Gesellschaften und Kulturen Afrikas am Institut für Ethnologie der Goethe-Universität Frankfurt a. M. Seine Forschungsinteressen umfassen materielle Kultur, Konsum und den Einfluss der Globalisierung auf die Gesellschaften des afrikanischen Kontinents. Er ist Herausgeber eines Buches über kulturelle Bedeutungen von Wasser mit dem Titel *People at the Well* (Campus-Verlag 2012). Er veröffentlicht jüngst Forschungsbeiträge über Handys und Fahrräder in Afrika sowie andere Alltagsobjekte. Hans Peter HAHN ist stellvertretender Sprecher des Graduiertenkollegs „Wert und Äquivalent" an der Goethe-Universität.

Kai-Uwe HELLMANN vertritt zur Zeit die Professur für Soziologie (WISO) an der Helmut-Schmidt-Universität Hamburg und ist Mitinitiator der AG Konsumsoziologie. Seine Forschungsschwerpunkte liegen im Bereich Konsum- und Organisationssoziologie. 2003 veröffentlichte er *Soziologie der Marke*, 2010 *Fetische des*

Konsums. Studien zur Soziologie der Marke. 2011 wurde ein dreijähriges interdisziplinäres Forschungsprojekt zum Verhältnis von Markenkultur und Unternehmenskultur abgeschlossen. Aktuell beschäftigt er sich mit dem „Markenzeichen" der Bundeswehr, dem Konzept der Inneren Führung, und Fragen der Relevanz dieses Konzeptes unter Kampf- bzw. Gefechtsbedingungen.

Rainer KAZIG ist Wissenschaftler am Department für Geographie der Ludwig-Maximilians-Universität München. Er ist Korrespondent des internationalen Atmosphärennetzwerkes *ambiances.net* für den deutschen Sprachraum und Mitglied des Advisory Editorial Board der Zeitschrift „Ambiances. International Journal of Sensory Environment, Architecture and Urban Space". Seine Forschungsschwerpunkte liegen in den Bereichen der sozialgeographischen Theorien, der Umweltwahrnehmung und der Alltagsästhetik. In jüngerer Zeit hat er verschiedene Beiträge zur Etablierung einer empirischen Atmosphärenforschung beigesteuert sowie eine situative Umweltästhetik als Forschungsperspektive einer sozialwissenschaftlich-empirischen Ästhetikforschung in der Sozialgeographie entwickelt. Aktuell setzt er sich mit der Alltagsästhetik von Energielandschaften auseinander.

Christoph MAGER ist Angestellter im wissenschaftlichen Dienst am Institut für Geographie und Geoökologie des Karlsruher Instituts für Technologie. Seine Forschungsschwerpunkte liegen im Bereich der Kultur- und Sozialgeographie von Stadt. Jüngere Veröffentlichungen umfassen die Monographie *HipHop, Musik und die Artikulation von Musik* (2007) sowie Beiträge zu räumlichen Verflechtungen von Städten und Stadtregionen. Aktuell beschäftigt er sich mit materiellen und affektiven Einflüssen von Orten auf die Herstellung populärer Kultur.

Julia RÖSCH ist wissenschaftliche Mitarbeiterin am Institut für Geographie der Friedrich-Schiller-Universität Jena. Sie hat Geographie, Germanistik und Italianistik in Heidelberg, Padua und Genua studiert. Ihre Forschungsinteressen sind Geographien des Konsums mit dem Schwerpunkt *food geographies* sowie Geographien von Stadt und Land. In ihrem aktuellen Forschungsprojekt befasst sie sich mit ethisch-verantwortlichem Konsum am Beispiel der Slow Food-Bewegung in Deutschland und Italien.

Heiko SCHMID († 2013) war Professor für Wirtschaftsgeographie an der Friedrich-Schiller-Universität Jena. Seine Forschungsschwerpunkte waren die Konsumforschung und die aufmerksamkeits- und faszinationsbezogene Kommodifizierung von Alltagswelten. Im Rahmen einer phänomenologischen, semiotischen und handlungstheoretischen Perspektive entwickelte er den Ansatz einer *Ökonomie der Faszination*. 2002 veröffentlichte er eine Monographie zum *Wiederaufbau des Beiruter Stadtzentrums*, 2009 zur *Economy of Fascination: Dubai and Las Vegas as Themed Urban Landscapes* und 2011 zusammen mit Wolf-Dietrich Sahr und John Urry einen Sammelband zu *Cities and Fascination: Beyond the surplus of meaning*. 2009 erhielt er den Wissenschaftspreis für Anthropogeographie der „Prof. Dr. Frithjof Voss Stiftung – Stiftung für Geographie".

Dominik SCHRAGE ist Professor für Kultur- und Mediensoziologie an der Leuphana Universität Lüneburg. Seine Forschungsschwerpunkte sind Kultursoziologie, Soziologie der Medien und des Konsums, historische und theoretische Soziologie und Diskursanalyse. Zusammen mit Kai-Uwe HELLMANN organisiert Dominik SCHRAGE die AG Konsumsoziologie und ist Herausgeber der Buchreihe *Konsumsoziologie und Massenkultur* (VS Verlag). 2009 veröffentlichte er eine Monographie zum Thema *Die Verfügbarkeit der Dinge. Eine historische Soziologie des Konsums.*

SOZIALGEOGRAPHISCHE BIBLIOTHEK

Herausgegeben von Benno Werlen.
Wissenschaftlicher Beirat: Matthew Hannah, Peter Meusburger und Peter Weichhart.

Franz Steiner Verlag ISSN 1860–3955

1. Christian Schmid
   Stadt, Raum und Gesellschaft
   Henri Lefebvre und die Theorie
   der Produktion des Raumes
   2. Aufl. 2010. 344 S., kt.
   ISBN 978-3-515-09691-1
2. Roland Lippuner
   Raum – Systeme – Praktiken
   Zum Verhältnis von Alltag, Wissenschaft
   und Geographie
   2005. 230 S., kt.
   ISBN 978-3-515-08452-9
3. Ulrich Ermann
   Regionalprodukte
   Vernetzungen und Grenzziehungen bei
   der Regionalisierung von Nahrungsmitteln
   2005. 320 S. mit 15 Abb., 9 Tab., kt.
   ISBN 978-3-515-08699-8
4. Antje Schlottmann
   RaumSprache
   Ost-West-Differenzen in der Berichter-
   stattung zur deutschen Einheit.
   Eine sozialgeographische Theorie
   2005. 343 S. mit 3 Abb., 14 Tab., kt.
   ISBN 978-3-515-08700-1
5. Edgar Wunder
   Religion in der postkonfessionellen Gesellschaft
   Ein Beitrag zur sozialwissenschaftlichen
   Theorieentwicklung in der Religions-
   geographie
   2005. 366 S., kt.
   ISBN 978-3-515-08772-8
6. Theodore R. Schatzki
   Martin Heidegger: Theorist of Space
   2007. 128 S., kt.
   ISBN 978-3-515-08956-2
7. Christof Parnreiter
   Historische Geographien, verräumlichte Geschichte
   Mexico City und das mexikanische
   Städtenetz von der Industrialisierung
   bis zur Globalisierung
   2007. 320 S. mit 80 Abb., 17 Tab., kt.
   ISBN 978-3-515-09066-7
8. Christoph Mager
   HipHop, Musik und die Artikulation von Geographie
   2007. 315 S. mit 7 Abb., kt.
   ISBN 978-3-515-09079-7
9. Tilo Felgenhauer
   Geographie als Argument
   Eine Untersuchung regionalisierender
   Begründungspraxis am Beispiel
   „Mitteldeutschland"
   2007. XII, 246 S. mit 23 Abb., 4 Tab., kt.
   ISBN 978-3-515-09078-0
10. Elisa T. Bertuzzo
    Fragmented Dhaka
    Analysing everyday life with Henri
    Lefebvre's Theory of Production of Space
    2009. 226 S. mit 6 Abb., 13 Zeichn., 4 Schem.
    und 16 Taf. mit 6 Farbabb.,
    16 Farbfot., kt.
    ISBN 978-3-515-09404-7
11. Michael Janoschka
    Konstruktion europäischer Identitäten in räumlich-politischen Konflikten
    2009. 247 S. mit 7 Abb., kt.
    ISBN 978-3-515-09401-6
12. Annette Voigt
    Die Konstruktion der Natur
    Ökologische Theorien und politische
    Philosophien der Vergesellschaftung
    2009. 269 S., kt.
    ISBN 978-3-515-09411-5
13. Stefan Körner
    Amerikanische Landschaften
    J. B. Jackson in der deutschen Rezeption
    2010. III S. mit 5 Abb., kt.
    ISBN 978-3-515-09665-2
14. Christiane Marxhausen
    Identität – Repräsentation – Diskurs
    Eine handlungsorientierte linguistische
    Diskursanalyse zur Erfassung
    raumbezogener Identitätsangebote
    2010. 353 S., kt.
    ISBN 978-3-515-09684-3
15. Tobias Federwisch
    Metropolregion 2.0
    Konsequenzen einer neoliberalen
    Raumentwicklungspolitik
    2012. 256 S. mit 48 Abb., kt.
    ISBN 978-3-515-10003-8